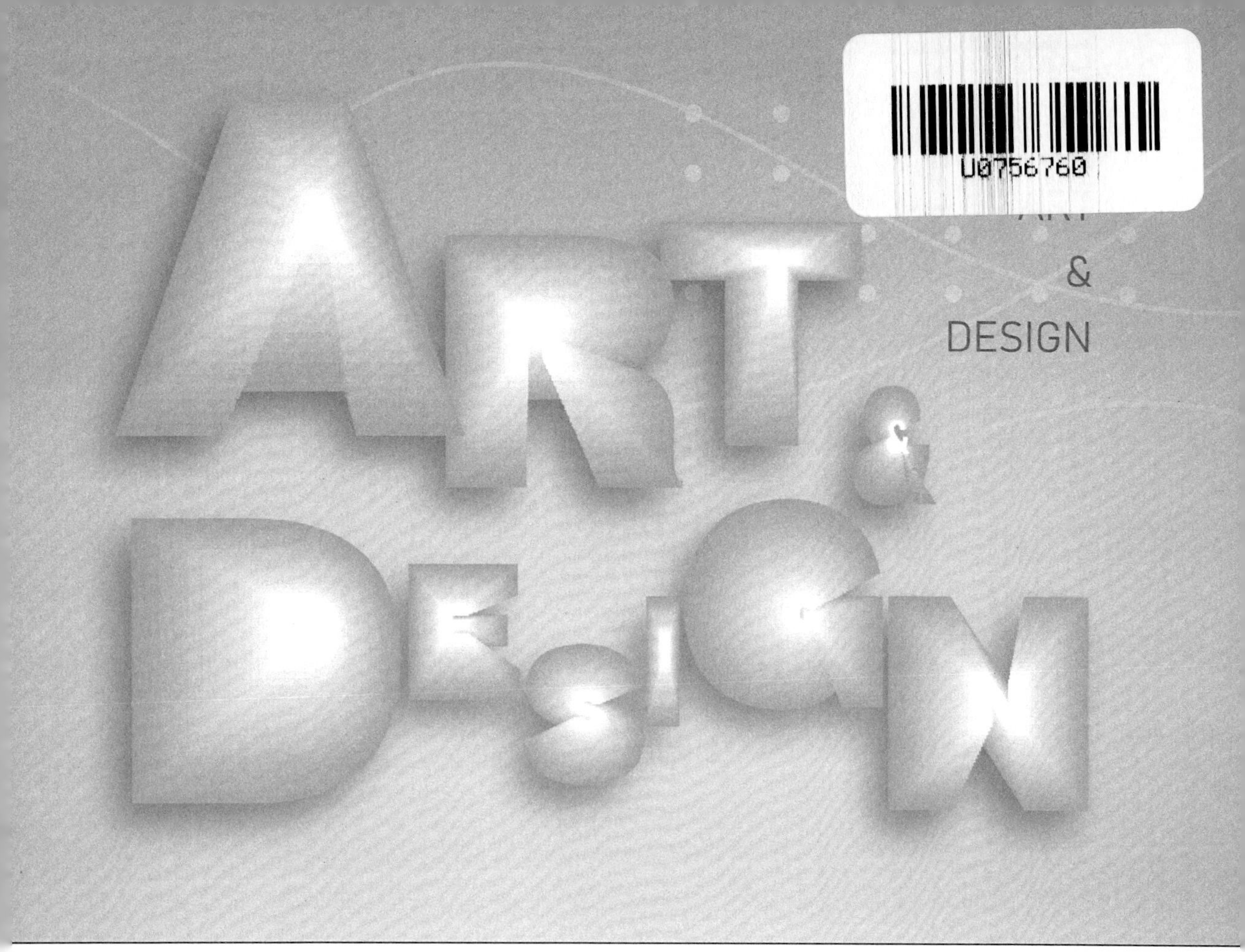

设计学类国家一流本科专业建设系列教材

环境景观设计

主　编　高　原　梁家年　汪　瑞
副主编　林　浩　陈啊雄

武汉大学出版社

图书在版编目(CIP)数据

环境景观设计／高原,梁家年,汪瑞主编. -- 武汉：武汉大学出版社,2025.8. -- 设计学类国家一流本科专业建设系列教材. -- ISBN 978-7-307-24836-6

Ⅰ. TU-856

中国国家版本馆 CIP 数据核字第 20251QL069 号

责任编辑：何青霞　　责任校对：鄢春梅　　整体设计：韩闻锦

出版发行：武汉大学出版社　（430072　武昌　珞珈山）
（电子邮箱：cbs22@whu.edu.cn　网址：www.wdp.com.cn）
印刷：武汉邮科印务有限公司
开本：787×1092　1/16　印张：14　字数：299 千字　插页：1
版次：2025 年 8 月第 1 版　2025 年 8 月第 1 次印刷
ISBN 978-7-307-24836-6　　定价：49.00 元

版权所有,不得翻印；凡购买我社的图书,如有质量问题,请与当地图书销售部门联系调换。

前　言

在中国城市化进程加速推进的背景下，环境景观设计作为一门融合艺术、科学与技术的学科，其重要性日益凸显。本课程立足于我国城市化建设所面临的复杂环境及可持续发展需求，旨在通过系统性、前瞻性的教学内容，构建起从基础知识到通识拓展，再到理论与实践深度融合的学习体系。

本课程强调环境景观设计的基础理论教学。通过详细解析景观内涵、环境内涵及环境景观设计的内涵与原则，帮助学生形成对环境景观设计领域全面而深刻的认识。注重培养学生的环境景观设计基本素养，如审美鉴赏能力、空间布局能力以及对自然与人文景观资源的敏感度，为后续深入专业学习奠定坚实基础。在全球化背景下，环境景观设计需根植本土文化与地域特色，立足国际视野、融合多元文化精髓，形成兼具包容性与创新性的系统性设计。因此，我们将引入对于中国传统文化知识的解析与拓展、全球环境景观设计经典案例的推荐与分析。通过梳理、分析与对比，引导学生理解不同文化、不同时期背景下环境景观设计的共性与差异、需求与发展、过去与未来，拓宽设计思维与国际视野。

本教材致力于理论与实践的深度融合。我们深知，环境景观设计是一门实践性极强的学科，只有将理论知识与实际操作相结合，才能真正培养出具备创新设计能力的专业人才。因此，本教材将设置丰富的实践环节，包括基地调研、初案概况、方案设计、施工图绘制以及项目模拟等，引导学生把专业设计工作做在祖国大地上，把为学为事为人结合起来，不断提升其解决实际问题的能力。针对我国城市化建设中面临的具体问题，如生态环境破坏严重、城市热岛效应加剧、公共空间不足等，本课程将引导学生从环境景观设计的角度出发，探索创新性的解决方案。我们鼓励学生运用所学知识，结合实际情况，提出具有可操作性和前瞻性的设计方案，为我国城市化建设贡献智慧和力量。环境景观设计课程不仅是一门学科知识的传授，更是对学生综合素质与创新能力的系统提升。我们希望通过本课程的学习，能够激发学生对环境景观设计的热爱与追求，培养出一批批具有国际视野、扎实专业基础及实践创新能力的优秀人才，共同推动我国环境景观设计事业向更加美好的未来迈进。在全球化可持续发展的时代背景下，让我们携手共进，为创造更加和谐、美丽的人居环境而不懈努力。

在本书编写过程中，我们参考并引用了国内外优秀设计专著、学术期刊与公开网站上的图例与信息。因其来源庞杂、版权信息更迭频繁，未能逐一注明原作者及出处，在此谨向所有被引用作品的作者、出版机构与平台致以深深的谢意。

编者

2025 年 3 月

目　　录

第1章　环境景观设计的概念、内涵与原则 ·· 1
　1.1　环境景观设计的概念 ·· 1
　　1.1.1　景观的解义 ·· 3
　　1.1.2　环境的解义 ·· 8
　　1.1.3　环境景观设计的解义 ·· 9
　1.2　环境景观设计的内涵 ·· 10
　　1.2.1　功能性与环境景观设计 ·· 10
　　1.2.2　生态性与环境景观设计 ·· 12
　　1.2.3　文化性与环境景观设计 ·· 14
　　1.2.4　心理性、社会性与环境景观设计 ··· 15
　　1.2.5　美学性与环境景观设计 ·· 16
　1.3　环境景观设计的原则 ·· 16
　1.4　环境景观设计的发展趋势 ·· 18
　　1.4.1　环境景观设计的主要倾向 ·· 18
　　1.4.2　环境景观设计的发展趋势 ·· 19

第2章　环境景观设计的起源与发展 ·· 21
　2.1　中国传统园林 ·· 22
　　2.1.1　中国园林的历史沿革 ·· 23
　　2.1.2　中国传统园林的艺术特色 ·· 32
　2.2　西亚环境景观设计 ·· 33
　　2.2.1　古埃及园林 ··· 34
　　2.2.2　古西亚园林 ··· 34
　　2.2.3　欧洲古代环境景观设计 ·· 36
　2.3　现代环境景观设计 ·· 43
　　2.3.1　纽约中央公园 ··· 45

2.3.2　唐纳花园 ··· 45
　　2.3.3　佩雷公园 ··· 46
　　2.3.4　米勒花园 ··· 47
　　2.3.5　伯纳特公园 ·· 47

第3章　环境景观的构成要素 ·· 49
3.1　环境景观资源的类型 ·· 50
　　3.1.1　自然景源 ··· 60
　　3.1.2　人文景源 ··· 76
3.2　环境景观资源的评价、分类与意义 ····································· 82

第4章　环境景观设计的视景处理方法与形式美规律 ·············· 85
4.1　环境景观设计的视景处理方法 ·· 85
　　4.1.1　主景与配景 ·· 85
　　4.1.2　前景与背景 ·· 89
　　4.1.3　夹景、框景与漏景 ·· 89
　　4.1.4　对景与借景 ·· 91
　　4.1.5　藏景与障景 ·· 95
　　4.1.6　虚景与实景 ·· 95
　　4.1.7　隔景 ··· 96
　　4.1.8　点景 ··· 97
4.2　形式美的基本规律 ·· 97
　　4.2.1　多样与统一 ·· 98
　　4.2.2　强调与协调 ·· 98
　　4.2.3　相似与对比 ·· 99
　　4.2.4　韵律与节奏 ·· 101
　　4.2.5　比例与尺度 ·· 102

第5章　环境景观空间中人的行为与空间秩序 ······················· 105
5.1　环境-行为概述 ··· 105
　　5.1.1　行为的含义 ·· 106
　　5.1.2　行为的特点 ·· 107
　　5.1.3　影响行为的因素 ··· 109
5.2　环境行为学相关研究成果 ··· 113
　　5.2.1　马斯洛的需求层次理论 ··· 114

5.2.2	环境可供性理论	115
5.2.3	边缘效应理论	117

5.3 人在环境景观中的感知规律 120
 5.3.1 人-建筑-街道空间 121
 5.3.2 形态-材质-感知 124

5.4 行为在空间中的秩序 127
 5.4.1 行为在空间中的流动与分布 128
 5.4.2 环境空间的组织构成 129

5.5 行为的类别和具体内容 131
 5.5.1 行为活动的类别 132
 5.5.2 年龄差异引起的行为上的差异 134

第6章 环境景观种植设计 139

6.1 环境景观种植设计的基本形式与类型 139
 6.1.1 环境景观种植设计的基本形式 139
 6.1.2 功能形态组合层面 142
 6.1.3 环境景观种植设计的基本类型 145

6.2 环境景观种植设计的基本原则 154
 6.2.1 以人为本原则 154
 6.2.2 科学性原则 155
 6.2.3 艺术性原则 156
 6.2.4 景观生态性原则 157
 6.2.5 历史文化延续性原则 157
 6.2.6 经济性原则 158

6.3 环境景观种植设计的基本方法 159
 6.3.1 目标分析 160
 6.3.2 植物选择 160
 6.3.3 布局设计 162
 6.3.4 生态平衡 164
 6.3.5 季节性变化 165
 6.3.6 管理与维护 165

第7章 环境景观设计的流程与方法 167

7.1 环境景观设计的流程 167
 7.1.1 任务书阶段 169

7.1.2 基地调研与分析阶段 …………………………………………… 169
7.1.3 总体方案的设计阶段 …………………………………………… 173
7.1.4 详细设计阶段 …………………………………………………… 174
7.1.5 施工图阶段 ……………………………………………………… 175
7.2 环境景观设计管理的操作流程 ………………………………………… 176
7.3 图纸类型与相关内容 …………………………………………………… 179
7.3.1 图纸内容 ………………………………………………………… 179
7.3.2 施工图阶段的图纸内容 ………………………………………… 179
7.3.3 环境景观设计平面图表达 ……………………………………… 180
7.3.4 环境景观设计立面图表达 ……………………………………… 186
7.3.5 环境景观设计剖面图表达 ……………………………………… 187
7.3.6 环境景观设计效果图表达 ……………………………………… 188
7.4 相关环境景观设计案例展示 …………………………………………… 189
7.4.1 城市口袋公园游园品质提升工程 ……………………………… 189
7.4.2 盛成故居设计与改造工程 ……………………………………… 197
7.4.3 康复花园场地景观环境规划与改造工程 ……………………… 203
7.4.4 常武路精品道路景观提升工程 ………………………………… 208
7.4.5 玄武湖无障碍花园设计与改造工程 …………………………… 213

主要参考文献 ……………………………………………………………… 217

第 1 章　环境景观设计的概念、内涵与原则

1.1　环境景观设计的概念

环境景观设计的概念

环境景观设计研究以建筑设计、城市规划、园林景观等专业的知识体系为基础,是对人地关系的系统性再思考与探索。

由于环境景观设计涉及的专业范畴相对多元且丰富,因此在进行概念界定时,我们可以着重从相关专业的视角展开针对性剖析。

首先,从建筑设计的视角来看。建筑设计是环境景观设计的基础与前提,其形成的建筑主体是环境景观的重要组成部分。建筑主体所创造的空间关系及其组合方式,构成了环境景观设计的多元诉求。

建筑设计一方面形成了相对独立的物理空间组织,另一方面也与周围环境相互关联,共同塑造了人类生活的综合环境。环境景观设计旨在协调建筑与自然、生态、生活之间的关系,以建立更加和谐、可持续的整体状态(图 1-1)。

图 1-1　意大利 GENOVA 的人居环境

其次，从城市规划设计的视角来看。城市是一个大型的人类聚居地，它是人类活动的集中体现。城市规划是一个庞大的系统范畴，其主要涉及城市内各种类型空间的组织与建设，交通网络的划分与构建，生态斑块、廊道的布局与串联。基于城市规划设计视角下的环境景观设计，主要立足于在城市中创造更加宜人、更具可持续性的环境，以满足居民的综合需求（图1-2）。

(a) 明代画家仇英所创作的《南都繁会图》　(b)《南都繁会图》所考证的城市现状区域的航拍影像

图1-2　古今城市形态的印象演变

再次，从园林景观设计的视角来看。园林景观设计是环境景观设计的具体应用，古时主要是为了满足庭院主人的多重需求，这些需求不仅体现在审美和休闲上，还涉及文化、哲学和身份象征等方面。今天的园林景观设计不仅仅是美化环境的手段，更是对人与自然和谐共生关系的具体表达。通过对园林景观的规划与设计，人们能够在自然环境中得到放松，从而提升生活的质量（图1-3）。

图1-3　园林景观设计的形式与功能

因此，环境景观设计并非单一专业领域的问题，而是多学科知识与技术的系统整合。在这一研究领域中，人与环境间的相互关系成为核心议题。通过对类型间关系程度的分析，我们可以重新认识这些关系，并在建筑、城市规划、园林等层面创造出更加和谐、宜人的环境景观。因此，在系统学习环境景观设计课程前进行分类型的分析，有助于学生更好地理解环境景观设计的综合性质，以及该领域所涉及的多个层面和专业知识。从这些专业名词的角度出发，可以更加全面地把握环境景观设计的核心概念，为深入学习提供坚实的基础。

1.1.1 景观的解义

"景观"（landscape）一词包含"景"与"观"两个主体词汇。景，即现象、情况；景致、风景；布景、舞台或摄影场上所布置的景物；剧本的一幕中因布景不同而划分的段落。观，即观看、观察、游览、阅读，对事物的认识或看法。它常指人对"景"的主观感受。1990 年版的《中国大百科全书·地理学》中对景观的理解包括以下四点：

(1) 某一区域的综合特征，包括自然、经济、文化等方面的要素。

(2) 一般的自然整体，即一个地理区域的总体外貌和特征。

(3) 可以作为一个区域单位，相当于综合自然区划等级系统中最小的一级自然区。

(4) 范围不限于特定的区域单位，可以是任何地理上的单位，如山脉、河流、城市等。

1.1.1.1 与景观相关的概念概述

1. 风景

当我们走入一个空间时，大家会对空间中的风景有什么样的评价呢？例如有的同学会说，"这里的风景好漂亮啊，山清水秀"。有的同学会说，"这里的风景太壮观了，一览众山小，可以看到非常多的建筑、山脉和水系"。此类的描述之多，均是大家对于所见空间与风景的描述与表达。

"风景"一词融合了自然与人文元素的综合体验，涵盖了丰富多彩的场景，包括但不限于山川河流、城市街道、花草树木等元素的组合。风景的内涵之处在于它的多样性，能够通过独特的地理、气候和文化特征呈现出千变万化的面貌。它可以是大自然中壮丽的山水，也可以是城市中繁华的夜景，甚至可以是宁静的田园风光。在审美过程中，观赏者通过视觉感知，对风景产生主观情感和认知。这种审美体验不仅是单纯的欣赏，更是一种对于环境美学、文化内涵和情感体验的综合体现。不同的文化和不同的个体对于风景的理解和喜好会呈现出多元化，反映了人们对于美的独特见解和价值观。风景的审美过程也与时间和空间的变化密切相关，如季节更替、日出日落、阴晴雨雪等自然因素以及城市的发展变化都在影响着风景的表现形式。观者随着时间的推移，对于同一片风景可能产生不同的感受和理解,这为风景的审美注入了动态的元素(图1-4)。

图1-4 不同类型的风景

2.栖居地

栖居的含义指人类居住和生活的具体空间和环境。这个概念强调了人类与周围环境的互动关系,包括居住地的物理构造、文化特征、社会结构以及与自然环境的相互影响。栖居地不仅是人们生理需求的满足场所,更是承载着文化、情感和社会活动的载体。"栖居"一词包含居住的各个方面,例如住宅建筑、社区、城市、乡村等不同尺度的空间。人们在栖居地不仅是生活,更是表达和实现自身文化认同、社会互动的场所。这一概念涵盖了居住地的多样性,可以是传统的也可以是共同体生活的社区,甚至是城市作为一个整体的居住环境(图1-5)。

栖居地的构建与设计需要考虑人类的需求和活动特征,关注空间的布局、功能的合理性以及文化的传承。从自然环境到人文环境,从建筑风格到社会组织,栖居地的设计需要综合考虑多个层面的因素,以创造出宜居、宜人、宜文化的生活场所。此外,随着社会的不断发展和变迁,人们对栖居地的要求也在不断发生着变化。人们对于环保、可持续性、社会互动等方面的关注,都在影响着栖居地的设计理念。现代栖居地设计强调创新、人性化和可持续性,力求在提供基本居住功能的同时,创造更加健康、宜居的生

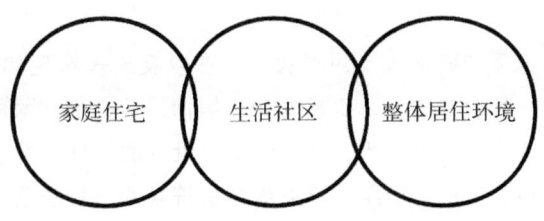

图 1-5　人类栖居的空间与环境

活环境。因此，栖居地的概念不仅仅是对人类居住空间的简单描述，更是一个涵盖了多重层面、与人类生活息息相关的复杂概念。通过对栖居地的深入理解和科学设计，可以为人们提供更好的生活体验，推动社会的可持续发展。

3.生态系统

一个拥有特定结构和功能的综合体系，包含内部组成要素和外部相互关系。这一概念强调了在自然界中各种生物和环境要素相互作用的复杂网络。生态系统内部包含生物组成和非生物组成，如植物、动物、微生物、土壤、水体等。这些组成要素之间通过各种相互作用形成生态链条，共同构建了一个相对稳定的生态结构。不同物种之间存在着食物链、能量流动和物质循环等复杂的生态过程，使得整个系统内部形成了错综复杂的相互联系。外部环境包括气候、地形、人类活动等因素，这些因素对生态系统的稳定性和发展产生着直接或间接的影响。

生态系统通过对外界的适应和反馈，维持相对平衡的状态，但同时也受到外部压力和变化的影响，表现出动态的特性。生态系统的研究旨在理解和揭示自然界中生命的运行规律，强调对于生物多样性、能量流动、物质循环等生态过程的深入认识。通过对生态系统的观察和研究，科学家们能够更好地预测和理解环境变化对生态平衡的影响，为生态保护和可持续发展提供科学依据（图 1-6）。

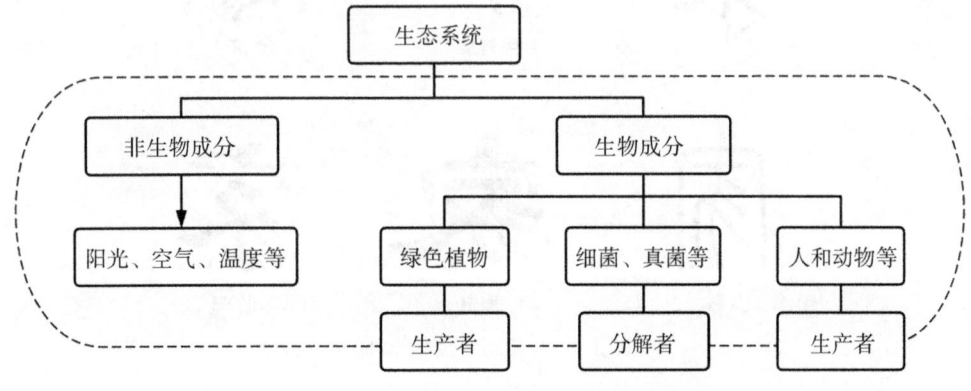

图 1-6　生态系统框架图

4. 符号

符号是一种用以记录和表达人类对过去、现在以及未来希望和计划的图形或文字。这种表征形式不仅是一种语言工具，更是文化、信仰、科技等方面的载体。通过符号的运用，人类能够传递信息、交流思想，并记录下对世界的认知和期望。符号在语言和文字中扮演着重要的角色。字母、数字、标点等都是符号的一种表现形式，它们通过组合和排列形成了各种语言，成为人们沟通交流的媒介。文字符号不仅传递着语法和词汇的意义，还承载着文化、历史、价值观等更为深层次的信息。符号在艺术和设计中具有独特的表现力。绘画、雕塑、音乐等艺术形式都借助符号来传递作者的情感、思想和创意。艺术符号不拘泥于文字，而是通过形状、色彩、音律等多种元素，表达出对世界的独特理解和感悟。符号在科技和工程领域也有着广泛的应用。数学符号、物理符号等通过简洁的图形和符号，准确地表达了复杂的科学概念。在工程设计中，符号更是一种标准化的语言，使不同国家和领域的工程师能够共同理解和交流。符号还在宗教、信仰、仪式等方面承载着人们对过去、现在和未来的期望。它们成为人们寄托情感、祈求祝福的媒介，具有神圣和仪式感。

> **思考：**

以下为"家"字的字形演变（图1-7），从甲骨文到楷书，作为符号化的形态演变，请说一说你对这些符号的理解及符号与人类间的关系与作用。

图1-7 "家"字的字形演变

1.1.1.2 与景观设计相关的概念解析

1. 景观设计学

景观设计学(landscape architecture)是一门应用性学科,它根植于自然科学、人文学科和艺术学科,着眼于对景观进行综合性的科学和艺术分析,包括规划布局、改造、设计、管理、保护和恢复等多个方面。在这门学科中,景观设计学特别注重对土地的精心设计,力求最大限度地发挥植物、地形和水体等要素的美学和功能潜力。景观设计学致力于应用景观策划、规划设计、管理与建设等专业知识与技能,全面保护和充分利用自然与人文景观资源,合理有序地组织并布局人性化的游憩休闲空间,最终打造以户外为主、宜人且富有美感的人居环境。在这一学科中,关注点不仅限于理论层面,更强调运用专业知识解决实际问题。景观设计学通过科学的方法对自然和人文景观进行系统性的研究,注重在设计中综合考虑各类要素,以创造独特而有趣的环境。尤其在土地设计上,强调巧妙地规划,旨在最大限度地发挥土地的潜在价值,使其在美学和功能方面均能达到最佳状态。

景观设计学的核心目标在于通过科学、艺术和人文的综合手段,打造具有高度人性化的居住环境。这一学科通过精心规划和有机设计,创造出令人陶醉的户外空间,让人们在其中得以休憩和放松。在整个学科体系中,景观设计学强调保护与利用自然和人文景观资源的全方位观念,有序地组织布局各类空间,使其不仅具备实用性,更能呈现出丰富的美感。因此,景观设计学在科学与艺术、自然与人文的交汇处,构建了一个综合性、多元化且富有创意的学科体系。其独特的人性化设计理念,不仅对环境设计专业有着深远的影响,同时为我们的居住环境注入了更多温馨、宜人的元素,具有广泛的应用前景和社会价值。

2. 景观设计师

景观设计师(landscape architect)是一个具有深厚专业知识和创造力的专业人才的称号。1858年由美国景观设计之父弗雷德里克·劳·奥姆斯特德(Frederick Law Olmsted)首次使用,并于1863年正式确立为职业称谓。景观设计师于2004年12月被我国劳动和社会保障部正式认定为我国的新职业之一。景观设计师主要负责规划、设计、改造和管理公共和私人场所的户外环境。这包括公园、庭院、城市广场、商业区、住宅社区等各类场地。景观设计师不仅关注空间的美学和艺术性,还注重其功能性、可持续性和社会影响力。

从事景观设计行业的专业人员,必须是具备勘测、设计、绘图等基础能力,同时兼具艺术学、心理学、社会学等方面知识体系的复合型人才。景观设计师需要具备多方面的技能和素养,包括对植物学、地形学和水文学等自然科学的深刻理解,以及对文化、历史、社会等人文科学的敏感性。专业人员需要将这些知识结合实际景观的场地空间进行综合运用,通过精准的设计标准与内涵构建,创造出满足人们实际需求且富有美感的户外空间。

在项目开始阶段,景观设计师通常会通过以下阶段进行设计工作。

第一阶段:沟通。与客户和其他相关利益方进行密切沟通,以了解项目的目标、需求和限制。

第二阶段:调查。进行现场调查,分析土地的自然条件、气候、植被和地形等因素,为设计提供科学依据。

第三阶段:方案。各种设计工具,包括绘图、模型和计算机辅助设计等,将创意概念转化为可行的方案。

景观设计师的工作不仅停留在设计阶段,还需在项目深化实施和管理过程中发挥关键作用。在具体深化过程中,景观设计师并不是孤军奋战,而是需要与建筑师、工程师、园艺师等专业人员紧密合作,以确保设计理念得以有效实现。同时,景观设计师还需要考虑项目的可持续性和生态友好性,以促进环境的健康和可持续发展。

1.1.2 环境的解义

环境(environment)即人类生存的空间及其中可以直接或间接影响人类生活和发展的各种自然因素。环境一词在国内外有着广泛而深刻的应用,其名词解释和概念涵盖了多个学科领域。在环境科学领域,环境常指以人类社会为主体的外部世界的总称,既包括未经人类改造过的自然要素,如阳光、空间、生物、大地等,也包括经过人类改造和创造过的事物,如农田、城市、工厂、公路等,及由以上相关要素所构成的系统及相互关系。从设计的角度来看,环境主要是指各种不同类型的空间场所。

以下是对"环境"一词的国内外名词解释和概念的梳理与阐述。

1.1.2.1 国内名词解释与概念观点

《现代汉语词典》中,环境是指周围的事物、条件,尤指对生活、工作、学习等有影响的自然和社会条件。

从生态学视角看,环境是由生物与非生物组成的相互关联的整体,包括自然环境(大气、水、土壤)和生物群体,它们之间相互作用,形成生态系统。

从社会学视角看,环境不仅包括自然要素,还包括人类社会和文化的影响,即人类活动对周围的物理、社会和文化环境的塑造。

从可持续发展视角看,环境不仅是人类生活和经济活动的背景,还强调对环境的保护和可持续利用,以确保当前和未来世代都能够在健康的环境中生活。

1.1.2.2 国外名词解释与概念观点

在 *Merriam-Webster*(韦氏词典)中,环境是指周围的条件或事物,特指影响某一物体或群体的外部因素。

在 Oxford English Dictionary（牛津英语词典）中，环境是指组成整体的自然和社会元素的总和，包括物理、化学、生物、文化等方面；周围的行为和状态；周围任何的物体或地区。

United Nations Environment Programme（联合国环境规划署）指出，环境是人类和自然界共同存在的空间，强调人类与环境之间的相互作用和依赖关系。

Ecology and Environmental Biology（生态学与环境生物学）指出，环境通常指生物圈、大气、水体和土壤等，以及它们之间的相互作用。

Environmental Science（环境科学）指出，环境作为一个广泛的概念，涉及大气、水、土壤、生物和人类活动等多个方面，强调了相互依存和平衡的重要性。

综上所述，国内外对于"环境"一词的概念理解均包括人类与环境、人类与社会、自然与社会等多个层面。

1.1.3 环境景观设计的解义

环境景观设计是以艺术学的设计方法为基础，对环境景观进行研究。通过对各种元素的融合，赋予原有环境新的内涵，使其功能得以提升，从而达到升华为艺术的效果。广义的环境景观设计概念是伴随着人类对于自然、自身认识程度与需求发展程度的提高而不断提升与完善的过程。同时根据所针对对象的体量、数量、内容与尺度，广义的环境景观设计包含了两个相关的专业方向，即环境景观规划和环境景观设计。前者的研究常针对大尺度范围，结合自然和人文过程认识，协调人与自然的过程关系；而后者的研究则相对更加具体，常以特定的地方、区域为主，在设计中更加倾向于用科学与艺术的方法来处理、优化其中的细节关系，并形成较明确的场地空间设计。

正如戈登·卡伦在《简明城镇景观设计》一书中所言，环境设计是一门"关系的艺术"，其目的在于以戏剧性的手法利用各种要素来创造环境，这些要素包括房屋、街道、树木、自然景观、水体、广场、广告等，通过戏剧性的表演方式将它们巧妙地编织在一起。

在这一艺术过程中，景观设计师的任务是通过深度的思考和创造性的手法，将环境中的多样要素有机地结合，解决环境空间中现存的实际问题，创造出一个具有功能性、视觉性、体验性的空间。这种设计并非简单地将各个要素堆砌在一起，而是通过深刻的理解和细致的计划，使它们在整体中相互关联，形成一个和谐、统一的环境。

景观设计师通过精心构建各个要素之间的关系，创造出一种令人愉悦、能与人产生情感共鸣的环境。在这个过程中，设计师需要考虑空间的比例、元素的排列、色彩的运用等方面，以确保每一个细节都能够为整体效果做出贡献。

环境景观设计不仅是对环境的改造，更是对艺术的追求。通过设计，原本常规的环境得到升华，呈现出独特的艺术魅力。这一过程不仅关乎形式上的美感，更涉及人们与环境之间的情感互动。一个成功的景观设计应该能够引导人们在其中产生愉悦、舒适，甚至是启发性的体验。

综上所述，环境景观设计是一门综合性的艺术，是通过创造性的关联和协调，将各种要素有机地融合在一起，以提升环境的功能性和美学价值。在设计的过程中，设计师通过深入理解和精心规划，将环境变为一个有机的整体，使人们能够在其中体验到艺术的魅力，不仅赋予了环境新的意义，也为人们创造了更丰富、愉悦的生活体验。

1.2　环境景观设计的内涵

环境景观设计的内涵

环境景观设计是关于环境空间类型的研究，是空间内-外环境间客观存在性的研究，同时也是基于物理空间基础之上的多类型属性的研究。在这种客观存在的环境景观空间背景下，因其环境因素间的多样性、差异性而引发出环境景观空间中所衍生的复杂内涵，其内涵主要体现在以下几个方面。

首先，环境景观设计关注的是空间的多样性，即空间内-外环境的各种特征和元素。这包括地形、植被、水体等因素，它们相互交织、相互影响，共同构成了丰富多彩的环境景观层次。

其次，环境景观设计研究关注环境因素之间的差异性。不同地区、季节、气候条件下的环境因素表现出各异的特点，因而需要灵活的设计手法来适应这些差异性。这种对差异性的认知促使设计者在创作过程中更具包容性和创新性。

再次，环境景观设计强调环境景观空间的整体性。设计者需要考虑空间中各个元素之间的相互关系，以及它们在整体中的协调和平衡。这涉及对空间结构、布局和形式的综合考量，以创造出具有良好整体效果的环境景观。在环境景观设计中，还需要关注环境因素对人类活动和生活的影响。通过合理的设计，可以塑造出适宜的环境氛围，提升人们的生活质量。这包括考虑到人们的行为习惯、社会文化等因素，使设计更符合人性化的需求。景观设计作为对环境空间类型的研究，关注空间内-外环境的客观存在性，同时基于物理空间基础进行多类型属性的研究。在复杂的环境景观空间中，其内涵体现在对空间多样性、差异性的关注，强调整体性和人类活动的影响，使设计更具深度和综合性。

1.2.1　功能性与环境景观设计

从功能性与环境景观设计的角度来看，环境景观设计不仅是一种具有艺术审美性的景观形式的存在，更是人类生产与生活不可或缺的空间形态的组织，其必须通过特定的形式来表现，这种表现形式即为环境景观。如维克多·帕帕奈克在《为真实的世界设计》一书中提出了自己对于设计目的性的新看法，即设计应该为广大人民服务；设计不但应该为健康人服务，同时还必须考虑为残疾人服务；设计应该认真考虑地球的有限资源使用问题，设计应该为保护我们居住的地球的有限资源服务。

在这一设计理念下，环境景观的首要任务是满足人们在生产、流通、体验和消费方面的需求，为城市的第二、第三产业的发展提供必要的空间支持。

首先，环境景观的第一功能是为人们的生产和生活创造一个合适的场所。这涵盖了商业、工业、农业等方面，为城市的经济活动提供了丰富的空间。通过巧妙的设计，环境景观可以成为商业中心、产业园区或农业示范区，促进各类经济活动的蓬勃发展。

其次，环境景观必须具备为城市的第二、第三产业提供足够空间的功能。这包括办公、科研、创新等领域的需求。在这个层面上，环境景观的设计需要考虑不同产业的特殊需求，提供灵活多样的工作场所配置，促进城市产业结构的升级和优化。

再次，环境景观的功能还体现在为人们提供较为完善的基础设施和公共文化娱乐设施。这包括道路、桥梁、交通枢纽等基础设施，以及公园、广场、文化中心等文化娱乐设施。通过合理规划和设计这些设施，环境景观能够为人们提供便利，同时营造出丰富多彩的文化娱乐环境，提升城市的整体品质。

因此，环境景观的第一功能不仅是满足城市居民的基本需求，更是为城市的发展提供了必要的支撑。这一功能也奠定了环境景观设计的基础，为设计者提供了明确的目标和方向，使得环境景观在满足功能性需求的同时，也能够成为城市的亮丽风景线（图 1-8）。

图 1-8　不同背景下的景观场景

1.2.2 生态性与环境景观设计

从生态性与环境景观设计的角度来看，环境景观是人类在自然基础上通过人工改造而成的产物，因此，其构建过程也是自然生态系统向城市生态系统转化的过程。在这一转化过程中，将"生态+环境"作为综合研究的思路与方法，成为了学科交叉融合的重要突破。

景观生态学（landscape ecology）是研究在一个相当大的区域内，由许多不同生态系统所组成的整体（即景观）的空间结构相互作用、协调功能及动态变化的一门生态学新分支。景观生态学给生态学带来新的思想和新的研究方法。景观生态学是在1939年由德国地理学家C.特洛尔提出的。它是以整个景观为对象，通过物质流、能量流、信息流与价值流在地球表层的传输和交换，生物与非生物以及与人类之间的相互作用与转化，运用生态系统原理和系统方法研究景观结构和功能、景观动态变化以及相互作用机理、研究景观的美化格局、优化结构、合理利用和保护的学科，是一门新兴的多学科之间交叉的学科，主体是生态学和地理学。

遵循生态学原理成为关键，旨在最小限度地减少对自然的破坏、资源的掠夺以及生态多样性的损害，从而创造出对人类有益的景观。在生态性与环境景观设计中，尊重自然、减少对生态系统的干扰是至关重要的。这遵循着生态学的基本原则，即通过模仿自然的复杂性和动态平衡，创造出与自然和谐相处的城市生态系统。通过最小限度的干预，可以在环境景观中保留原有的生态特征，维护植物群落和动物栖息地，促进生态系统的恢复和发展。

与此相对照，如果采用掠夺性的方式塑造环境，破坏自然生态系统，最终将导致人类自身因过度利用和开发自然资源而受到严重的后果。这种短视的做法不仅破坏了自然的平衡，还违背了生态学的基本原则，使城市面临生态危机和不可持续发展的问题。如西蒙兹在《大地景观：环境规划设计手册》中的观点强调了景观建筑师的使命，即通过其工作帮助人类与地球和谐相处，将人类、建筑物、校区、城市与生态系统有机地融合，实现共生共荣；如麦克哈格在《设计结合自然》中强调了人与自然的紧密联系。麦克哈格认为，我们需要从生态学的角度研究自然环境与人的关系，以创造更适宜人类生存的环境。他指出，自然演进过程证明了人类对大自然的依存，批判了人类中心主义。通过比较东西方文化，揭示土地利用的差异，提出综合考虑各要素的方法。在城市和建筑评价与创造方面强调以"适应"为准则，将整个景观视为生态系统，利用地图叠加技术综合分析各要素，提高景观规划设计的科学性（表1-1）。

表 1-1 麦克哈格 "千层饼" 式地图叠加法

人类	人	社会需求
		经济
		社会组织
		人口统计数据
		土地用途
		人类历史
生物	野生动物	哺乳动物
		鸟类
		爬行动物
		鱼类
	植被	生境
		植物类型
非生物	土壤	土壤流失
		土壤排水
	水文	地表水
		地下水
	地貌	坡度
		海拔
	地质	地表
		基岩
	气候	微气候
		大气候

因此，生态性是环境景观设计的核心理念之一，旨在实现人类与自然之间的和谐共生。通过尊重自然规律、减少对自然的干扰，环境景观设计不仅可以在城市中创造出有益于人类和生态系统的景观，实现可持续发展的目标，还可以为我们提供一种可持续的生态发展模式，使城市形成独特的景观以及与自然共生的生态空间。

思考：

搜一搜关于西雅图煤气厂公园、中山岐江公园等环境景观案例中关于生态主义景观的应用与设计。

1.2.3　文化性与环境景观设计

　　从文化性与环境景观设计的角度来看，环境景观是基础的物理空间维度下的肌理组合与建构框架，而文化性则是具有生命、时间与记忆的内涵特质，如同血脉、血肉与环境景观空间紧密黏合。

　　文化是指一群人共同创造、传承并共享的生活方式、价值观念、信仰体系、社会习俗和艺术表现形式的总和。这包括语言、宗教、风俗习惯、艺术、音乐、文学、建筑等方面的内容。文化塑造了人们的思维模式和行为方式，反映了他们对世界的理解和态度。它是人类社会发展的精神基础，是人类共同生活和互动的重要纽带。文化具有多样性和动态性，随着时间和地域的变化而不断演变和发展。

　　环境景观设计中的文化性指的是将特定文化的价值观、传统、历史和特色融入设计过程中，创造出与当地文化相契合的环境。这种设计不仅考虑到自然环境的因素，还注重反映人类社会的文化内涵和认同感。通过考虑当地文化的元素，如传统建筑风格、艺术表现形式、宗教信仰等，设计师可以打造出具有独特文化氛围的景观空间，激发人们的情感共鸣和文化认同感。文化性景观设计还可以促进社区凝聚力和文化传承，为人们提供舒适、愉悦的环境体验。因此，在环境景观设计中融入文化元素是非常重要的，可以实现与当地社区的和谐共生，并丰富人们的生活体验。因此文化作为环境景观设计中一个至关重要的组成部分，与人类的精神需求紧密相连。它反映了人类在发展过程中的沉淀与积累，以及地域性差异的存在。其呈现出人们在利用和改造自然方面态度的多维性与多样性，同时也体现出人们的价值观和思维方式的多样性。

　　在环境景观设计中，文化是不可或缺的关键力量。通过深入保护、梳理、挖掘和剖析文化在空间环境中的演变，我们不仅能够彰显文化的深层价值，还能为人类提供理解自身文化根基的重要线索，进而促进对文化更全面、更深入的认知与传承。这种维度的考虑不仅使环境景观更具有历史深度，也使其更能够满足当地居民的情感和认同需求。以中西方差异为例，中国注重天人合一、自然融合的理念，强调人与自然的和谐关系；而西方体现出对人类能力和理性的强调，注重对称、比例和秩序。这种文化性的差异直接影响了设计中对空间形式、材料选用、布局规划等方面的取舍与决策，也形成了基于不同文化基质的、从文化到环境形态百花齐放的大千世界的风貌。因此，从文化性与环境景观设计的视角看，文化是环境景观的灵魂和精神内核，塑造着空间环境的独特氛围。通过深刻理解和体现不同文化背景的特点，环境景观设计可以创造出更富有人文内涵、更具地域特色的景观，为人们提供具有深层次意义的体验。这种文化性的考量不仅使环境景观在形式上更加多样，也为人们在空间中寻找归属感和认同感提供了更为丰富的选择。

1.2.4　心理性、社会性与环境景观设计

意大利著名建筑师布鲁诺·塞维指出："我们可能忽视空间，空间却影响我们，并控制着我们的精神活动；我们从建筑中获得美感，这种美感大部分是从空间中所产生出来的。"这一观点深刻地强调了空间对人的心理活动的影响，将环境景观设计的重要性凸显出来。实际上，人的心理活动与环境景观紧密相关，包括知觉、认知、安全感、归属感、舒适感以及孤独感等。例如在一个良好的环境景观中，人们会自然而然地感受到愉悦，这源于空间所营造的积极氛围。相反，在质量较差的环境景观中，人们可能会产生抵触、厌恶的情绪，不愿意在这样的空间中停留。因此，环境景观的设计直接关系到人的心理状态和体验。环境景观中的空间布局、结构设计、植被选择等因素都会对人的心理产生深远的影响。一个开放、通透的景观空间可能会引发人们的愉悦感和舒适感，促使积极的心理活动。反之，狭小拥挤、杂乱无序的空间可能会引发人们的不适和烦躁，阻碍正常的心理活动。尤其值得注意的是，环境景观对人的孤独感和社交需求也有着重要的影响。一个设计得当的景观空间可以创造出促进社交的环境，培养人们的归属感和社交需求。相反，缺乏社交元素和人际互动的环境可能导致孤独感的加深，对心理健康产生负面影响。

美国著名人本主义心理学家亚伯拉罕·马斯洛的"需求层次理论"构建了极具价值的理论框架。这一理论属于《人类激励理论》中的人文科学理论，它将人类需求由低到高依次划分为生理需求、安全需求、社交需求、尊重需求及自我实现需求五个层级，形成金字塔式结构，阐释了需求的渐进满足过程，即人们一般会在满足低层次需求的基础上，才会去追求高层次的需求。

遵循五个层次的顺序与关系，环境景观设计的合理性就显得尤为重要，可从以下几方面考虑人们的基本需求与满足，进一步关注社会性和深层次的心理需求。

（1）在满足基础生活的需求上，环境景观设计要提供良好的生理环境。包括舒适的气候、适宜的照明、宜人的自然风光等，以满足个体的基本的生存需求。

（2）以安全、健康作为必要考虑要求。在具体设计中要关注空间所提供的方式，包括安全的建筑结构、有效的安全管理等，以保障人们的身体和财产安全。

（3）进行社交空间的设计。创造出有利于人们交往和互动的环境。社会性的设计要考虑到人们的归属感和社交需求，通过公共广场、社区花园等元素，促使人们建立联系和共同体验。

（4）关注尊重和自我实现的需求。尊重的设计要体现在对个体差异的尊重和包容上，创造多元化的空间以满足不同文化和个性的需求。自我实现的设计追求在环境中

实现个体的潜力和创造力，通过提供启发性的场所和创新性的设计，激发个体的内在动力。

1.2.5　美学性与环境景观设计

人类天生追求美，这一追求在塑造景观的历史长河中得到充分体现。在环境景观设计中，美学性不仅仅表现在设施的设计上，更体现在如何有机地组织各种功能元素的过程中。这是一个不可分割的统一过程，美学性贯穿于整个设计的各方面。美学性在环境景观设计中具有多重体现。相较于点状化的分析单个设施的设计，整体空间的组织更全面、更综合。

解读环境景观设计中的美学性可以从两个维度进行思考。

首先，从物理属性层面来看。在环境景观的构建中，设计师必须思考构成要素的尺度、色彩、比例、装饰等问题。这牵涉不同要素之间的协调搭配，以及要素之间的节奏和韵律等美学范畴。构建景观的美学性需要考虑各种要素的和谐统一。尺度的选择关系到空间的整体感觉，色彩的搭配影响人的情绪体验，比例的掌握决定了空间的协调程度，装饰的巧妙运用可以赋予空间更多层次。所有这些都需要在设计中进行综合考虑，以打造一个美学上令人愉悦的环境。此外，空间美学还涉及要素之间的协调与搭配，以及整个空间的布局和节奏。要素之间的协调可以通过形式、材质、风格等方面的统一达成，而空间的布局需要考虑景观元素的有机组合，使之在整体中形成和谐的画面。节奏和韵律则关系到人在空间中的流动感受，使整个环境呈现出生动而富有变化的美感。

其次，从价值构建层面来看。以阿诺德·柏林特（Arnold Berleant）为代表，他是20世纪后期美国环境美学的重要代表之一，他的环境美学思想对进一步思考、探索、研判艺术与环境之间的关系提供了重要的思路。他在与环境美学相关的观点及著作中，强调自然和人工环境中所呈现的审美价值。阿诺德·柏林特认为，环境美学能够帮助我们理解自然和人类社会的关系，并推动人类更加积极地关注和保护环境。

知识点拓展：阅读并了解阿诺德·柏林特（Arnold Berleant）《环境美学》（*The Aesthetics of Environment*，1992）中所阐述的环境美学观念与视角。

1.3　环境景观设计的原则

环境景观设计是一项综合系统工程，异于传统艺术创作，其旨在创造出具有独特特色、舒适、优美、便捷、高效、安全的外部环境，满足人们的物质和精神层面需求。为了实现系列目标，设计者需遵循多项原则。可持续性是设计的基石，强调资源合理利用，减少对自然环境的负面影响；社会互动原则要求设计能促进人与人之间的交流与互动，形成社区凝聚力；文化传承原则要求尊重并融入当地历史、传统、文化元素，创造独具地域性的设计；美学体验原则关注设计的美感，提供愉悦、舒适的视觉体验；可访问性原则强调平等体验，设计应考虑各类人群的需求，创造无障碍环境；生态平衡原则要求维持自然生态系统平衡，减少对周围环境的破坏；安全性原则是设计的保障，确保公共区域的安全。总体而言，环境景观设计的综合性要求设计者在创作中全面考量经济性、社会性、文化性与美学性等多元属性。通过遵循上述原则，设计者能够打造一个符合人们需求，且具有可持续性、社会性、文化性等特质的外部环境(表1-2)。

表1-2　环境景观设计综合要素

特 征	含 义
社会性	强调个体在社会环境中的互动、合作、影响力，涉及群体关系、文化背景、社交技能等方面的特征
舒适性	事物或环境的宜人、令人愉悦、符合需求的特性，强调人体感受和心理愉悦的程度
通达性	事物的易达、易接触、易理解的程度，强调无障碍、便捷、顺畅的特性
安全性	预防潜在的危险、提供清晰的导向和紧急疏散路径、使用耐用且无毒的材料、确保照明充足，为人们的生活和休闲提供保障
愉悦性	事物或经验令人感到愉快、欢乐、舒适的程度，关联个体情感和主观感受的特质
和谐性	强调事物、关系或环境中元素之间的和谐、平衡、协调程度，强调统一、一致和共生的特性
多样性	事物或环境中存在多种不同的元素、特征，强调丰富、多样、变化的特性
识别性	事物或特征在外观、表现上具有独特辨识性，能够被识别和区分的特性
文化性	强调事物、行为或环境中承载的文化元素，包括价值观、传统、符号等，反映特定文化的特性
生态性	事物或系统在生态方面的特性，包括可持续性、相互依存、平衡等，强调与自然环境的协调关系

1.4 环境景观设计的发展趋势

1.4.1 环境景观设计的主要倾向

1.4.1.1 现代新技术和新材料的运用

伴随时代发展与全球化趋势,景观作品通过引入新颖的材料和技术手段,成功地融入了光影、色彩、声音、质感、透明度等形式要素,使景观呈现出现代感极强的特色。创新性的技术运用不仅提升了景观的美观度,也为游客带来了更丰富的观赏体验。同时,新技术和新材料的运用不仅体现在形式要素层面的创新,还更加关注并涉及功能和效能的提升。通过数字化设计,景观元素可以更精准地响应外界环境的变化,创造出更具交互、动感和生命力的景观。这种技术的运用使得景观不再是静止的"艺术品",而是一个充满生机的空间。

1.4.1.2 创新形式和功能的平衡

从环境景观设计的发展趋势来看,追求形式和功能的平衡成为一种重要的视角。优秀的现代景观作品不仅注重艺术性,更关注其实际运作和适宜功能。许多杰出的景观设计师开始以人们的日常需求为设计的核心,将舒适性和实用性置于首要位置,形式上也不再刻意追求华丽和繁复,而是以自由的平面、人性化的活动空间和简洁的造型为设计的基本原则。自20世纪70年代以来,生态主义的理念已成为西方景观设计中首要考虑的因素。在西方现代景观设计的实践中,形式和功能的平衡是至关重要的。不再仅仅强调景观的审美和艺术性,设计师们更注重景观的实际运作和对环境的综合影响。从人们的日常生活需求出发,设计师们将舒适性和实用性置于设计的前沿,创造出既美观又能够满足功能需求的景观作品。这种注重实用性和功能性的设计理念,使得景观不再局限于纯粹的艺术品,更具有现实意义。与此同时,基于环境景观的生态性特征,关于生态主义的理念的现代景观设计也得到广泛应用。德国现代景观设计师彼得·拉茨(Peter Latz)设计的杜伊斯堡生态公园便是一个生动的例证。伴随工业化的发展、升级与迭代,一个拥有百年历史的钢铁废墟成了城市发展的痛点,如何对待这样一批体量庞大的时代产物成为政府、设计师、市民共同探讨的问题。因此设计师巧妙地保留了原有工业废弃遗址中的工业构筑物与带有工业符号语言的设施,如起重机、铁路、桥梁、鼓风机等,最大限度地再度利用原生资源。这种工业景观不仅延续了历史文脉,还实现了资源的节约,并且具有独特的生态和社会功能。这种注重实际运作和生态功能的设计理念不仅体现在德国的生态公园中,也在其他西方国家的景观设计中得到了体现,例如德国鲁尔工业区改造、美国西雅图煤气厂公园、英国布莱纳文工业遗址改造等相关项目。景观设计不再仅仅为了美的追求,更加注重对环境和社会的积极贡献。设计者们通过独特的创意和实用的功能设置,使得景观不仅具有观赏性,还能够融入人们的生活,为城市的可持续发展和生态平衡作出了积极的贡献。

1.4.1.3　重视内涵和语义的表达

基于环境景观设计的发展趋势,对环境景观内涵和语义的表达逐渐受到了重视。在当代的景观设计中,设计师们逐渐意识到景观不仅是一种外观形式与模式的呈现,更是一种对社会、文化、历史等方面内涵的反哺与表达。这一意识的转变使得景观设计不再拘泥于形式美,而更注重传递环境景观背后的观念、意义与价值。设计师们通过运用空间元素讲故事,传递文化内涵和信息。这种设计方法唤起人们的情感共鸣,引导观者深入思考景观背后的深层含义,同时也成为当下城市形象与环境展现中的创新发展手段。

1.4.2　环境景观设计的发展趋势

环境景观设计是一门综合性学科,核心理念在于通过对环境的系统规划与合理建设,引导和组织人们在景观中的行为活动,最终创造出一个具有美感、实用性和生态友好性的外部环境。理论与实践相结合是现代环境景观设计的一大特色。通过构建理论体系,如社会、生态、美学的三维体系,设计师能够更全面地思考和规划环境。而实践中的不断尝试和创新,则为理论提供了验证和完善的机会。这种理论与实践相结合的方式,使得现代环境景观设计在不断发展中保持活力和创新性。现代环境景观设计在追求形式和功能平衡的过程中,重视对新材料、新技术和新设备的运用。设计师通过引入先进的建筑材料、数字化技术、智能系统等,为景观增添了更多元的元素。数字化控制系统等技术的应用,也使得景观不仅有美的外观,更具有智能和可持续性。设计师在形式与功能平衡的基础上,强调对观念和意义的表达。通过景观元素的设计和组合,传递出深层次的文化内涵和设计理念。这种注重观念表达的设计风格,使得环境不仅是单纯的物理空间,更是文化、历史和人文精神的体现。中国正处于生态、科技和农业文明高速发展的时代,这为现代环境景观设计带来了更多机遇与发展趋势。同时,伴随环境景观设计的范围进一步扩大,环境不仅涵盖城市内部,还包括基于全球视角下的国际性的自然保护区、公园、森林等地带、廊道等多类型、多体量的空间。2017年1月,中共中央办公厅、国务院办公厅印发的《关于实施中华优秀传统文化传承发展工程的意见》中提出,规划建设一批国家文化公园,成为中华文化的重要标识。目前我国已有长城国家文化公园、大运河国家文化公园、长征国家文化公园、黄河国家文化公园、长江国家文化公园五大国家文化公园。在不断发展的过程中，现代环境景观设计既承袭传统文化的精髓，又积极吸纳新材料、新技术的先进成果。通过中外经验的借鉴，理论与实践的结合，以及对新技术的灵活运用，现代环境景观设计不仅满足人们对美好生活的追求，更致力于构建可持续、智能、文化丰富的城市环境。

◎ 思考题

1. 什么是环境景观设计？
2. 简述对于环境景观设计综合要素组成与关系的理解与认识？
3. 简述对于现代景观发展趋势的理解？

第 2 章　环境景观设计的起源与发展

　　人类与环境的关系紧密相连。环境景观包含自然生态、经济政治、生态环境等相关方面。古代的环境设计源自人类对自然的崇敬和敬畏，这种崇拜在全球各地均形成了具有不同地域文化表征的区域风貌与特色。结合中西方哲学思想、美学思想等思维与价值观，结合环境地形、景观地貌，山水与建筑以及造园与创造艺术意境等都展现了独特的环境景观文化特征，逐步形成了中国、西亚和欧洲三大具有代表性的园林系统的形成。世界各地的园林因受到不同的自然环境和文化传统的影响而呈现出多样化的风貌，主要分为东亚园林体系、西亚园林体系和欧洲园林体系。东亚园林体系中，中国的古典园林体系是最具代表性的。这种园林体系有着悠久的历史，其建筑特色鲜明。而日本园林则在汲取了中国园林的精髓后，发展出了独具本土特色的"禅"景观，成为东亚园林体系中的重要组成部分。西亚园林体系以古巴比伦和古波斯为起源，其园林的规划布局和景观设计深受伊斯兰宗教文化的熏陶。这种园林体系还采用了模仿伊斯兰教天堂的布局形式，因此也被称为伊斯兰园林。欧洲园林体系则以古埃及和古希腊为根源，欧洲园林的形式主要是模仿农业耕种和几何化的自然环境，这一传统一直延续至今。在文艺复兴时期的影响下，欧洲园林体系发展出了意大利的台地花园、17世纪后期以勒诺特尔为代表的法国古典园林，以及英国的自然风景式园林。

　　人类的环境观念深深根植于其所处的地理环境，这一观念在环境景观设计领域中表现得尤为显著。自然崇拜的起源不仅是一种信仰，更是一种对地球之美的赞美和表达。不同民族在塑造环境时展现了独特的审美观，通过对地形、建筑和自然元素的处理，创造出独具风格和民族特色的艺术景观。这一复杂而丰富的文化遗产不仅反映了人类与环境互动的历史，也为后来的环境景观设计提供了深厚的灵感和借鉴。因此，理解环境设计的起源不仅是对过去文化的尊重，更是对人类与环境关系演变历程的深入思考。这种对环境与文化交融的认知，不仅为设计师提供了广泛的创作灵感，也为不同文化间的交流与理解构建了坚实的桥梁。

　　在这个漫长的历史长河中，几何式和自然式两种布局形式交相辉映。几何式园林的盛行几乎涵盖了从古代西亚到17世纪欧洲纪勒·诺特尔时期的广泛历史范畴。在这漫长的历史时期里，世界各地的园林设计表现出一致的几何式特征，包括古波斯的十字轴线、古埃及的对称方直平面布置、古希腊的罗马柱廊园、中世纪的回廊式中庭、伊斯兰世界的十字水渠和四分园格局，以及文艺复兴时期意大利的中轴纵向进深、对称规整的台地园。尤其是17世纪法国古典主义，其以轴线贯穿建筑和庭院的整体布局，使这些园林形象呈现更为统一和庄重的外观。这一历史时期的欧洲园林设计以对称与秩序为主导，构建了几何式园林在当时的主导地位。从古代东方到文艺复兴时期的欧洲，几何式布局被广泛应用，呈现出精心设计的轴线、规整的平面和有序的空间结构。古波斯的十字轴线体现了东方园林的庄严和谐，古希腊的罗马柱廊园展现了古代文明的对称之美，17世纪法国古典主义的布局则使园林更加庄重而有层次。几何式园林的流行不仅在视觉上营造了一种秩序感，更是通过布局的对称性和规整性传达出一种文化和哲学的内涵，为当时的社会赋予了一种稳定与统一的象征。园林不再仅仅是自然的表达，更是人类对宇宙秩序的理解和追求的艺术体现。然而，这一时期的欧洲园林设计并非停滞不前。随着时代的演进，18世纪英国自然式风景园林的兴起标志着对几何式园林的挑战和转变。自然式园林摒弃了过于刻板的对称和规整，追求更加自然、随机的布局，注重营造一种与大自然更为和谐的景观。这一变革不仅在园林设计中引入了新的审美理念，也影响了整个欧洲园林风格的走向。在欧洲园林的历史长河中，几何式风格的主导地位对后来的园林设计产生了深远的影响，为当代设计师提供了丰富的启示和借鉴。然而，园林艺术的历史并非一成不变。直到18世纪英国自然式风景园林的兴起，欧洲造园才开始逐渐告别了过于刻板的几何式风格。这个时期，英国的园林设计者们开始追求更自然、更随意的布局，强调园中元素之间的和谐统一，标志着几何式和自然式两种布局形式的分野初现。

2.1 中国传统园林

中国传统园林的艺术特色

中国传统园林的历史久远而丰富，承载着三千年的文明沉淀。其以独特的艺术风格、文化内涵、精神追求，成为世界三大造园流派之一。中国园林的独特性源于其多重因素的交融。首先，地域自然条件在塑造园林风格中发挥了重要作用。中国幅员辽阔、地理环境多样，这为园林设计提供了丰富的自然资源。从南方的江南水乡到北方的干旱地带，每个地域都在园林中留下了独特的风貌与痕迹。同时儒家、道家、佛家等不同的哲学体系在中国文化中交相辉映，也对中国园林形态中所体验的哲学观念带来重要的影响。这种思想的融合贯穿于园林设计的各方面。例如，儒家注重礼仪、孝道，这在园林中表现为亭台楼阁的布局序列以及对自然的敬畏；道家追求自然和谐，这体现在园林的自然山水布局中；而佛家的寺庙园林则融合了宗教信仰和造园艺术。中国园林的塑造还受到社会宗教礼法制度的深刻影响。历史上，皇家园林、寺庙园林等在表达统治者或宗教信仰的同时，也传达了尊崇礼法和社会秩序的理念。园林中的建筑、雕刻、景观等元素,通过精心设计以彰显统治者的权威或宗教信仰的神圣性。独树一帜的中国园林体系在漫长的历史发展中形成。中国传统园林以其别具匠心的布局、精致的园林构造和深刻的文化内涵,成为世界上独特而令人向往的艺术品。中国传统园林的历史悠久而丰富,其独特性不仅体现在地域自然条件的综合影响上,更融合了深厚的哲学观念和社会宗教礼法制度的精髓。这种独一无二的园林体系,为中华文明增添了独特的艺术光彩,也为当代园林设计提供了丰富的历史智慧和灵感。

2.1.1 中国园林的历史沿革

中国传统园林拥有悠久的历史,中国古典园林的生成期可以追溯到先秦至秦汉时期。在这个时期,园林的主要形式是帝王苑囿和普通百姓的农田和菜圃。帝王苑囿主要由天然山水和水池组成,周围筑起高台,供帝王们狩猎和游憩之用,同时也具有一定的生产功能。具有代表性的有商末纣王的鹿台、周文王的灵台以及秦汉时期的上林苑和建章宫等。这些园林的共同特点是以高台建筑为核心标志,同时围绕着堆筑大型土山,需要大量的人力、物力,象征着统治者的权力和财富。早期就有《史记·殷本纪》中纣王建造"沙丘苑台"的记载,还有诸如周文王筑灵台、灵囿等记载。

在《诗经》中《大雅—皇矣》和《大雅—文王有声》分别有这样的记载,"以尔钩援,与尔临冲,以伐崇墉。""文王受命,有此武功。即伐于崇,作邑于丰"。周文王之灵台就在营建丰邑时所修建,距今约三千年。在修建灵台同时,并引注沣水以建灵沼(养鱼、龟等水产之处),灵囿(养鹿等动物之处),加上灵台合称为"三灵"(灵台、灵沼、灵囿)。灵台的建造表示一个国家机制完善,灵台的功能据各种史料记载是一个集观察天候、制定律历、于民施教、动员战争、占卜大事、庆祝大典、会盟诸侯等的一个多功能场所。当时的天下诸侯,臣服周国的有三分之二,足见天下诸侯和百姓对周国的信任,对商朝的失望。在我国最早的诗集《诗经》《大雅—灵台》中记载着关于西周文王以民力修建灵台时,平民百姓欢乐而顺从之场景,其诗曰:"经始灵台,经之营之。庶民攻之,不日成之。经始勿亟,庶民子来。"其大意为文王开始建筑那灵台,老百姓齐来建造它,不到几天很快就建成了。始建本不须急成,百姓们都急着来修建。周灵台历经约三千年的岁月沧桑,其故迹至今犹存。在《诗序》中有"民始附之,文王受命,而民乐其有灵德,以及鸟兽昆虫焉"。汉代大经学家郑玄注释为"天子有灵台者,所以观祲象,察气之妖祥也。文王受命,而作邑于丰"。立灵台可以看到中国早期园林多以高台形式为特征,而其功能早期则以活动、狩猎、祭祀为主,春秋战国时期之后,其功能则逐步向可观可游的宫苑园林发展。中国古代园林常称为"囿"或"苑"。囿和苑的意思均表示范围和区域,本义则均指古代帝王养禽兽的园林。故古代园林常意指的是在自然环境繁茂、水系与水源充沛的地方围地放养禽兽,以供游猎。

2.1.1.1 魏晋南北朝时期

魏晋南北朝之后的中国传统园林是中国园林艺术的重要阶段，融合了佛教思想、玄学理念和文人意境，形成了独特的风格。在这一时期，园林建设开始融入人工的设计和创造，凿渠引水、堆山叠石成为主要手法，形成了人工山水景观的雏形。园林设计注重自然山水的模仿和营造，追求意境和情感的表达。这些园林不仅注重景观的布局，更强调文人雅趣和审美情趣的表达，常常以诗、画、书法等艺术形式来点缀园林。以山水为主题，通过布置山石、开凿水池、种植植物等手法，营造出引人入胜的山水景致。这种园林风格突出了中国人对自然的崇敬和对山水的情感寄托并展现了人与自然和谐共生的理念。

魏晋南北朝时期是中国古典园林发展的转折期。园林艺术呈现出多样化趋势。除了皇家园林外，私家园林的地位日益重要，并对皇家园林产生了重要影响。这一时期最重要的皇家园林以洛阳、建康、邺城三地所修建的华林园为最高代表，而私家园林的杰出实例包含西晋时期的石崇在洛阳郊外所建的金谷园，南北朝时期谢灵运在会稽山始宁县所修建的山居等。继战国时代以后，园林形式从宏大的叙事，模山范水，转向对于自然山水为主体的表达，自然色彩的园林创作不断涌现，写实与写意相互结合。佛教和玄学的兴盛，山水诗和山水画的逐步成熟，都成了魏晋南北朝时期影响园林发展的重要前提，人们更加关注园林环境所能给予的精神世界的追求。这一时期私家园林涌现，出现了文人、隐士们"归田园居"的精神庇护所。魏晋南北朝之后的园林建设是文人墨客的乐园，他们常在园中修篁种竹，倚栏品茗，吟诗作画，以园林为情感抒发的场所。相比秦汉时期的园林不论是皇家园林还是私家园林都体现出了简淡的人文气质，有较大的突破。皇家园林中早期的狩猎、求仙、通神的功能基本消失，而逐步呈现出再现自然、追求自然野趣的主要园林景观特征。同时从建筑、空间的体量而言，也不再一味地求大，转而表现出更加原生野致的文人情调。东晋简文帝入建康城的皇家园林华林园时描述："会心处不必在远，翳然林水，便自有濠濮间想也，觉鸟兽禽鱼自来亲人"，反映出当时的审美趋向与造园的心态。

简文入华林园
南北朝　刘义庆

简文入华林园，顾谓左右曰："会心处不必在远，翳然林水，便自有濠濮间想也，觉鸟兽禽鱼自来亲人。"

[译文]简文帝进华林园游玩，回头对随从说："令人心领神会的地方不一定在很远，

林木蔽空，山水掩映，就自然会产生濠水、濮水上那样悠然自得的想法，觉得鸟兽禽鱼自己会来亲近人。"

2.1.1.2 隋唐与两宋时期

隋朝至两宋时期是中国古典园林的鼎盛时期，园林类型更加多样，手法更为精湛，与诗歌、绘画等艺术形式更深度融合。皇家园林以唐长安的大明宫、华清池，北宋东京的艮岳为代表，展现了最高水平。私家园林则更为丰富多样，涵盖了唐代王维的辋川别墅、白居易的庐山草堂，以及北宋司马光在洛阳的独乐园等经典之作。隋唐时期，中国的园林建设展现出了工程浩大、以山水为骨架、水系为主导、布局错落有致、植物种类繁多等特点。隋朝时期的园林首创了水景园林的先河，其中代表性的皇家园林如隋西苑就展示了壮丽的规模和精美的设计。而到了唐朝时期，随着国力的繁盛和文化的繁荣，园林艺术逐渐与诗情画意相结合，建筑不仅追求壮观的视觉效果，而是更注重情感的表达。因此，隋唐时期的园林不仅在中国建筑环境史上留下了许多令人炫目的建筑作品，还体现了儒、道、释三家文化的互补共尊的局面。社会的稳定和生活的富裕为园林建设提供了良好的条件，造林活动进入了前所未有的兴盛阶段。随着皇家园林从宫殿与宫城中独立出来，成为一个独立体，园林的发展也更加进步、繁荣。帝王建设了规模宏大的苑囿，而达官贵族也建立了私家宅院。尤其是在开放、繁荣的唐代，贵族生活奢华，会客、宴饮、歌舞多在宅园中举行，园林规模通常很大。除了皇家苑囿和贵族宅园之外，隋唐时期还出现了一些文人雅士的小园，这些文人雅士常精通诗文，富有高雅趣味，因此他们建造的小园充满了文化内涵，清新雅致、充满诗意。隋唐时期，园林的发展呈现了两极分化的趋势：自然山水园林蓬勃发展，园林常建在山野之地，利用美丽的天然山水打造出休憩场所。以园林建筑或独特的山水、植物为主体，形成独特的景观。而此番景致的营造则符合并满足了园林的主人及三五好友们来此游览、聚餐、赋诗，并通过画笔将场景描绘、记录。由于文人和画师更多地参与了园林的建设和活动，园林逐渐向着造景和赏景的方向发展。隋唐时期文人雅士长期在都市任官，除了工作之余，他们也渴望拥有一个舒适自在的场所来放松身心，或者需要一个隐秘的空间来举办文人雅士的诗酒聚会，因此城市园林迅速兴起。在当时的京城长安城郊，园林密布，号称"东都"的洛阳城内外也遍布着私人园林。隋唐时期的皇家园林展现了宏伟壮丽的皇家气派，私家园林则更加强调艺术性，而城市园林则以简约清新为特色。寺庙园林的兴盛反映了宗教世俗化的趋势，同时也推动了宗教建筑的进一步发展。文人雅士的园林活动不仅丰富了园林的文化内涵，也推动了园林艺术的进步和发展。总体而言，隋唐时期的园林建设在规模、艺术性和文化内涵等方面达到了较高的水平，为中国古典园林的发展奠定了坚实的基础。

闲居自题

（唐）白居易

门前有流水，墙上多高树。竹径绕荷池，萦回百馀步。
波闲戏鱼鳖，风静下鸥鹭。寂无城市喧，渺有江湖趣。
吾庐在其上，偃卧朝复暮。洛下安一居，山中亦慵去。
时逢过客爱，问是谁家住。此是白家翁，闭门终老处。

[译文]门前有流水，墙上长满高树。竹径环绕荷池，蜿蜒曲折超过百步。波澜平静，鱼和乌龟嬉戏；风停息，海鸥和鹭鸟停息。四周宁静无声，只有远处江湖的趣味。我的小屋就在其中，白天躺着，晚上坐着。即便在洛阳城下也有一个安适的住所，而且在山中也懒得离开。偶然有路过的客人，好奇地问这是谁家的住所。这里就是白居易老先生的家，他在这里闭门终老。

庐山草堂是唐代文学家白居易的私人别墅，坐落于江西省九江市庐山脚下。这座别墅以其清幽优美的环境和深厚的文化底蕴而闻名于世，被誉为"江南胜境"。别墅地处山水之间，四季景色宜人。周围群山环绕、林木葱茏、溪流潺潺、清泉石上流。在这里，山光水色交相辉映，构成了一幅幅美不胜收的山水画卷。别墅内的小桥流水、曲径通幽，每一处景致都透露出一股淡雅清幽的气息。别墅建筑风格简朴典雅，与周围自然景色相得益彰。木质结构的亭台楼阁错落有致，融入了山水之间，增添了一份古朴与清幽。翠竹掩映下的凉亭、花木掩映下的小径，流露出一种恬静舒适的生活气息。庐山草堂不仅是白居易的隐居之所，更是他诗文创作的灵感源泉。在这里，他常与诗友、文人雅士一起吟诗作画，共享天地间的宁静与美好。院内的一草一木、一石一水，皆成为他笔下的灵感来源，留下了许多流传千古的佳作。这些诗句生动地描绘了庐山草堂的美景，表达了白居易对自然之美的赞叹与追求。庐山草堂不仅是一座园林，更是一段文化的传承。它见证了白居易的诗文辉煌，也承载了他对自然之美的追求和对人生境界的体悟。如今，虽已千年，但庐山草堂依旧静静地屹立于山水之间，为世人展示着唐代文化的辉煌与瑰丽。

辋川别墅是唐代文学家王维的私人园林，坐落在陕西蓝田县南终南山下。这座别墅以其优美的自然环境和文化氛围而闻名于世。它不仅是王维的隐居之所，也是他诗画创作的灵感源泉。别墅占地辽阔，四季景色宜人。在这里，蜿蜒的小径穿过郁郁葱葱的树木，弯曲的溪流缓缓流淌，清澈见底。园内的湖泊镶嵌其中，倒映着周围的青山绿树，映衬着碧波荡漾的美景。园中建筑风格简朴典雅，与自然环境相得益彰。石桥曲径、凉亭翠柳，每一处景致都彰显着王维淡泊名利、追求自然之美的情怀。辋川别墅不仅是王维的隐居之所，更是他诗画创作的重要场所。王维的《山居秋暝》中有云："空山新雨后，天气晚来秋。明月松间照，清泉石上流。竹喧归浣女，莲动下渔舟。随意春芳歇，王孙自可留。"这些诗句正是对辋川别墅美景的真实写照。在这片山水之间，王维与自然相融，与诗情相通，留下了不朽的文学传世。辋川别墅不仅是一座园林，更是一段文化的传承。如今，虽已千年，但辋川别墅依旧屹立于山水之间，为世人展示着唐代文化的辉煌与瑰丽。

平泉山庄是唐代文学家李德裕的私人别墅，坐落于河南省洛阳市南郊的平泉山下，是一处优美的山水园林。该庄园以其秀美的自然景观和精致的园林设计而闻名于世，被誉为唐代山水园林的杰作之一。庄园地处山水环绕之间，四周群山环抱、溪流穿庄而过，绿树成荫、山石叠嶂、景色宜人。蜿蜒曲折的小径通往各处，湖泊、假山、亭台楼阁点缀其间，构成了一幅幅宛如山水画的美丽景致。平泉山庄的建筑风格简洁典雅，与周围的自然景色相得益彰。庄园内的建筑多采用木质结构，错落有致地分布于山间林荫之中。亭台楼阁建于山石之上，飞檐翘角，风格古朴，体现了唐代园林建筑的独特韵味。庄园内的植被布局合理、花木参差错落，翠竹、松柏、桂花等树木点缀其中，花草各异，四季景色各异，令人心旷神怡。李德裕精心布置的园林景观，将自然美与人文情怀巧妙融合，为游人带来了一场身临其境的山水之旅。平泉山庄不仅是李德裕的隐居之所，更是他诗文创作的灵感源泉。

宋代的园林在艺术层面达到了一个新的高度，呈现出丰富多彩的特点。此时期的园林可分为四大类别：皇家园林、私家园林、寺观园林和陵寝园林。每种类型的园林都有其独特的主题和特点，从皇宫到私人府邸，再到宗教场所和陵墓，宋代的园林文化呈现出多样性和丰富性。

以洛阳为例，北宋文学家、李清照的父亲李格非曾著有《洛阳名园记》，讲述在洛阳的著名私家园林，共记述当时著名园林19处，其文献极为宝贵。比如富弼的富郑公园、吕蒙正的吕文穆园、王拱辰的环溪和文彦博的东园等园林。环溪、富郑公园都是皇家园林的代表。《洛阳名园记》中详细描述了这些园林的规模、景观和建筑，展现了宋代园林主人对园林艺术的追求和推崇。在这些园林中，常见的景观包括假山、人工池塘、廊、亭、堂等建筑，以及各种花木和动物。这些园林常常体现了主人的品位和文化修养，也是主人展示自己身份地位和品位的场所，这些为后世园林建设提供了宝贵的经验和参考。

佛教在宋代得到了广泛传播和推广，这也引发出寺庙作为文化活动和精神寄托的场域，成为僧侣和信徒诵经禅修的场所、民众游览观赏的场地。配合功能寺庙常建的园林常以佛教思想为主题，注重表现自然和人文景观的融合，体现佛教文化的精神内涵。

陵寝园林也是宋代园林文化的重要组成部分。皇帝和宗室的陵墓常建有美丽的园林，如环溪等。这些园林不仅是对逝者的追思和纪念，也是展示主人家族的尊贵和荣耀的象征。陵寝园林常以自然山水和建筑景观为主题,注重体现宏伟壮丽的气势和庄严肃穆的氛围,体现儒家文化对人生观的影响。

《洛阳名园记》是北宋时期李格非所著的一篇重要游记。李格非是北宋时期一位知名的文学家和学者,他以其深厚的文学造诣和对园林艺术的热爱而闻名于世。在《洛阳名园记》中,李格非详细地描述了北宋时期洛阳城内外的私家园林,描绘了这些园林的总体布局,如山池、花木、建筑等构成要素,使得读者可以清晰地感受到园林的风貌和景致。这些描述既具体又翔实,为后人了解北宋中原地区私家园林的特点和风格提供了宝贵的资料。李格非不仅着重描述了园林的建筑和景观,还深入探讨了园主的品位、文化修养以及园林背后的文化内涵。他通过对园主的描述和园林的布局,展现了当时社会文化的繁荣与发展,揭示了私家园林所承载的文化意义和历史价值。作为北宋时期园林文献的代表之一,《洛阳名园记》在园林艺术史上具有重要地位。它不仅为后人了解北宋时期的园林文化提供了珍贵的史料,也为园林艺术的发展和传承提供了借鉴和启示。通过对《洛阳名园记》的研究,可以更深入地了解北宋时期私家园林的风貌和特点,进而推动园林艺术的传承与创新。

富郑公园,是宋仁宗、神宗两朝宰相富弼的私家园林,坐落于宅院东侧。园内南部为水景,设有四景堂和月台,与湖水相映成趣。南部的卧云堂与四景堂相对,营造出对景的美妙氛围。园内西侧为竹林,其中设有紫筠堂和赏幽台,溪流潺潺,溪边又建有方流亭。南部有山景,山上建有天光台,可饱览湖光山色;梅林中还设有梅台。园内主山位于湖北,山中有洞穴纵横,通过大竹筒引水形成明渠,环绕山麓。山北的大竹林中,建有丛玉、披风、漪岚、夹竹、兼山五座亭台,营造出幽静的景致。

环溪是宣徽南院使王拱辰的私家园林,其景象构造独特,分为南北两个水池,通过溪流相连,形成环流,中间设有一座洲山。南池北岸设有洁华亭,是园中的主要观赏点;北池南岸则建有凉榭,为主要观赏景点;洲山上则建有多景楼,作为园中的制高点。登上多景楼,南望远山,则可以一览嵩山、龙门山、大谷山、层峰山等壮丽景色。北池以北设有风月台,登上台北望,则可以看到隋唐时期的宫阙楼殿,数不清的门户,闪烁着灿烂的光芒,延伸了十余里,其中十余年来极尽赋诗之人的杰作,几乎尽数在此可见。山池的西侧被栽种了许多松树、桧树以及各种花木,其中穿插着建有锦厅和秀野台;树林间还保留了一些空地,每逢花开时节,人们会在此支起帷帐,举办聚会宴饮,一边品茗一边欣赏花景。

2.1.1.3 明清时期

明清时期是中国古典园林艺术的鼎盛时期,其建造数量、规模和艺术水平达到前所未有的高度,为中国园林艺术的辉煌发展留下了丰富的遗产。明清时期的园林建筑呈现出鲜明的特色和变化。在这一时期,园林的建造进入了一个新的阶段,表现出更加强调人工化和建筑密度增大的特点。特别是在明末清初，园林建造活动达到了高潮，园林的设计和建造风格经历了重要的转变。人工化建筑风格日益凸显，建筑密度增大，假山和水系的塑造手法更加巧妙。这种转变使得园林建筑更加注重细节和造型，展现出更加精致和华丽的艺术风格。

在这一时期，以北京为核心的北方地区的皇家园林达到了巅峰。这些皇家园林如承德避暑山庄、颐和园等，规模宏大，建筑气势恢宏，设计精妙，富有文化内涵，展现了皇家权力和文化的象征。与此同时，江南地区的私家园林同样达到了艺术的顶峰，其代表作品被誉为园林艺术的瑰宝。私家园林在明清时期呈现出清晰的氛围和特色，如苏州园林侧重于小而精致的理念，展现了精湛的园林艺术；而皇家园林则以雄伟壮丽的建筑和广阔的景观展示了皇家气派和尊贵。

明清时期的园林建筑达到了极致的艺术水平，体现了中国人对自然的崇敬和审美追求。园林中的建筑、植物、水景等元素相得益彰，形成了优美的园林景观。园林中的假山、曲桥、流水等布局巧妙，使得整体景观更加富有变化和层次感。私家园林在明清时期达到了极致，苏州园林是其中的典型代表。苏州园林注重"小而精"的理念，巧妙地利用有限的空间，营造出极具韵味的景观，展现了中国园林艺术的精湛技艺。与此同时，皇家园林则以承德避暑山庄、颐和园等为代表，展示了皇家贵族的豪华和尊贵。明清时期，中国园林的许多标志性特征形成，并走向了定型。园林建筑、景观布局、植物选择等方面达到了巅峰，体现了中国人对自然的崇敬和审美追求。这些园林充分展现了中国传统园林的独特风格和高超的造园艺术，为中国园林艺术留下了丰厚的遗产。

承德避暑山庄，位于中国河北省承德市，是清代皇家园林建筑的杰作之一，也是世界上最大的皇家园林。它建于清朝康熙年间，历经雍正、乾隆等几代皇帝的不断扩建和改建，成为清朝皇室夏季避暑的主要行宫和度假胜地。承德避暑山庄占地约 560 公顷，以山水为主题，融合了北方和南方的园林特色，集中展示了中国古典园林的艺术精华。整个避暑山庄分为山区和水区两大部分，山区包括塞外群山的自然风光，水区则以颐和园模式塑造了大型湖泊和水系。园内有湖泊、岛屿、亭台、楼阁、花园等众多景点，布局巧妙、景致优美。

避暑山庄的建筑群分为宫殿建筑和私家园林两大类。宫殿建筑主要集中在山顶，其中最具代表性的是报恩寺、万寿山、佛香阁等建筑，规模宏大、气势雄伟。私家园林则分布在山脚和湖畔，建有别致的小亭、曲桥、假山、花坛等，营造出幽静幽雅的居住环境。

避暑山庄的景点主要分布在前山、后山和湖心岛三个区域。前山以万寿山为核心，有白塔、九龙壁等著名景点；后山是避暑山庄的主要景区，有众多古建筑和自然景观，如翠云楼、佛香阁、佛香阁、智慧海、福海等；湖心岛是避暑山庄的中心，是皇家游玩和休息的主要场所,有双链桥、鹿苑寺、月牙泉等景点。

作为中国古典园林的典范之一,承德避暑山庄展现了中国园林艺术的卓越成就,不仅是皇家贵族的避暑胜地,也是游客观光、休闲度假的热门目的地。其丰富的历史内涵、精湛的建筑工艺和优美的自然景观,吸引着来自世界各地的游客前来观赏,成为中国文化遗产的重要代表之一。

颐和园位于中国北京市西北郊,是中国古代皇家园林的杰作之一,也是世界上最大的皇家园林。颐和园的建造始于清朝乾隆年间,经过数次扩建和修复,成为清朝皇室夏季行宫和游览胜地。

颐和园占地约290公顷,以昆明湖、万寿山为中心,融合了自然山水和人工景观,构成了一幅美不胜收的园林画卷。园内设有湖泊、山岗、建筑、假山、亭台、廊榭、花园等众多景点,布局精巧、景致优美。

颐和园的主要景点包括了万寿山、佛香阁、玉澜堂、长廊、石舫、福海、智慧海等。万寿山是颐和园的最高点,上有寿皇殿和十七孔桥,可以俯瞰整个园区的美景。佛香阁是颐和园的标志性建筑之一,是一座宏伟的佛教寺庙,内有佛像和经文,是皇帝祈福祈寿的场所。玉澜堂是乾隆皇帝的居所,建筑华丽,内有珍贵的文物和艺术品。长廊是世界上最长的廊檐,长达728米,有数以千计的精美彩绘,是颐和园最著名的景点之一。石舫是一座仿石而建的船,停泊在昆明湖中,是皇帝休憩和赏景的地方。福海和智慧海是昆明湖的两个主要部分,湖水清澈、景色宜人,是颐和园最具特色的自然景观之一。

颐和园以其精湛的建筑工艺、优美的自然风光和丰富的历史文化内涵而闻名于世。作为中国文化遗产的重要代表之一,它吸引了大量游客和学者前来参观和研究。颐和园不仅是一座皇家园林,更是中国古代园林艺术的典范,展示了中国人对自然的崇敬和审美追求,是中华文明的瑰宝之一(表2-1)。

表2-1 中国园林的时代变迁[1]

时代	园林的时代特征	代表性园林
秦 (前221—前207年)	为专制政体,大兴土木,宫廷规模大;建驰道,旁树以青松为主,是我国及世界行道树的开始	秦始皇仿造六国宫苑而修的宫殿、阿房宫、上林苑
两汉 (前202—220年)	"一池三岛"的皇家园林模式;私人造园逐渐开始,如袁广汉之茂陵园	上林苑、甘泉苑、未央宫、兔园、北邙园、冀园、茂陵园

---

[1] 周维权. 中国古典园林史[M]. 3版. 北京:清华大学出版社,2008.

续表

时代	园林的时代特征	代表性园林
魏晋、南北朝（220—589 年）	江南造园渐盛，文人造园源于避世，后则转于隐居性私园，渐以利用自然为主；南朝所在地风景秀丽，自然条件天成，名士竞尚风流，诸园皆成一时之绝作；北朝也有所营构，苑囿规模仍大，私家园林、寺庙园林极盛，出现精致假山；出现了详细介绍洛阳城城市规划、寺庙建筑、城市园林的著作《洛阳伽蓝记》	东晋之华林苑，西晋石崇之金谷园，刘宋之乐游苑、青林苑，梁之兰亭苑、江潭苑，后燕之龙腾苑，北齐之仙都苑，南梁刘慧斐之离垢园，南齐沈约之郑园，北周庾信小园
隋、唐（581—907 年）	长安城曲江为第一座公共性质的人工园林；园林化发展极盛，多在山林中，占地大，开欣赏奇石之风，山水画得以发展	西苑（以水景为主，开创园中园的手法），华清宫（最早宫苑分置），李德裕平泉庄，王维辋川别业，白居易庐山草堂、履道里以发展宅园
宋（960—1279 年）	江南私家园林兴盛，文人兴园，"壶中天地"格局确立，园林艺术进入成熟期，风格细腻精到，洒脱轻快；奇石盆景之应用已很普遍；南宋迁都临安，江南园林大盛，"无园不石"、出现"山匠"，融诗情画意于园中，形成三度空间的自然山水，形成中国园林的主流	芳林苑、金明池、艮岳、司马光独乐园、董氏二园、临安真珠园、南园、甘园、水月园、苏舜钦沧浪亭
元（1271—1368 年）	重情味与写意，精神上追求庭园更能体现人格、抒发胸怀；园中之叠石，如云林之画，逸笔草草、精神俱出	御苑、倪瓒云林堂、狮子林、沈氏东园（今留园）、常熟曹氏陆庄
明（1368—1644 年）	规模进一步小型化，有"芥子纳须弥"的审美情趣；园林的基本模式未有大的变化，但技艺、手法进一步完善，达到登峰造极的地步；出现中国造园史上唯一系统论述园林艺术的专著《园冶》	太苑、上林苑、徐远园邸（清改瞻园）、上海潘氏豫园、陈氏日涉园、苏州王氏拙政园、徐参议园、燕京米仲诏湛园、漫园、勺园、绍兴青藤书屋（徐渭宅）、王世贞太仓弇山园（今汪氏园）、计成扬州影园
清（1636—1912 年）	康熙、雍正、乾隆为盛期，有离宫多处，皇家园林名园荟萃，民间造园已很普遍，人文气息日重，空间略显拥塞；造园著作有李渔的《一家言》和沈复的《浮生六记》等	北海宫苑、圆明园、长春园、绮春园（万春园）、御花园、乾隆花园、避暑山庄、颐和园、南京袁枚随园、李渔半亩园、退思园，苏州留园、网师园、怡园、西园

2.1.2 中国传统园林的艺术特色

中国园林是建筑艺术的巅峰之作，无论是皇家园林还是私家园林，都彰显了独有的艺术风格。这些园林以其精致的设计、巧妙的布局和丰富的文化内涵而著称。共同的艺术特点包括对自然山水的巧妙融合，建筑物和景观的有机结合，以及对文学、哲学、绘画等艺术形式的融合运用。这使得中国园林成为一种独特而高度综合的建筑艺术形式，体现了中国古代文化的深厚底蕴。

2.1.2.1 崇尚自然

中国传统园林艺术以"本于自然，高于自然"为基本特征和造园原则。在有限的空间内，园林艺术家通过艺术处理，将自然美和人文美相融，实现了"虽由人作，宛如天开"的境界。园林在崇尚自然方面主要体现在三个方面。

首先，通过"模山范水，象天法地"，园林艺术家运用人工手段，艺术地再现了自然的山水景观。布局灵活，因地制宜，追求变化有致、曲折多端的设计手法。山、水、植物等元素通过艺术处理，仿若自然而成，展现了自然的壮丽之美。

其次，园林中"山水喻道，潜心会意，复归自然"。通过以自然山水为主题，人们在欣赏山水之际，领悟大道，回归本真。这种设计理念体现了人们对自然的崇敬，通过园林景观表达对大自然的理解和敬畏之情。

再次，园林的"叠山、理水、植物配置"展现了"崇尚自然"的观点。通过模拟真山形态、艺术提炼水体，园林艺术家在有限空间中创造了如天然水景的景致。植物的选择和布局则注重淡雅素洁的色彩，展现清朗明净、闲适的心境。

2.1.2.2 追求意境

中国传统文化中的哲学、美学思想，以及伦理道德等元素，形成了中国传统园林独特的意境表现。园林艺术通过运用诗词典故、比拟和联想等手法，将主观情感与客观景物相融合，展现出深刻的文化内涵和情感寄托。

首先，诗词典故是中国传统园林意境表达的一种常见手法。古典园林常融入文学经典，如北海的"濠濮间"和留园的"濠濮亭"引用了《庄子·秋水篇》中庄子与惠子关于"鱼之乐"的典故。这种引用旨在通过传统典故传达园主的理想和情操，使园林成为文学意境的具象表达。例如，苏州的沧浪亭、拙政园的小沧浪以及济南大明湖的小沧浪亭，都以《孟子·离娄》中的词句"沧浪之水清兮，可以濯我缨；沧浪之水浊兮，可以濯我足"为题，呼应文学典故，构建景观意境。

其次，中国园林通过比拟人与自然的同形同构关系，建立人与自然的内在共鸣，形成审美的心理特点。这种关系表现在山水、泉石和植物等景观元素中。园林艺术通过比德思想，将园林中的自然元素与人的品德相联结，传达儒家伦理道德的理念。这种联结不仅在景观的形态上有所体现，更在观赏者的心灵中引发共鸣，增强审美体验。园林景观的诗情画意不仅在园林自身，也在赏园者的心中，形成一种互动的美学关系。

再次，园林空间在人的心境影响下呈现出多样的变化。无论是室内与室外、园内与园外，还是窗内与窗外，亭台楼阁和翠峦叠峰都相互交融、衬托、渗透，创造出一个整体融为一体的园林空间。这种融合体现了中国园林中"虚实相济"的独特意境。

在园林中，室内与室外的界限被打破，形成了内外合一的空间。窗外的景色透过窗户映入室内，使内外景观相互交融。亭台楼阁、翠峦叠嶂相互掩映，室内外的空间在观赏者的心境变化下呈现出动静结合、远近共存的特点。这种空间的变换使整个园林成为一个令人沉浸其中的意境空间，让人在其中感受到时空的交融。园林中的虚实对比也是表达意境的重要手法。虚与实、动与静、远与近、藏与露等对立关系相互消长、相辅相成。园内的虚幻元素和实体景观相互映衬，营造出一种既真实又超越现实的境界。观赏者通过这种虚实交错的空间感受，体验到虚幻与真实的对比，使园林中的意境更加深远。时空意识还表现在园林中远近的关系上。远处的山水、建筑和近处的花木、石径相互协调，创造出一种远近共存的层次感。这种层次感不仅丰富了园林的空间结构，也增强了观赏者在其中的审美体验。同时，隐藏于园内的一些景点在特定的时机浮现，使得园林的空间在时空的交错中呈现出变幻莫测的特性。通过时空意识来表达意境是中国园林独有的美学手法。园林中的空间变化、虚实对比、远近关系等元素相互交织，创造出一个丰富而富有层次感的意境空间。观赏者在园林中不仅能够感受到时空的流转，还能够体验到心境与空间的共振，使整个园林成为一幅富有诗意的艺术画卷。运用诗歌、绘画、书法等多种艺术形式为园林赋予诗情画意，共同打造了充满诗意的空间。与此相关的，中国传统园林更多地与文人情怀联系在一起。文人将对清新雅致的精神境界的追求以及在赋诗作画中所提炼出的高度艺术修养融入园林设计之中，形成了如同"诗画"般的意境。自从文人介入园林设计以来，对诗与画的追求也成为中国园林的主要特色。画家兼造园者的角色在这一时期较显著，尤其是明清时期，几乎所有的名园都是由画家兼园林设计者所打造。他们以画作为蓝本，设计园林布局，使得园林的空间构图既富有自然趣味，又符合形式美的法则。这些园林的设计者通过借用山水灵性之美，并搭配富有深远寓意的植物，展示了植物本身的天然之美的同时，也表达了绘画的深远意趣，形成了独具一格的中国园林景观。

2.2　西亚环境景观设计

西亚环境景观设计，起源于西班牙，延伸至印度，跨越欧亚大陆，是一种独特的园林形式，受到波斯和阿拉伯文化的双重熏陶。西亚园林将波斯的精致与阿拉伯的几何美学融合，展现出别具一格的文化魅力。其中，水的运用和对自然的深刻理解是其突出特点之一。西亚园林以水为核心元素，将水景融入园林设计的各个方面。水池、喷泉、人工水道等水景设施被巧妙地布置在园中，形成了流畅、灵动的水系，为园林增添了生机和动感。水的倒影、水波荡漾、水声潺潺都为西亚园林带来了一种独特的静谧美感。

西亚园林对自然的理解体现在其园林布局和植物配置上。园林的布局注重与周围自然环境的融合，通过合理安排植被、山、石等元素，营造出一种与自然和谐共生的景观。植物常选用棕榈树、柏树、丝柏等，它们的生长习性和形态特点均融入园林设计中，增添了独特的风采和风貌。

2.2.1　古埃及园林

古埃及人是世界上最早具有园林文化的民族之一，他们的生活环境是位于非洲大陆东北部的沙漠地带，尼罗河作为重要的河流，对古埃及人的生活和文化产生了深远影响。古埃及人对几何学的精通以及应对尼罗河的周期性洪水问题的直接影响，形成了地域性的建筑特色和园林设计。自然条件对古埃及园林的形成产生了重要影响。尼罗河的流域为古埃及提供了宝贵的灌溉水源，但同时，干旱炎热的气候和沙漠地带的特点使得遮阴成为人们在环境中的重要需求，也成为园林设计的主要目标。古埃及的文化背景对园林的形成有着决定性影响，古埃及人对自然的认识和科学的发展，尤其是数学、测量学和几何学的进步，直接应用到生活和园林设计中。此外，宗教信仰也深刻地影响了古埃及园林的形态和布局。具体古埃及园林主要分为宫苑园林、圣苑园林、陵寝园林和贵族花园四种类型。宫苑园林主要为法老休憩娱乐而建，具有中轴对称的格局，园内有格栅棚架、水池和凉亭等装饰，以及种植的花木和草地。圣苑园林则是为了祭祀天地神灵而建，周围种植茂密的森林，其中还设有水池和驳岸等景观。陵寝园林是为安葬法老而建，中心是金字塔，园内种植有对称栽植的林木，并设有圣道和广场。贵族花园则与府邸相连，内有游乐性的水池和各种树木花草。古埃及园林的特点主要表现在以下几个方面：一是以实用性功能为主，兼有观赏性的用途，重视园林小气候的改善；二是布局上采用中轴对称的规则布局形式，具有统一的构图，反映了浓厚的宗教思想和对永恒生命的追求；三是植物种类丰富多样，常见的有庭荫树、行道树、藤本植物等，花卉则有莲花、蔷薇等；四是园林中常见水池和凉亭，水体养殖着金鱼和水生植物，为园林增添了生机和趣味。

2.2.2　古西亚园林

位于亚洲西端的叙利亚和伊拉克是世界上人类文明的发源地之一。大约在公元前3500年，美索不达米亚平原的两河流域诞生了高度发达的古代文明，形成了多个城市国家。在这个时期，为了满足统治者对物质和精神享受的需求，许多城市的私人住宅周围都建有各种不同类型的花园，成为人们休闲游玩和欣赏美景的理想场所。这些花园通常位于幼发拉底河岸的山谷平原上，通过精心设计的引水系统来灌溉花园内的植被。在花园内，常布置有水池或水渠，而道路则纵横交错，整个园区繁花似锦，树木葱郁，呈现出整齐而美丽的布局。

传说公元前 6 世纪由新巴比伦王国的尼布甲尼撒二世在巴比伦城附近为其王妃安美依迪丝修建了一座空中花园。据说空中花园采用立体造园手法，将花园放在 4 层平台之上，用沥青及砖块建成，平台由 25 米高的柱子支撑，并且有灌溉系统，园中种植各种花草树木，远看犹如花园悬在半空中，由此得名空中花园。这座空中花园被誉为世界七大奇迹之一，也是全球最早的屋顶花园。这座园林生动展现了美索不达米亚古代文明在园艺领域的辉煌成就。

随着古巴比伦在公元前 2 世纪的衰落，波斯成为西亚园林的中心。波斯庭院的布局则是根据伊斯兰教的教义中的天堂而设计的。《古兰经》中描述的水河、乳河、酒河和蜜河在园林中形成了四条主干渠，交叉成十字形，并与通过交叉处的中心水池相连，将庭院划分为四块，栽植花草树木。四面围墙的建筑物通常是半通透的，营造出深邃而幽闭的气氛，成为伊斯兰园林的传统。这一传统后来被阿拉伯人所继承。阿拉伯人原本是生活在沙漠上的游牧民族，由于寻找水源和牧草而居住的帐篷生活，因此对水和绿洲有着特殊的情感。这种情感在园林的建设中留下了深刻的印记，并随着 17 世纪阿拉伯人建立的地跨亚、非、欧三大洲的伊斯兰帝国而广泛传播至西班牙和印度。泰姬陵就是其中的典型代表。在传入意大利后，这一传统发展成各种水景，成为构成欧洲园林的重要元素。尽管西亚园林的发展在近现代相对停滞，但古埃及对希腊园林的影响以及波斯对欧洲中世纪后园林的复兴都起到了重要作用。失去了西亚园林的推动力，欧洲园林的发展趋向多样化。在古代的西亚园林中，以纵横轴线将平地划分为四块，形成方形的"田"字，是其特点之一。在十字林荫道的交叉处设置了中心喷水池，以此作为园林的中心。由于西亚地区干燥的气候和沙漠环境的限制，人们只能在自家庭院内经营一小块绿洲。因此，在古代西亚园林中，这个交叉处的中心喷水池象征着天堂。后来，水的运用不断发展，从最初的中心水池演变成各种明渠、暗沟和喷泉，这种设计手法深刻地影响了欧洲各国的园林。不过，最初的西亚园林的影响范围主要局限在叙利亚、两河流域、埃及以及后来的所有伊斯兰地区。

波斯古代的园林艺术被称为"天国乐园"，以其独特的设计风格和哲学思想而闻名。这种园林的特点是采用纵横轴线将平面分成四块，形成类似田字的布局，而在布局的中心则设有一个十字交叉的喷泉池。这一设计风格蕴含了深刻的象征意义：高围墙代表着世俗生活中的乐园，直线水渠象征着世俗生活中虚幻的流动，喷泉则象征着能量和生命之源。在波斯人的心目中，水和绿荫具有特别的珍贵意义，尤其是在身处黄沙满目的荒漠中，他们将天堂想象成一个广袤的花园，其中有流水、绿树、鲜花和青草。这种对自然的渴望和对美好生活的向往深刻地影响了波斯园林的设计和建造。因此，波斯园林不仅是一种景观，更是一种对生活、自然和宇宙的哲学反思，体现了人们对美好生活和幸福的追求。

2.2.3　欧洲古代环境景观设计

欧洲园林作为世界园林体系的重要组成部分，其影响力广泛传播，对现代社会产生深远的影响。西方传统景观园林在《圣经》中得到了初步记载，上帝创造伊甸园，这成为任何人向往的理想居住环境。西方古典园林即欧式庭院，可以追溯到苏美尔、亚述和新巴比伦时期的美索不达米亚地区。最初的园林是以最实用的葡萄园或菜园为主，逐渐演变为以官宦阶层和商人的私人庭院为主的园林，园林逐渐转向以私人庭院为基础的形式。这一演变反映了社会结构和文化价值观的变迁，同时也为欧洲园林艺术的发展奠定了基础。

欧洲古典园林的传承，除了源于宗教文化的启示，还受到社会阶层变迁和文化观念演变的影响。起初，园林可能更注重实用性，但随着社会的不断演变，富裕阶层的兴起使得园林逐渐从实用中解放出来，开始注重美学和艺术性。这一演变体现了欧洲社会对于自然环境的审美追求和对艺术的独特理解。总体而言，欧洲园林从最初的实用性发展到后来的艺术性，承载了历史的文化沉淀和社会变革的痕迹。其设计理念和艺术表达方式对现代环境设计产生了深远的影响，成为世界园林艺术的瑰宝。

2.2.3.1　古希腊

古希腊文明是人类历史上的重要里程碑之一，其在哲学、艺术、政治、建筑等领域的成就对人类文明产生了深远的影响。在这个伟大的文明中，园林艺术也占据了重要的位置。古希腊园林是一种文化、信仰和哲学的体现。从古希腊园林的发展背景而言。古希腊位于欧洲东南部的希腊半岛及其周边岛屿，地形多山，气候宜人。古希腊文化源自爱琴文化，尽管由众多城邦组成，但形成了统一的古希腊文化。古希腊人信奉多神教，创造了丰富多彩的神话故事，其艺术、哲学和政治思想在后世产生了深远的影响。古希腊人对于理性和秩序的追求在各个领域都有所体现，而这种理性和秩序的追求也影响了他们的园林设计。从古希腊园林的类型与特征角度，园林多样而丰富，可以划分为宅园、圣林、公共园林和学术园林四种类型。

类型一：宅园。也称柱廊园。古希腊的住宅采用四合院式的布局，中间通常有一个中庭，四周被柱廊环绕。早期的中庭以铺装地面为主，装饰着雕塑、瓶饰和大理石喷泉，后来逐渐发展成为美丽的柱廊园，种植了各种花草，为居住者提供了休闲娱乐的场所。

类型二：圣林。古希腊人对树木怀有神圣的崇敬心理，认为树木是神圣的，是礼拜的对象。因此，在神庙外围种植了树木，形成了圣林。起初圣林内只有庭荫树，后来也种植了果树，为祭祀活动提供了场所。

类型三：公共园林。这是供公众使用的园林。古希腊因民主思想的发达，公共集会与集体活动需求旺盛，由此催生了大量公共园林的兴建。例如，由于战争的需要推动了希腊体育运动的发展，因此建造了大量的训练场地和竞技场，这些场地周围种植了遮阳的树木，并逐渐发展成了大片林地，为公众提供了休闲娱乐的场所。

类型四：学术园林。古希腊的哲学家常常在优美的公园里讲学，后来开始建造自己的学园。学园内有供散步的林荫道，种植了各种植物，还设有神殿、祭坛、雕塑和座椅等设施，为学者们提供了学术交流和休息的场所。

古希腊园林的特点在于与建筑的紧密结合，布局规则，强调均衡稳定。园林中种植了丰富的植物，蔷薇为较受欢迎的植物之一。古希腊园林的发展影响了后世欧洲园林的建设，留下了深远的痕迹。

古希腊园林的理念和设计方式对后世园林艺术产生了重要影响。古希腊人对理性和秩序的追求体现在园林设计中，规则式的布局和均衡稳定的特点成为后世园林设计的重要元素。古希腊园林中丰富多彩的植物和精心设计的景观也激发了后世园林设计师的创造力，成为他们设计灵感的来源。

2.2.3.2 古罗马园林

古罗马园林

古罗马北起亚平宁山脉，南至意大利半岛南端地区。公元前190年，古罗马人在征服希腊之后，全盘接受了希腊文化。来自东方和希腊的文化艺术，包括园林艺术为罗马人提供了取之不尽的源泉，从建筑、雕塑、园林等各方面，逐渐形成了古罗马的造园事业。自苏拉时期起，园林的发展十分迅速，不久园林建设遍及整个意大利半岛，后影响到整个罗马世界，甚至东方和伊斯兰国家。

古罗马的园林在意大利文艺复兴时期的园林建造中扮演了重要角色，不仅是因为人们模仿了这些园林的模式和利用其中留存的雕塑进行新的布局装饰。更重要的是，古罗马的园林传承了古典文化的精髓，为新人文主义时代的诗歌和思想注入了新的活力。古罗马的田园诗人记录了大量关于耕作和园林知识的细节，为后世留下了宝贵的文献资料。

在古代罗马和罗马帝国时代，园林的发展得到了良好的文献记录。同时代的作家，如老普林尼、迪奥斯科里德斯等，写下了许多关于园林的描述。古罗马附近发现的园林壁画，以及庞培所发现的圆柱式花园等遗迹，都为我们提供了对古罗马园林的了解。在这些园林中，植物被用作装饰，大理石或铜雕的神像点缀在园林中的壁炉、柱廊和罗马式建筑上，常被青苔覆盖的洞穴和蕨类植物点缀。常见的装饰包括用常春藤和葡萄藤编制的花环、长春花、桃金娘和月桂树枝制成的花冠和王冠，这些装饰向人们展示了古罗马人对肥沃土地和美丽花卉的崇拜。

在城镇园林中，房屋围绕着一个或一组"花园房"修建，这些房屋内种植着果树、蔬菜和花卉。这种布局的最佳例子是庞培城别墅和园林，该城市在公元 79 年维苏威火山喷发后被毁灭，但在火山灰下保存了许多园林遗迹，其中一些园林墙壁上还有壁画展示了园林的景象，这些壁画为我们呈现了当时人们对理想花园的想象，通常描绘了奇异的植物和动物，这些形象可能是受到罗马人远征希腊和小亚细亚时所见的景象的启发。

与公共场所的布局相比，内部的天井园林有着截然不同的特点。公共场所通常将树木、庙宇、城市建筑和两用剧场结合在一起，这反映了古希腊建筑的通用模式。这些园林为城市提供了必不可少的遮阴和休息场所，并逐渐成为城市规划的重要组成部分。从公元前一世纪开始，由罗马贵族修建的大型花园别墅逐渐被皇帝扩建成为私人宗教园林，为引进外来植物的实验提供了有利条件。从公元一世纪开始，许多园林修建在罗马周围的乡村。

古罗马园林的类型包括私人庄园、公共花园、宫殿花园和田园诗人所赞美的乡村景致。一些古罗马诗人如维吉尔、西塞罗、卡图卢斯等对乡村生活表达了深深的爱慕之情，并在他们的作品中对季节变化、庄稼生长等进行了细致的描绘。他们喜爱自然美景，赞美田园生活的宁静与祥和。这些诗作反映了古罗马人对自然的敬畏和对农耕生活的向往。古罗马园林的发展不仅仅是植物和建筑的布局，更是文化、艺术和哲学的结晶。它们为后世的园林设计提供了重要的启示和借鉴。这里我们从四种古罗马的园林类型进行梳理。

1.古罗马庄园

古罗马庄园是古罗马贵族和富裕阶层的象征，展示了他们的财富、地位和生活方式。这些庄园通常位于城市的郊外，拥有广阔的土地和豪华的建筑，是罗马社会中的奢华避暑胜地和社交中心。古罗马庄园的建造得益于罗马人雄厚的财力和物力。罗马帝国时期，随着战争的扩张和贸易的发展，罗马帝国的经济繁荣达到了前所未有的水平。富裕的政治家、商人和贵族拥有巨额财富，他们将这些财富投入建造庄园中，以展示他们的社会地位和财富实力。这些庄园拥有广阔的土地、豪华的建筑、精致的园林和丰富的装饰，体现了主人的奢华生活方式。古罗马庄园的兴建也受到了西塞罗等知识分子的推崇和影响。西塞罗是一位著名的政治家、演说家和哲学家，他不仅在政治上有着卓越的成就，还对古希腊哲学思想有着深入的研究和推广。他主张一个人应该有两个住所，一个是日常生活的家，另一个则是庄园。这种观念在古罗马社会中得到了广泛的传播和认同，促进了人们在郊外建造庄园的风气。西塞罗还介绍了古希腊园林的成就，将希腊的园林艺术和哲学思想引入了罗马社会，丰富了古罗马庄园的建造和设计。

古罗马庄园不仅是富裕阶层的住所，更是文化和艺术的交流中心。在这些庄园中，人们不仅享受着自然美景，还进行着文化、艺术和哲学的交流。庄园中的建筑常放置了丰富多彩的艺术品和雕塑，园林中种植了各种花草树木，装饰着喷泉和雕塑，营造出优美的环境。庄园主人经常邀请文化名流、学者和艺术家前来游览和交流，举办各种文艺活动，使庄园成了文化和艺术的热点。同时，庄园也是政治和社交活动的场所，主人经常举办盛大的宴会和庆典，邀请来自各个阶层的贵宾，进行社会交往和政治联络。它的兴盛和发展不仅体现了罗马社会的繁荣和文化的高度，也对后世的园林建造和文化发展产生了深远的影响。其奢华的建筑和精致的园林设计成了后世园林艺术的重要参考，古罗马庄园的文化传统也影响了整个欧洲的文化发展。因此，古罗马庄园不仅是古代罗马社会的一个重要组成部分，也是人类文明史上的一座重要丰碑，留下了丰富的历史遗产和文化传统。

2.宅园——柱廊园

在古罗马的宅园中，柱廊园是一种典型的布局，通常由三个主要区域构成，这反映了罗马人对生活的精心设计和对美的追求。这种布局的独特之处在于其结合了建筑形态、自然景观和艺术装饰，展现了古罗马人对生活品质的追求和审美情趣的体现。

柱廊园通常由三进院落构成。第一个是前厅，用于迎客和举办活动，它具有简单的屋顶结构，为人们提供了一个遮阴的休息空间。接下来是列柱廊式中庭，这是家庭成员活动的主要场所，通常由一系列精美的柱子围绕，营造出开阔的空间感。最后是真正的露天式花园，这是整个园林的焦点和亮点，种植着各种木本植物和草本植物，营造出优美的自然景观。

与希腊廊柱园相比，古罗马的柱廊园有一些独特之处。一般在中庭中会有水池、水渠和渠上架桥，这为园林增添了水景元素，带来了清新的氛围和视觉享受。同时木本植物通常种植在大陶盆或者石盆中，而草本植物则布置在方形的花池与花坛中，这种种植方式展现了古罗马人对植物的精心栽培和装饰规划。此外，柱廊墙面上大部分绘有精美的风景画，为园林增添了艺术氛围和视觉享受，使整个园林更加富有层次和魅力。

古罗马的柱廊园不仅是家庭的私人空间，更是展示主人品位和地位的重要象征。在这些园林中，人们可以享受到自然景观、艺术装饰和人文氛围的结合，体验到古罗马人对生活的追求和对美的热爱。这种布局的园林设计不仅反映了古罗马社会的繁荣和文化水平，也对后世的园林建造和文化发展产生了深远的影响，成为园林艺术的经典之作。

庞贝城（Pompeii）是位于意大利南部坎帕尼亚大区的一个古城，因维苏威火山在公元79年8月24日的爆发而被摧毁。这次灾难导致庞贝城被火山灰和岩石覆盖，形成了一个独特的保存状态，使得后人能够一窥古罗马时期城市生活的方方面面。18世纪开始，考古学家们开始对庞贝城进行挖掘，使得这座古城逐渐露出历史的真容。

庞贝城中有许多建筑和住宅园，其中最引人瞩目的就是庞贝洛瑞阿斯·蒂伯庭那斯住宅，也被称为"洛瑞阿斯别墅"。这座宏伟的私人别墅建于公元前1世纪至公元1世纪之间，位于庞贝城的西南部，占地面积相当广阔。该别墅的建筑布局体现了古罗马人对生活的理念和对园林美学的追求。整个别墅分为前宅和后园，整体呈现出规则式的布局。前宅部分包括三个庭院，分为两种类型，为住宅提供了充足的采光和通风。住宅部分与后花园之间通过一条横渠绿地相衔接，形成了一个自然和谐的过渡。而后花园的中心部分是一条长渠，形成了整个园林的轴线，增添了园林的层次感和秩序感。在庞贝洛瑞阿斯·蒂伯庭那斯住宅内，最吸引人的要数其精美的壁画装饰。这些壁画描绘了丰富多彩的场景和主题，包括神话故事、人物肖像和自然景观等，反映了古罗马人对艺术和文化的追求和热爱。此外，别墅内还陈设了大量的雕塑、家具和器皿等古代艺术品，展示了古罗马社会的文化底蕴和生活品位。

庞贝洛瑞阿斯·蒂伯庭那斯住宅作为庞贝古城的重要遗址之一，吸引着来自世界各地的游客和学者前来参观和研究。它不仅是古罗马建筑艺术的杰作，也是人们了解古代罗马社会和文化的重要窗口，为我们揭示了古代文明的辉煌和繁荣。通过对这座古城的探索和研究，我们能够更深入地了解古代罗马人的生活方式、建筑艺术和园林美学，为我们理解古代历史文明留下了宝贵的遗产。

哈德良别墅（Hadrian's Villa），位于意大利中部拉齐奥大区的蒂维利亚附近，是一座庞大的古罗马宫殿和庄园遗址，被认为罗马帝国时期较宏伟的建筑之一。该宫殿由罗马帝国第14任皇帝哈德良下令建造，建于公元前118年至公元138年之间。这座宫殿囊括了希腊、埃及和罗马等不同文化元素，是一座融合了多种建筑风格和艺术形式的综合性建筑。哈德良别墅的规模庞大，占地面积达到了120公顷，拥有多个庭院、花园、浴室、图书馆、剧场等建筑和设施。整个建筑群的布局精心设计，充分体现了哈德良皇帝对于自然和艺术的热爱，以及他对帝国文化的推崇和尊重。该宫殿内的花园和庭院布置精美，水池、喷泉和雕塑点缀其间，营造出一种宁静优美的环境。在哈德良别墅中，人们可以感受到古罗马人对于自然的敬畏和对美的追求，体味到当时贵族社会的奢华和优雅。除了建筑和园林的美感外，哈德良别墅还是文化艺术的重要中心。它曾经是皇帝和贵族们举办宴会、庆典和文艺活动的场所，吸引了许多知名的艺术家、学者和政治家前来交流和研讨。在这里，人们可以欣赏到丰富多彩的文化表演、音乐演奏和戏剧表演，感受到古罗马社会的文化繁荣和活力。今天的哈德良别墅作为重要的考古遗址和旅游景点，吸引着大量的游客和学者前来参观和研究。它不仅是古罗马帝国时期建筑艺术的杰作，也是人们了解古代罗马社会和文化的重要窗口。通过对哈德良别墅的探索和研究，我们可以更加深入地了解古罗马帝国时期的历史、文化和艺术，为我们理解古代文明留下了宝贵的遗产。

3. 公共园林

古罗马园林中的公共园林是当时城市生活中不可或缺的一部分，为城市居民提供了重要的休闲、娱乐和社交场所。这些公共园林在古罗马帝国的各个城市中广泛存在，为人们提供了远离城市喧嚣的绿色空间，让他们可以享受自然的美景和清新的空气。古罗马的公共园林在城市规划中占据着重要的位置。它们通常位于城市的中心地带或者靠近重要的公共建筑，如市政厅、浴场和竞技场等，便于市民前来参观和游览。这些园林往往规模宏大，拥有广阔的绿地、成排的树木和各种花草，为城市增添了一道亮丽的风景线。它不仅是休闲娱乐的场所，也是文化交流的中心。在这些园林中，人们可以举行各种文艺演出、音乐会和诗歌朗诵，吸引了大量的观众前来欣赏。此外，园林中还经常举办各种庆典和节日活动，如花园派对、庭院舞会等，为城市居民带来了丰富多彩的生活体验。

古罗马的公共园林还是社交互动的重要场所。在这里，人们可以与朋友、家人和邻居一起散步、聊天、共进野餐，增进彼此之间的感情，促进社区的凝聚力。同时，公共园林也是各种社交活动和商业交易的场所，市民可以在这里交换消息、谋求商机，促进城市的经济发展。

古罗马园林的特征不仅体现在其实用性和装饰性上，还深刻影响着后世的欧洲园林，尤其是在文艺复兴时期的意大利台地园。以下是对古罗马园林特征的拓展总结：

特征一：实用性与装饰性的结合。古罗马园林以实用性为主，包括果园、菜园等，但逐渐加强了观赏性和娱乐性。这种结合奠定了后世园林的基础，使得园林不仅是为了满足生活需要，也成了一种艺术品和社交场所。

特征二：规则式布局。注重几何形状和对称美。这种布局风格在后来的欧洲园林设计中广泛应用，并成了文艺复兴时期意大利台地园的基础。

特征三：植物造型。常有专门的园丁负责。园林中出现了多种花卉装饰，包括几何形花坛种植花卉、蔷薇专类园等。同时，古罗马园林应用芽接与劈接进行繁殖园林树木，推动了园林树木的培育和发展。

特征四：数量、类型多样性。古罗马城及其郊区拥有众多园林，据记载共有大小园林180处。这些园林类型丰富多样，包括果园、菜园、芳香植物园以及各种装饰性园林，为城市居民提供了丰富的休闲娱乐选择。同时温室和花园博物馆的出现。这为人们观赏和研究园林植物提供了便利，同时也促进了园林植物的繁殖和传播。

2.2.3.3　意大利文艺复兴园林

意大利文艺复兴时期标志着文化的复苏与人类自主创造精神的唤起。这一时期的艺术精神强调对人性的尊重，展现了对世俗生活的热爱，同时也见证了人文主义思想的复苏与发展。在文艺复兴时期，意大利郊外兴建了众多别墅园林，继承并发展了古代罗马庄园的设计特点，成为这一时期文化的重要代表。

一些典型的文艺复兴时期的意大利别墅园林包括艾斯塔别墅、郎特别墅、迦兆尼别墅等。这些园林被分成两大部分，一部分是紧靠主要建筑物的花园，另一部分是花园之外的林园。通过精心的设计，坡地被整理成一层层台地，形成一条条纵轴上下贯通的景观，中轴之上常设有圆形的喷泉水池或树木构成的凉亭，形成各层次的中心。园内的布局以中心和作为交叉轴的主要道路为基础，呈现出规则几何形的景观。方形或矩形的草坪面上布满了修剪整齐的团状灌木或规划成图案状，高大乔木或绿篱则作为园林的边界。主轴在各层平台的交接处是景观的关键点，而精心处理的阶梯、挡土墙、喷泉和雕塑则增添了景观的层次感。在这种形式的园林设计中，水的运用也是至关重要的。通常，水源会在较高的位置汇聚形成储水池，然后通过巧妙的地形设计，形成一系列台阶，将山泉的水引导而下，形成层层下跌的水瀑。这种设计既是对水资源的巧妙利用，也为园林增加了动感和美感。喷泉在这一园林设计中也占有重要地位，通过引导水的高低落差压力，形成各式各样的喷泉。为了提高装饰效果，喷泉上通常装饰有雕像，有的甚至在挡土墙上建造壁泉，形成独特的装饰点缀。

意大利文艺复兴时期的台地园还注重细致的园林小品，包括雕镂精致的石栏杆、碑铭，以及以古典神话为题材的大理石雕像。这些小品的多样性丰富了园林的整体艺术氛围。在意大利文艺复兴时期的台地园中，人对自然和建筑对园林的主导地位十分明显。园林的构图不仅依从建筑法则，还在整体关系上受建筑的统治。这种园林设计在地形整理、花木修剪和水法技术处理方面取得了极高的造诣，为后来的园林设计提供了宝贵的经验和灵感。

2.2.3.4　法国古典主义园林

法国在园林设计上继承和发展了意大利的造园艺术，逐渐形成了独具特色的法国古典主义园林。这一时期，法国在园林规模和理水艺术上展现了宏大而华丽的风采，创造了许多标志性的园林景观。法国园林的特点之一是台地式园林，其融入了剪树植坛和果盘式喷泉的运用。受到地势平坦的影响，法国的园林规模更为宏大，气派华丽。在理水艺术方面，法国园林倾向于采用平静的水池和水渠，并善用水的镜面效果，通过大量使用花卉，逐渐演变成了绣花式花坛。这种风格明确了对人工美的崇尚，将人工美视为高于自然美的原则。在这一园林风格中，变化和统一是基本原则。变化体现在园林地形和布局的多样性，如花木的种类、形状和颜色的多样性。而统一则强调一切多样性都应该呈现"有序、均衡、匀称"的状态，将园林视为整体构图。

在17世纪下半叶，法国造园家勒·诺特尔主持设计了著名的凡尔赛宫苑，并提出"强迫自然接受匀称的法则"的理念。凡尔赛宫苑以其庞大的草坪、花坛、河渠和宏伟华丽的风格而著称。凡尔赛宫苑的中央林荫大道上，水池、喷泉、台阶、雕像等建筑小品以及花坛等都被严格按照对称整齐的几何图形格式布局。这成为规整式园林的经典典范，远比意大利台地园林更加突出地体现了有组织、有秩序的古典主义原则。勒·诺特尔风格或路易十四风格，因凡尔赛宫苑的巨大成功而在18世纪风靡全欧洲，乃至传遍世界各地。

2.2.3.5　英国自然式风景园林

在17世纪中叶，英国经历了资产阶级革命，新兴的资产阶级统治者以"自由、平等、博爱"的口号没收了封建贵族的私有园林，并将其向公众开放，这被称为公园（public park）。这一时期，英国资本主义的胜利彻底改变了人们对环境与社会关系的认知，重新审视了人与自然、人与社会的平等关系。在 18 世纪中下叶，受到浪漫主义运动的影响，园林设计开始批判规则式园林，认为这种方式是对自然环境的漠视。同时，浪漫主义运动强调对自然的崇尚，对园林领域产生了深远影响，英国开始在园林设计中抵制生硬的直线图形、过度修剪树木，摒弃了唯美主义园林，转而接纳了富有想象力的中国传统园林风格。这引领了自然风景式造园的兴起。

英国自然式风景园林的特色在于摒弃了规则式园林所强调的对称和几何形状，转而采用无明确几何规则的自由曲线。这一变化在西方园林中大量出现，并得到广泛应用，从而为西方园林注入了轻松宜人的氛围。这个时期的风景园林追求对自然的模仿和融合，强调景观的自然性，重新树立了人与自然之间的和谐关系。这种风景园林的出现对西方园林史产生了深远的影响，标志着园林设计中自由曲线的广泛应用，为后来的园林发展奠定了基础。英国的风景造园运动崛起，使得园林设计中开始有了规则式和不规则式之分。到了 18 世纪 20 年代，英国提倡风景式造园思想，不规则的园林布局开始兴起，逐渐替代了之前的规则式园林布局。

2.3 现代环境景观设计

在 20 世纪初，西方经济蓬勃发展、工业化不断提升，社会结构全面改革，引发了一场极为重要的思想运动，被称为现代主义运动。这场运动涵盖了社会各个领域，对文化和艺术领域产生深远影响。随着现代主义思潮在西方的传播，不仅影响了现代艺术和建筑，同时也深刻影响了园林设计领域。现代主义园林在形式、功能、构图、内容、材料以及服务对象等方面与传统园林存在显著的差异，吸收了现代主义艺术和建筑的丰富灵感和形式语言，逐渐发展出独特的设计思想和形式。

现代主义园林的设计思想注重从传统中解放出来，强调创新和独创性。传统园林常受限于规则和对称的设计，而现代主义园林则更注重打破传统束缚，追求新颖独特的设计理念。设计师不再局限于过去的规范，而是鼓励通过富有创意的手法来表达设计师对环境和空间的独特理解。同时在景观形式上追求简约、抽象和几何化。由传统园林倾向丰富的装饰和复杂的造型转向至现代主义园林倾向于简洁而富有几何感的设计。抽象的形式语言成为表达设计意图的重要手段，通过简化和几何化的设计元素，强调空间的清晰结构和视觉效果。与此同时，现代主义园林更注重功能性与实用性。相对于传统园林强调象征性和装饰性的设计，现代主义园林更加注重实用性和功能性，设计师倾向于根据场地的实际需求和使用功能，创造出更符合现代社会生活方式的园林环境，使空间更具实际意义。

现代主义园林的内容更加关注环境与社会的互动关系。传统园林强调人工建筑与自然景观的和谐统一，而现代主义园林更注重人与环境、社会之间的互动关系。设计师考虑到现代社会对于可持续性发展和生态平衡的重要性，更加关注环保和生态友好的设计理念，推动园林设计朝着更加可持续和环保的方向发展。

伴随现代产业化发展，新技术、新材料应运而生，因此也带动了在现代主义园林的材料和技术应用不断取得了重大突破。从使用传统材料和手工艺技术到现代主义园林中所借助的科技发展，广泛运用新材料和先进技术，为设计师提供更多的可能性。这使得现代主义园林能够更灵活地实现各种设计理念，创造出更现代化和独具特色的景观。在现代主义园林的设计理念中，逐步形成了其特有的、新的设计思想和设计形式。

第一，需求与设计。不仅要求现代主义园林服务的对象是广大人民大众，更在设计过程中注重以人为本，充分考虑人们的需求和参与。这一思想推崇人性化的设计，追求满足人们休闲、游憩需求的丰富功能空间。

第二，形式与功能。为满足人的使用需求，现代主义园林创造出丰富的功能空间，强调在设计中形式与功能的有机结合。通过合理的功能分区，确保空间既具有美学价值，又能满足实际使用需求。

第三，服务与体验。作为城市化的产物，现代主义园林与城市环境和建筑密切相连。不仅在形式上与现代城市的风格相融合，而且形成了一个完整的、均衡分布和灵活自由的室外空间系统，为不同年龄、兴趣、性别的城市居民提供多样的休闲娱乐活动。设计师致力于创造富有变化和层次感的空间体验。

第四，要素与创新。设计要素和形式上更为新颖和丰富，通过艺术手法和高科技手段的应用，设计师追求形式上的创新，创造出新奇的景观效果。这一特点体现在对传统、东方文化、现代艺术以及地方文化等的灵活借鉴上。

第五，简洁与均衡。反对传统的繁复装饰，受到现代主义对于功能性的强化及"少即是多"等相关理念的影响，设计师倾向采用简单的几何形体或自然线形进行构图，体现了简约而有力的美感。

第六，自由与灵活。布局形式更加灵活，平面和空间的安排完全根据功能需求进行自由发挥，摒弃了过去规则式的束缚，体现了现代主义的不拘一格。

第七，形式和内涵。采用丰富的设计手法。设计师通过多样的手法，如对传统的重新安排、对东方文化的借鉴、对现代艺术的应用以及对地方文化的融合等，使得现代主义园林呈现出丰富多彩的设计形式和内涵。

现代主义园林作为主流的设计理念，强调了以人为本、形式与功能相结合、园林与环境相融合，注重空间、新颖的设计要素、简洁均衡的构图、自由的布局和丰富的设计手法。现代主义为现代园林带来了前所未有的设计理念和设计手法。也开始向多元化方向发展，与生态、艺术、地方特色的结合不断加强，呈现出丰富多样的园林形式。

2.3.1 纽约中央公园

中央公园(Central Park)是位于美国纽约市曼哈顿中心的一座大型都会公园。公园最早于 1857 年开放,当时的面积为 778 英亩(约 315 公顷)。1858 年,费德列·洛·奥姆斯特和卡弗特·沃克斯以"草坪计划"(Greensward Plan)赢得了扩展公园的设计竞赛,同年开始施工,次年部分区域向公众开放,南北战争时向北扩建,后于 1873 年完工,现面积 843 英亩(约 341 公顷),长约 4 千米、宽约 0.8 千米。中央公园在 1962 年被美国内政部指定为国家历史名胜,在纽约市公园和娱乐部管理数十年后,由中央公园保存委员会与市政府签约负责管理。保存委员会是一个非营利组织,在中央公园的 6700 万美元的年度预算中,提供了 75% 的金额。位于纽约市曼哈顿中心的中央公园是一座令人惊叹的都会绿洲,不仅是美国游客的首选,更是众多电影取景的热门场所。该公园的历史可以追溯到 1857 年,当时面积仅为 778 英亩,但随后通过费德列·洛·奥姆斯特和卡弗特·沃克斯的"草坪计划"获得了扩建,最终在 1873 年完工,成为现今占地 843 英亩的壮丽公园。早期阶段,中央公园的建立并非纽约市规划的一部分,但随着城市人口激增,对于开放空间的需求日益迫切。从 1811 年到 1855 年,纽约市的人口增长了四倍,这促使一些有影响力的人士,提出了建立一个大型公园的构想。经过一系列的设计和征地,中央公园终于在 19 世纪末建成。在 20 世纪初期,中央公园面临着新的挑战,包括汽车普及带来的污染问题以及公园管理的漠视。然而,1934 年,随着费雷罗·瓜迪亚的上任,中央公园迎来了一次全面的整顿和重建,这次整顿和重建得到了政府和公众的广泛支持,再次焕发出了勃勃生机。从 20 世纪 60 年代到 80 年代,中央公园成为文化和政治活动的重要场所,吸引了大量人群。同时期,纽约市也面临着诸多挑战,如犯罪率上升和居民外流等问题,但中央公园始终是城市的一道风景线和重要的社交场所。

2.3.2 唐纳花园

唐纳尔花园(Donnell Garden)位于美国索尔托市,是由景观设计师托马斯·丘奇(Thomas Church)设计的一座著名私人花园。丘奇是 20 世纪少数几个能从古典主义和新古典主义的设计完全转向现代园林的形式和空间的设计师之一。他的贡献在于在大多数人迷茫徘徊之际,开辟了一条通往新世界的道路。他的设计平息了规则式和自然式之争,使建筑和自然环境之间有了一种新的衔接方式。丘奇的成功和声望在于他创造了与功能相适应的形式,以及他对材料和细节的关注。他娴熟地使用现代社会的各种普通材料,如木材、混凝土、砖、砾石、沥青、草和地被等,通过精细和丰富的铺装纹样、材料之间质感和色彩的对比,创造出极富人性的室外生活空间。加粒料、拉毛或掺色的混凝土，美国盛产的木材以及红色的陶土砖是他最喜爱的材料。丘奇和加州学派其他设计师对材料的创造性地使用，对今天美国和其他国家的景观设计都有着深远的影响。该花园建于1948年至1951年之间，是现代景观设计的杰作之一，展示了对户外空间的创新理念和艺术性的深刻理解。唐纳尔花园以其简洁的几何形状、流畅的线条、多层次的植被和水景而闻名。它展示了对现代主义理念的独特诠释，将室内和室外空间融为一体，创造出一种和谐的环境。在唐纳尔花园中，可以看到各种植物、花卉、水池和雕塑的精心布置，每个元素都精心设计，营造出一种平静、舒适的氛围。这座花园不仅是景观设计的杰作，也是现代主义建筑与自然环境完美融合的典范之一。由于其独特的设计和重要性，唐纳尔花园曾被列入美国国家历史地标，成为加利福尼亚州的一个重要文化遗产。虽然这座花园目前不对公众开放，但其影响力和价值仍然被广泛认可和赞赏。唐纳花园在美国现代景观设计发展中拥有里程碑式的巨大影响，它拥有较大的露天平台，可以布置花园家具的紧邻住宅的硬质表面，一部分采用当时新型的混凝土材料，在原址长橡树的地方则采用美国杉木铺装，切割出树干的生长空间；木质的长凳、游泳池、烤肉架，以及其他消遣设施，肾形的游泳池据说其灵感来自附件谷中沼泽地的形状；小块的不规则的草地，围篱、墙和屏障创造了私密性，现有的树木和新建的凉棚为室外空间提供了阴凉；园中的道路、泳池、雕塑等都凸显立体主义和超现实主义流畅的曲线和几何化的设计构成；非轴线，抛弃了传统的轴线布局，按功能组织空间，形成一种新的动态的构成；即由流动简洁的形式、多视角的观赏和自由曲线以及折线的构成。

2.3.3 佩雷公园

佩雷公园（Paley Park）位于美国纽约市53号大街，是由著名的美国第二代现代景观设计师罗伯特·泽恩设计的一座独特城市绿洲。这座公园占地390平方米，是一处为都市喧嚣提供宁静休憩场所的理想选择。公园设计精巧，巧妙地利用了空间，融合了水景、树木、广场和简洁的设计元素，形成了一处令人心驰神往的城市天堂。佩雷公园被视为新形式城市公共空间的典范，也是口袋公园概念的先驱者，为纽约市增添了一处独特的景观。这座公园在设计上充分考虑了曼哈顿的城市条件和人们的需求，因此在有限的空间内实现了最大的功能。公园的主要亮点是一个壮观的6米高水幕墙瀑布，不仅是视觉上的享受，还通过流水声掩盖了周围城市的喧嚣。公园的设计也非常人性化，包括无障碍斜坡通道、四级阶梯入口等，为所有人提供了便利。

公园内的景观设计细致入微，融合了多种材质、色彩和声音元素，创造出一种轻松愉悦的氛围。例如，铁丝网椅子和大理石小桌台的轻巧设计与周围环境融合，广场地面采用粗糙的蘑菇面方形小石块铺装，展现出自然的韵味。公园的核心区域是树阵广场，树木间距宽敞，为游客提供了充裕的活动空间。两侧墙面爬满了绿意盎然的藤本植物和五彩缤纷的花朵，增添了生机和色彩。夜晚时分，瀑布还会被柔和的霓虹灯光点亮，呈现出迷人的景致，吸引着游人的目光。佩雷公园以其独特的设计理念和精湛的空间处理手法而闻名，是纽约市的一颗璀璨明珠，吸引着来自世界各地的游客和景观爱好者前来参观和欣赏。

2.3.4 米勒花园

米勒花园（Miller Garden）是现代景观设计的杰作之一，由丹·凯利（Dan Kiley）设计，于1950年建成，位于美国印第安纳州哥伦布小镇。这座私家花园展示了凯利对现代主义设计语言的精湛运用，将现代主义的空间理念与古典主义的设计结构相结合。场地地势自东向西下降，延伸至河岸，河岸与陡坡之间的草地和树丛使场地在南北方向呈现出连续性。

米勒花园被划分为三个部分：树林、草坪和花园。采用矩形分割，形成古典式的格局，但避免了对称性，保持了现代感。整体设计运用了多种元素，包括轴线、格网、水池、喷泉、平台、树池、绿篱和雕塑等。植物的运用也极为考究，通过塑造空间、调控形态、色彩和季相变化，营造出丰富多样的氛围。

在平面设计上，采用笔直的道路、修剪整齐的绿篱和规整的树阵将场地划分为不同功能区块，包括成人花园、密园、餐台、游泳池和大草坪等。建筑与林下空间形成对比，通过虚实结合，创造出动态的视觉效果。在立面设计上，通过绿篱划分出开敞与私密的空间，平直的树篱上缘与树阵形成独特的林冠线，呼应了现代主义的美学理念。米勒花园的设计成功之处在于将现代主义与古典主义相结合，保留了古典设计的框架结构，同时融入了现代主义的自由和创新。通过精心的布局和元素运用，打造了一个兼具现代感和古典韵味的独特花园空间，成为现代景观设计的典范之作。

2.3.5 伯纳特公园

伯奈特公园（Bryant Park）坐落在得克萨斯州福特沃斯市，是一座历史悠久、经典精致的城市公园。最初由伯克·伯奈特捐资兴建，由设计师乔治·爱德华·凯斯勒（Kessler George Edward）负责规划设计，公园体现了传统的自然风景园形式。它占地约6公顷，呈方形，利用草坪、季节性植物和小树林等设计元素，以及铺设的花岗岩小路，营造出一片宁静优雅的绿色空间。公园的主要设计特色是一座壮观的喷泉，旁边摆放着雕塑大师的青铜雕塑作品，与附近的野口勇设计的雕塑广场相得益彰。这些元素共同塑造了福特沃斯市的重要入口形象，并为城市的景观环境注入了新的活力。在促进市中心商业区复兴的努力中，谭迪基金会出资对伯奈特公园进行了重建。1983年，作为SWA集团方案设计师的彼得·沃克赢得了设计竞赛，重新设计了公园，注入了现代化的景观设计理念。公园采用了网格的叠加、自然与规则形式对比产生的纯净美，以及景观与建筑的和谐呼应等设计手法。通过布置方形小水池拼成的长方形水池,形成了新的节奏与质感,展现了对四季与自然造化的体现。此外,公园内还有临街休息带、雕塑广场等设计元素,为游客提供了休闲和欣赏的场所。伯奈特公园的复兴成了城市更新的一个成功典范,彰显了政府、企业和社区合作的力量。如今,它已经成为福特沃斯市的一个重要景点,每年吸引了众多游客和居民。公园不仅提供了放松和娱乐的场所,还举办各种文化活动,为城市增添了生机和活力。

◎ 思考题

1. 中外园林景观系统对现代环境景观设计具有哪些指导和借鉴意义?
2. 现代环境景观设计是在怎样的背景下产生的?发展趋势如何?能否结合你所了解的实际的现代环境景观设计案例来进行有针对性的分析?

第 3 章　环境景观的构成要素

环境景观的相关设计研究是在人类生存环境基础上，基于地球表面，围绕自然与人文等多要素组合而形成的综合性的环境类型范畴。环境景观包含了人与环境、环境与环境各要素之间的相互关系与地域差异。

从环境景观设计的角度出发，环境景观涉及人类生活的整个世界，包含人类生活所存在的各类空间场所。因此对于环境景观的观察与设计研究不仅需要聚焦具体的环境对象与空间问题，而且也需要对不同类型领域的需求进行整理和分类，以便更加深入地分析、研究景观构成的要素层次。

环境景观的要素可以分为自然和人文两大类。

自然要素包括地貌、气候、水文、植被等，它们共同塑造了地球表面的特征。

地貌即地球表面各种形态的总称，也称为地形。地表形态是多种多样的，是内、外力地质作用对地壳综合作用的结果。地貌决定了地势的高低起伏，也直接形成了具有不同地貌属性下的景观风貌，内力地质作用造成了地表的起伏，控制了海陆分布的轮廓及山地、高原、盆地和平原的地域配置，决定了地貌的构造格局。而外力地质作用，通过多种方式，对地壳表层物质不断进行风化、剥蚀、搬运和堆积，从而形成了现代地面的各种形态。

气候是指一个地区大气的多年平均状况，主要的气候要素包括光照、气温和降水等，其中降水是气候重要的一个要素。中国的气候类型有：热带季风气候，亚热带季风气候，温带季风气候，温带沙漠气候，温带草原气候，高山高原气候等。气候影响着温度和湿度的分布，水文则关乎河流湖泊的分布与水资源的利用，而植被则构成了丰富的生态系统。

植物要素是指植物在生态系统中的角色、功能和影响。植物不仅为地球上的生物提供氧气和食物，还在地球的生态平衡和人类社会的发展中扮演着至关重要的角色。除了直接使用的价值，植物还具有生态美学和心理健康的功能。美丽的花朵、葱郁的树木、多姿多彩的叶子等植物景观丰富了人们的生活环境，提升了人们的生活品质。与自然环境接触有助于缓解压力、增强情绪稳定，因此，植物在城市绿化、景观设计和园艺疗法中都发挥着重要作用。

随着人类活动的不断发展，植物也面临着各种威胁，如生态环境破坏、栖息地丧失、气候变化和生物入侵等。这些威胁不仅影响了植物本身的生存，也对整个生态系统和人类社会造成了负面影响，因此，保护和恢复植物资源，保持生物多样性，成为当前和未来人类生存和发展的重要课题。

综合以上对于自然要素的解释与分析，我们可以进一步思考在环境系统的维度下，自然要素间所存在的关联。例如，地形地貌的不同可能导致气候差异，而气候差异又会影响植被的类型和分布。人类活动的集聚区域受到地理环境和文化传统的影响，因此，环境景观的研究需要综合考虑自然和人文要素之间的相互作用，以揭示出更深层次的规律和特征。

人文要素中人文是指人类文化中的先进部分，体现了对人的重视、尊重、关心和爱护，其强调人的价值和尊严。这是一个动态的概念，涵盖了各种文化现象。文化是人类社会共同具有的符号、价值观和范式。文化形成与发展是人们以实物、符号或行为表达某种意义的演进过程，体现了人的认知活动的渐进性和复杂化，是人的主观精神世界对客观物质世界的能动反映。从文化的认知维度出发，各种文化都力求对自然的理解、生存的延续、自我的确认、社群的依赖等作出回答，并通过彼此交往和代际传承不断深化与拓展相关认知积累，形成属于某一地域范围内或某一族群的共同思维方式和生活方式。

人文要素是构成人类文化的核心元素，体现了人类对自身和周围世界的理解、关怀和创造力。这些要素包括但不限于宗教、哲学、道德、文学、历史、语言、艺术、传统习俗等。还包括建筑、交通、文化、经济等，它们是人类活动在环境中的痕迹，直接影响着空间的使用和体验。

环境特征的多样性要求设计者在设计过程中要具有全方位的视角，以使设计更贴近实际需求并与周围环境相协调。气候条件、地形地貌、文化传统等因素都应被纳入考量范围，以确保设计的可持续性和适应性。因此，从事环境景观设计的前提在于全面了解这些主要因素，并将其融入设计过程中。

环境景观设计具有综合性的研究价值，涉及自然和人文要素之间的关系，以及影响景观设计的主要因素。通过深入的分析和研究，我们能够更好地理解和把握环境景观的本质，为合理规划和有效设计提供坚实的参照基础。持续研究和探索对于推动环境景观设计的发展具有重要意义。

3.1　环境景观资源的类型

环境景观资源的评价、分类与意义

伴随时代发展，人们对环境景观的理解和需求是社会综合生产力与整体科学技术发展水平的具体体现。随着社会的不断进步，人们对景观的兴趣，欣赏水平也在不断提升，与此同时景观的范畴和对象类型也在相应增加、扩大，因此对环境景观及环境景观资源的分类与界定也是与时俱进、逐渐显现的。

环境景观资源分类的主要目的在于全面了解不同景观的特性，把握形成这些特性的相关因素，创造出丰富多样的景观环境，以满足人们不断增长的物质与精神层面的需求。目前对于环境景观的分类，从不同的学科与专业角度，学术界存在不同的观点，常根据不同学科各自的目标和要求，从不同的角度制定分类标准和方案。

以中国风景园林学家所提出的"景源"分类方案为一种标准，其中便提出了一种理解中国景观资源的方式。可将其划分为自然景源、人文景源和综合景源这三大主要类别。

中国景观资源分类见表3-1。

表3-1 景观资源分类表

大类	中类	小类	子 类
一、自然景源	1.天景	1)日月星光	(1)旭日夕阳；(2)月色星光；(3)日月光影；(4)日月光柱；(5)晕（风）圈；(6)幻日；(7)光弧；(8)曙暮光楔；(9)雪照云光；(10)水照云光；(11)白夜；(12)极光
		2)虹霞蜃景	(1)虹霓；(2)宝光；(3)露水佛光；(4)干燥佛光；(5)日华；(6)月华；(7)朝霞；(8)晚霞；(9)海市蜃楼；(10)沙漠蜃景；(11)冰湖蜃景；(12)复杂蜃景
		3)风雨晴阴	(1)风色；(2)雨情；(3)海（湖）陆风；(4)山谷（坡）风；(5)干热风；(6)峡谷风；(7)冰川风；(8)龙卷风；(9)晴天景；(10)阴天景
		4)气候景象	(1)四季分明；(2)四季常青；(3)干旱草原景观；(4)干旱荒漠景观；(5)垂直带景观；(6)高寒干景观；(7)寒潮；(8)梅雨；(9)台风；(10)避寒避暑
		5)自然声象	(1)风声；(2)雨声；(3)水声；(4)雷声；(5)涛声；(6)鸟语；(7)蝉噪；(8)蛙叫；(9)鹿鸣；(10)兽吼
		6)云雾景观	(1)云海；(2)瀑布云；(3)玉带云；(4)形象云；(5)彩云；(6)低云；(7)中云；(8)高云；(9)响云；(10)雾海；(11)平流雾；(12)山岚；(13)彩雾；(14)香雾

续表

大类	中类	小类	子类
一、自然景源	1.天景	7)冰雪霜露	(1)冰雹；(2)冰冻；(3)冰流；(4)冰凌；(5)树挂雾凇；(6)降雪；(7)积雪；(8)冰雕雪塑；(9)霜景；(10)露景
		8)其他天景	(1)晨景；(2)午景；(3)暮景；(4)夜景；(5)海滋；(6)海火海光
	2.地景	1)大尺度山地	(1)高山；(2)中山；(3)低山；(4)丘陵；(5)孤丘；(6)台地；(7)盆地；(8)平原
		2)山景	(1)峰；(2)顶；(3)岭；(4)脊；(5)岗；(6)峦；(7)台；(8)崮；(9)坡；(10)崖；(11)石梁；(12)天生桥
		3)奇峰	(1)孤峰；(2)连峰；(3)群峰；(4)峰丛；(5)峰林；(6)形象峰；(7)岩柱；(8)岩碑；(9)岩嶂；(10)岩岭；(11)岩墩；(12)岩蛋
		4)峡谷	(1)涧；(2)峡；(3)沟；(4)谷；(5)川；(6)门；(7)口；(8)关；(9)壁；(10)岩；(11)谷盆；(12)地缝；(13)溶斗天坑；(14)洞窟山坞；(15)石窟；(16)一线天
		5)洞府	(1)边洞；(2)腹洞；(3)穿洞；(4)平洞；(5)竖洞；(6)斜洞；(7)层洞；(8)迷洞；(9)群洞；(10)高洞；(11)低洞；(12)天洞；(13)壁洞；(14)水洞；(15)旱洞；(16)水帘洞；(17)乳石洞；(18)响石洞；(19)晶石洞；(20)岩溶洞；(21)熔岩洞；(22)人工洞
		6)石林石景	(1)石纹；(2)石芽；(3)石海；(4)石林；(5)形象石；(6)风动石；(7)钟乳石；(8)吸水石；(9)湖石；(10)砾石；(11)响石；(12)浮石；(13)火成岩；(14)沉积岩；(15)变质岩
		7)沙景沙漠	(1)沙山；(2)沙丘；(3)沙坡；(4)沙地；(5)沙滩；(6)沙堤坝；(7)沙湖；(8)响沙；(9)沙暴；(10)沙石滩
		8)火山熔岩	(1)火山口；(2)火山高地；(3)火山孤峰；(4)火山连峰；(5)火山群峰；(6)熔岩台地；(7)熔岩流；(8)熔岩平原；(9)熔岩洞窟；(10)熔岩隧道

续表

大类	中类	小类	子类
一、自然景源	2.地景	9)蚀余景观	(1)海蚀景观；(2)溶蚀景观；(3)风蚀景观；(4)丹霞景观；(5)方山景观；(6)土林景观；(7)黄土景观；(8)雅丹景观
		10)洲岛屿礁	(1)孤岛；(2)连岛；(3)列岛；(4)群岛；(5)半岛；(6)岬角；(7)沙洲；(8)三角洲；(9)基岩岛礁；(10)冲积岛礁；(11)火山岛礁；(12)珊瑚岛礁(岩礁、环礁、堡礁、台礁)
		11)海岸景观	(1)枝状海岸；(2)齿状海岸；(3)躯干海岸；(4)泥岸；(5)沙岸；(6)岩岸；(7)珊瑚礁岸；(8)红树林岸
		12)海底地形	(1)大陆架；(2)大陆坡；(3)大陆基；(4)孤岛海沟；(5)深海盆地；(6)火山海峰；(7)海底高原；(8)海岭海脊(洋中脊)
		13)地质珍迹	(1)典型地质构造；(2)标准地层剖面；(3)生物化石点；(4)灾变遗迹(地震、沉降、塌陷、地震缝、泥石流、滑坡)
		14)其他地景	(1)文化名山；(2)成因名山；(3)名洞；(4)名石
	3.水景	1)泉井	(1)悬挂泉；(2)溢流泉；(3)涌喷泉；(4)间歇泉；(5)溶洞泉；(6)海底泉；(7)矿泉；(8)温泉(冷、温、热、汤、沸、汽)；(9)水热爆炸；(10)奇异泉井(喊、笑、羞、血、药、火、冰、甘、苦、乳)
		2)溪涧	(1)泉溪；(2)涧溪；(3)沟溪；(4)河溪；(5)瀑布溪；(6)灰华溪
		3)江河	(1)河口；(2)河网；(3)平川；(4)江峡河谷；(5)江河之源；(6)暗河；(7)悬河；(8)内陆河；(9)山区河；(10)平原河；(11)顺直河；(12)弯曲河；(13)分汊河；(14)游荡河；(15)人工河；(16)奇异河(香、甜、酸)
		4)湖泊	(1)狭长湖；(2)圆卵湖；(3)枝状湖；(4)弯曲湖；(5)串湖；(6)群湖；(7)卫星湖；(8)群岛湖；(9)平原湖；(10)山区湖；(11)高原湖；(12)天池；(13)地下湖；(14)奇异湖(双层湖、沸湖、火湖、死湖、浮湖、甜湖、变色湖等)；(15)盐湖；(16)构造湖；(17)火山口湖；(18)堰塞湖；(19)冰川湖；(20)岩溶湖；(21)风成湖；(22)海成湖；(23)河成湖；(24)人工湖

续表

大类	中类	小类	子类
一、自然景源	3.水景	5)潭池	(1)泉溪潭;(2)江河潭;(3)瀑布潭;(4)岩溶潭;(5)彩池;(6)海子
		6)瀑布跌水	(1)悬落瀑;(2)滑落瀑;(3)旋落瀑;(4)一叠瀑;(5)二叠瀑;(6)多叠瀑;(7)单瀑;(8)双瀑;(9)群瀑;(10)水帘状瀑;(11)带形瀑;(12)弧形瀑;(13)复杂型瀑;(14)江河瀑;(15)涧溪瀑;(16)温泉瀑;(17)地下瀑;(18)间歇瀑
		7)沼泽滩涂	(1)泥炭沼泽;(2)潜育沼泽;(3)苔草草甸沼泽;(4)冻土沼泽;(5)丛生蒿草沼泽;(6)芦苇沼泽;(7)红树林沼泽;(8)河湖漫滩;(9)海滩;(10)海涂
		8)海湾海域	(1)海湾;(2)海峡;(3)海水;(4)海冰;(5)波浪;(6)潮汐;(7)海流洋流;(8)涡流;(9)海啸;(10)海洋生物
		9)冰雪冰川	(1)冰山冰峰;(2)大陆性冰川;(3)海洋性冰川;(4)冰塔林;(5)冰柱;(6)冰胡同;(7)冰洞;(8)冰裂隙;(9)冰河;(10)冰河;(11)雪山;(12)雪原
		10)其他水景	(1)热海热田;(2)奇异海景;(3)名泉;(4)名湖;(5)名瀑
	4.生境	1)森林	(1)针叶林;(2)针阔叶混交林;(3)夏绿阔叶林;(4)常绿阔叶林;(5)热带季雨林;(6)热带雨林;(7)灌木丛林;(8)人工林(风景林、防护林、经济林)
		2)草地草原	(1)森林草原;(2)典型草原;(3)荒漠草原;(4)典型草甸;(5)高寒草甸;(6)沼泽化草甸;(7)盐生草甸;(8)人工草地
		3)古树名木	(1)百年古树;(2)数百年古树;(3)超千年古树;(4)国花国树;(5)市花市树;(6)跨区系边缘树林;(7)特殊人文花木;(8)奇异花木
		4)珍稀生物	(1)特有种植物;(2)特有种动物;(3)古遗植物;(4)古遗动物;(5)濒危植物;(6)濒危动物;(7)分级保护植物;(8)分级保护动物;(9)观赏植物;(10)观赏动物

续表

大类	中类	小类	子类
一、自然景源	4.生境	5)植物生态类群	(1)旱生植物；(2)中生植物；(3)湿生植物；(4)水生植物；(5)喜钙植物；(6)嫌钙植物；(7)虫媒植物；(8)风媒植物；(9)狭湿植物；(10)广温植物；(11)长日照植物；(12)短日照植物；(13)指示植物
		6)动物群栖息地	(1)苔原动物群；(2)针叶林动物群；(3)落叶林动物群；(4)热带森林动物群；(5)稀树草原动物群；(6)荒漠草原动物群；(7)内陆水域动物群；(8)海洋动物群；(9)野生动物栖息地；(10)各种动物放养地
		7)物候季相景观	(1)春花新绿；(2)夏荫风采；(3)秋色果香；(4)冬枝神韵；(5)鸟类迁徙；(6)鱼类洄游；(7)哺乳动物周期性迁移；(8)动物的垂直方向迁移
		8)其他生物景观	(1)典型植物群落(翠云廊、杜鹃坡、竹海……)；(2)典型动物种群(鸟岛、蛇岛、猴岛、鸣禽谷、蝴蝶泉……)
二、人文景源	5.园景	1)历史名园	(1)皇家园林；(2)私家园林；(3)寺庙园林；(4)公共园林；(5)文人山水园；(6)苑囿；(7)宅园圃园；(8)游憩园；(9)别墅园；(10)名胜园
		2)现代公园	(1)综合公园；(2)特种公园；(3)社区公园；(4)儿童公园；(5)文化公园；(6)体育公园；(7)交通公园；(8)名胜公园；(9)海洋公园；(10)森林公园；(11)地质公园；(12)天然公园；(13)水上公园；(14)雕塑公园
		3)植物园	(1)综合植物园；(2)专类植物园(水生、岩石、高山、热带、药用)；(3)特种植物园；(4)野生植物园；(5)植物公园；(6)树木园
		4)动物园	(1)综合动物园；(2)专类动物园；(3)特种动物园；(4)野生动物园；(5)野生动物圈养保护中心；(6)专类昆虫园
		5)庭宅花园	(1)庭园；(2)宅园；(3)花园；(4)专类花园(春、夏、秋、冬、芳香、宿根、球根、松柏、蔷薇……)；(5)屋顶花园；(6)室内花园；(7)台地园；(8)沉床园；(9)墙园；(10)窗园；(11)悬园；(12)廊柱园；(13)假山园；(14)水景园；(15)铺地园；(16)野趣园；(17)盆景园；(18)小游园

续表

大类	中类	小类	子类
二、人文景源	5.园景	6)专类主题游园	(1)游乐场园；(2)微缩景园；(3)文化艺术景园；(4)异域风光园；(5)民俗游园；(6)科技科幻游园；(7)博览园区；(8)生活体验园区
		7)陵园墓园	(1)烈士陵园；(2)著名墓园；(3)帝王陵园；(4)纪念陵园
		8)其他园景	(1)观光果园；(2)劳作农园
	6.建筑	1)风景建筑	(1)亭；(2)台；(3)廊；(4)榭；(5)舫；(6)门；(7)厅；(8)堂；(9)楼阁；(10)塔；(11)坊表；(12)碑碣；(13)景桥；(14)小品；(15)景壁；(16)景柱
		2)民居宗祠	(1)庭院住宅；(2)窑洞住宅；(3)干阑住宅；(4)碉房；(5)毡帐；(6)阿以旺；(7)舟居；(8)独户住宅；(9)多户住宅；(10)别墅；(11)祠堂；(12)会馆；(13)钟鼓楼；(14)山寨
		3)文娱建筑	(1)文化宫；(2)图书阁馆；(3)博物苑馆；(4)展览馆；(5)天文馆；(6)影剧院；(7)音乐厅；(8)杂技场；(9)体育建筑；(10)游泳馆；(11)学府书院；(12)戏楼
		4)商业建筑	(1)旅馆；(2)酒楼；(3)银行邮电；(4)商店；(5)商场；(6)交易会；(7)购物中心；(8)商业步行街
		5)宫殿衙署	(1)宫殿；(2)离宫；(3)衙署；(4)王城；(5)宫堡；(6)殿堂；(7)官寨
		6)宗教建筑	(1)坛；(2)庙；(3)佛寺；(4)道观；(5)庵堂；(6)教堂；(7)清真寺；(8)佛塔；(9)庙阙；(10)塔林
		7)纪念建筑	(1)故居；(2)会址；(3)祠庙；(4)纪念堂馆；(5)纪念碑柱；(6)纪念门墙；(7)牌楼；(8)阙
		8)工交建筑	(1)铁路站；(2)汽车站；(3)水运码头；(4)航空港；(5)邮电；(6)广播电视；(7)会堂；(8)办公；(9)政府；(10)消防
		9)工程构筑物	(1)水利工程；(2)水电工程；(3)军事工程；(4)海岸工程

续表

大类	中类	小类	子　类
二、人文景源	6.建筑	10)其他建筑	(1)名楼；(2)名桥；(3)名栈道；(4)名隧道
	7.史迹	1)遗址遗迹	(1)古猿人旧石器时代遗址；(2)新石器时代聚落遗址；(3)夏商周都邑遗址；(4)秦汉后城市遗址；(5)古代手工业遗址；(6)古交通遗址
		2)摩崖题刻	(1)岩面；(2)摩崖石刻题刻；(3)碑刻；(4)碑林；(5)石经幢；(6)墓志
		3)石窟	(1)塔庙窟；(2)佛殿窟；(3)讲堂窟；(4)禅窟；(5)僧房窟；(6)摩崖造像；(7)北方石窟；(8)南方石窟；(9)新疆石窟；(10)西藏石窟
		4)雕塑	(1)骨牙竹木雕；(2)陶瓷塑；(3)泥塑；(4)石雕；(5)砖雕；(6)画像砖石；(7)玉雕；(8)金属铸像；(9)圆雕；(10)浮雕；(11)透雕；(12)线刻
		5)纪念地	(1)近代反帝遗址；(2)革命遗址；(3)近代名人墓；(4)纪念地
		6)科技工程	(1)长城；(2)要塞；(3)炮台；(4)城堡；(5)水城；(6)古城；(7)塘堰渠陂；(8)运河；(9)道桥；(10)纤道栈道；(11)星象台；(12)古盐井
		7)古墓葬	(1)史前墓葬；(2)商周墓葬；(3)秦汉以后帝陵；(4)秦汉以后其他墓葬；(5)历史名人墓；(6)民族始祖墓
		8)其他史迹	(1)古战场
	8.风物	1)节假庆典	(1)国庆节；(2)劳动节；(3)双周日；(4)除夕春节；(5)元宵节；(6)清明节；(7)端午节；(8)中秋节；(9)重阳节；(10)民族岁时节
		2)民族民俗	(1)仪式；(2)祭礼；(3)婚仪；(4)祈禳；(5)驱祟；(6)纪念；(7)游艺；(8)衣食习俗；(9)居住习俗；(10)劳作习俗
		3)宗教礼仪	(1)朝觐活动；(2)禁忌；(3)信仰；(4)礼仪；(5)习俗；(6)服饰；(7)器物；(8)标识

续表

大类	中类	小类	子类
二、人文景源	8.风物	4)神话传说	(1)古典神话及地方遗迹；(2)少数民族神话及遗迹；(3)古谣谚；(4)人物传说；(5)史事传说；(6)风物传说
		5)民间文艺	(1)民间文学；(2)民间美术；(3)民间戏剧；(4)民间音乐；(5)民间歌舞；(6)风物传说
		6)地方人物	(1)英模人物；(2)民族人物；(3)地方名贤；(4)特色人物
		7)地方物产	(1)名特产品；(2)新优产品；(3)经销产品；(4)集市圩场
		8)其他风物	(1)庙会；(2)赛事；(3)特殊文化活动；(4)特殊行业活动
三、综合景源	9.游憩景地	1)野游地区	(1)野餐露营地；(2)攀登基地；(3)骑驭场地；(4)垂钓区；(5)划船区；(6)游泳场区
		2)水上运动区	(1)水上竞技场；(2)潜水活动区；(3)水上游乐园区；(4)水上高尔夫球场
		3)冰雪运动区	(1)冰灯雪雕园地；(2)冰雪游戏场区；(3)冰雪运动基地；(4)冰雪练习场
		4)沙草游戏地	(1)滑沙场；(2)滑草场；(3)沙地球艺场；(4)草地球艺球
		5)高尔夫球场	(1)标准场；(2)练习场；(3)微型场
		6)其他游憩景地	—
	10.娱乐景地	1)文教园区	(1)文化馆园；(2)特色文化中心；(3)图书楼阁馆；(4)展览博览园区；(5)特色校园；(6)培训中心；(7)训练基地；(8)社会教育基地
		2)科技园区	(1)观测站场；(2)试验园地；(3)科技园区；(4)科普园区；(5)天文台馆；(6)通讯转播站
		3)游乐园区	(1)游乐园地；(2)主题园区；(3)青少年之家；(4)歌舞广场；(5)活动中心；(6)群众文娱基地

续表

大类	中类	小类	子 类
三、综合景源	10.娱乐景地	4)演艺园区	(1)影剧场地；(2)音乐厅堂；(3)杂技场区；(4)表演场馆；(5)水上舞台
		5)康体园区	(1)综合体育中心；(2)专项体育园地；(3)射击游戏场地；(4)健身康乐园地
		6)其他娱乐景地	—
	11.保健景地	1)度假景地	(1)郊外度假地；(2)别墅度假地；(3)家庭度假地；(4)集团度假地；(5)避寒地；(6)避暑地
		2)休养景地	(1)短期休养地；(2)中期休养地；(3)长期休养地；(4)特种休养地
		3)疗养景地	(1)综合疗养地；(2)专科病疗养地；(3)特种疗养地；(4)传染病疗养地
		4)福利景地	(1)幼教机构；(2)福利院；(3)敬老院
		5)医疗景地	(1)综合医疗地；(2)专科医疗地；(3)特色中医院；(4)急救中心
		6)其他保健景地	—
	12.城乡景观	1)田园风光	(1)水乡田园；(2)旱地田园；(3)热作田园；(4)山陵梯田；(5)牧场风光；(6)盐田风光
		2)耕海牧渔	(1)滩涂养殖场；(2)浅海养殖场；(3)浅海牧渔区；(4)海上捕捞
		3)特色村寨	(1)山村；(2)水乡；(3)渔村；(4)侨乡；(5)学村；(6)画村；(7)花乡；(8)村寨
		4)古镇名城	(1)山城；(2)水城；(3)花城；(4)文化城；(5)卫城；(6)关城；(7)堡城；(8)石头城；(9)边境城镇；(10)口岸风光；(11)商城；(12)港城
		5)特色街区	(1)天街；(2)香市；(3)花市；(4)菜市；(5)商港；(6)渔港；(7)文化街；(8)仿古街；(9)夜市；(10)民俗街区
		6)其他城乡景观	—

随着中国景源分类细表的不断完善，人们对非物质性景观的关注日益增加。这些景观包括民俗风情、宗教仪式等，它们承载着悠久的历史传统和深刻的文化内涵，是民族记忆的载体，反映了人们对传统文化的关注。在中国景源分类细表中，民俗风情、宗教仪式等非物质性景观成为备受瞩目的重要景观资源，因其丰富的文化内涵成为旅游业极具吸引力的资源。旅游业的迅速发展使人们对文化体验的需求增长，非物质性景观正是这一需求的完美满足。游客渴望深入了解当地文化，并参与传统活动中，这种亲身参与的体验成为旅游行业的一大亮点。非物质性景观也在推动旅游业的升级转型，各地政府和从业者通过深度挖掘和科学保护，助力当地旅游业的可持续发展。非物质性景观的开发提升了当地旅游的独特性，也促进了相关产业的发展。

3.1.1 自然景源

"自然景源"作为其中一个核心类别，以其景观的性质和成因特征为基础。是指自然环境中的景观和资源。这些景源包括山脉、河流、湖泊、森林、草原、海洋、岛屿等自然地貌和水域，以及其中的生物多样性（图3-1）。

图 3-1　自然景象

自然景源通常被认为是一种宝贵的资源，对人类和其他生物有着重要的意义。保护自然景源可以维持生态平衡、保护生物多样性、促进可持续发展，并提供人们休闲、旅游、教育等方面的益处。这种分类精准地捕捉了自然风光的多元面貌，不仅包含了雄伟的高山景观即天景、丰富的地貌地形即地景、优美的湖泊河流即水景，还涵盖了生景、丰富多样的生态系统和植被，为人们提供了深入了解中国自然景观的框架（图3-2）。

所有景观都深受自然要素的影响，特别是在以自然景观为主的环境中，自然要素更是塑造着景观的本质、分类、特色和形成机制。自然要素是地球上众多地理环境要素和因素的综合体现，包括地质、地貌、土壤、水文、生物、气象气候等。在某一特定的环境中，有的景观以某一要素为主导，形成了独特而引人入胜的景观形象，例如喀斯特地

3.1 环境景观资源的类型 | 061

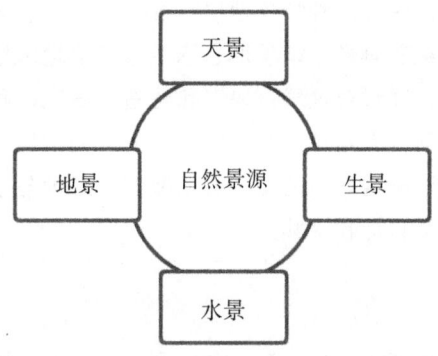

图 3-2　自然景源的构成

貌所塑造的岩溶洞景观，以及极地冰川景观等。而在另一些情境下，几种要素则共同作用，呈现出多层次、综合性的景观形象。

3.1.1.1　地质

地质是自然要素中的重要构成之一，它决定了地表的形态和构造，直接影响着景观的形成。从概念的角度来看，地质是指地球的地壳构成和结构。地壳由许多不同大小和形态各异的岩石和矿床的实体组成，这些实体被称为"地质体"。地质体包括成层状的地层、多种形态的熔岩体、各种性质的沉积物以及多种类型的矿床。不同的地质体具有各自独特的形态和空间格局，从而塑造了不同特色的地质景观。雄伟、奇异、幽深、辽阔是其主要的艺术审美特征，如奇峰、峡谷、洞府、石林、沙漠、火山海底地形等。然而，地质不仅在美丽的景观中展现着其独特的魅力，同时还承担着评估地方建设用地适应性和传达地区地质历史信息的重要角色，对于保护人们的健康与安全，提供道路桥梁和房屋的建设条件均具有重要意义。

在一些地区，特定的地质特征，如断裂带、火山岩等，为其地貌景观赋予了独特的面貌。例如，集中分布于我国桂、黔、滇等地区的喀斯特地貌、张家界独特的砂岩地貌以及四川、贵州、广东、江西的丹霞地貌等壮观的自然景观。

思考：

地质景观中"自然之美"的表现。同学们可以思考并阐述一下你所到过的自然景观产地，描述一下你对景观中地质景观的感受。

地质景观以其壮观的自然造化而成为自然之美的代表。雄伟的山峰、奇异的岩石、深邃的峡谷，都是地质演化的杰作。这些景观不仅展现了大自然的力量，也为人们带来了视觉上的震撼和心灵上的宁静。独特的地质特征，如石灰岩溶洞和冰川地貌，更是在千百年的演变中雕刻出的绝美画卷。地质形态承担着传达地区地质历史信息的使命，体现着地球演化的历史历程，通过对地层、岩石和化石的研究，我们能够了解地球亿万年来的变迁。这不仅对科学研究有着深远的影响，也为人们提供了认识自然、尊重地球的重要参考。深入理解地质，善用地质信息，将使我们更好地与自然互动，更有效地保护和利用地球资源，实现人与自然和谐共生。

3.1.1.2 地貌

地貌即地球表面各种形态的总称，是一个决定性的自然要素，它是地表形态的综合体现，其包含着丰富的地表起伏的形态，如陆地上的山地、平原、河谷、沙丘，海底的大陆架、大陆坡、深海平原、海底山脉等。其组成对景观的类型和特征架构产生着重要影响。例如，河流的冲刷作用在地表留下了各种各样的地貌形态，如峡谷、河流等，这些地貌特征为景观的形态多样性和生态丰富性贡献着独特的元素。此外，土壤、水文、生物和气象与气候等自然要素也均发挥着不可替代的作用。不同的土壤属性和类型影响着植被的分布；水文特征则决定了湖泊、河流等水体景观的形成；而气象与气候则直接影响着景观的季节性和气氛。生物要素通过植物、动物等生态系统的链接、联动，持续为景观注入生命力和生态平衡力。自然要素在地球表面的复杂交互中共同塑造出了千姿百态的景观面貌。通过对地质、地貌、土壤、水文、生物、气象与气候等要素的进一步了解，人类能够更加全面、多角度地把握自然景观的形成机制，并不断从中汲取自然语境元素，为科学而富有创意的环境景观设计提供坚实的基础。为人类保护、理解、欣赏大自然提供持续的价值。

环境景观设计的契机源自地球的多样性地理条件，而地形、地貌则是景观设计的形态基石。在景观设计中，地形、地貌是创造独特外观和氛围的基础。不同的地形、地貌为景观注入了各种独有的特征，引导了设计师对于空间利用和景观塑造的创造性思考。例如，干旱地区的地貌特征形成了独特的沙丘和戈壁地貌，这种地貌不仅影响了植被的分布，也为景观设计提供了与众不同的元素，如沙漠花园和沙漠景区。

中卫沙漠星星酒店位于沙坡头景区腾格里沙漠腹地8千米处，海拔1430米，占地面积5000平方米。从环境景观设计的角度来看，中卫沙漠星星酒店在沙漠场域中的布局和设计充分融合了沙漠环境的特点，为游客提供了独特而难忘的体验。酒店地理位置的选择非常巧妙，位于宁夏中卫腾格里沙漠中，这个位置被称为星星的故乡，是观星星的理想地点之一。腾格里沙漠的星空璀璨，漫天的繁星甚至可以在水中看到其倒影，为酒店提供了得天独厚的观星条件。

酒店建筑的设计充分考虑了沙漠环境的特点。采用金属结构的建筑主体，外表白色和银色交织，不仅与沙漠的自然色调相协调，而且造型极具张力，给人带来富有自然联想的画面感。特别是酒店整体设计上的用心，从上空望下去，整座建筑群宛如一颗不小心坠入沙漠的星星，充满了浪漫的情调。酒店内部的景观设计也非常考究，尤其是巨大的半圆形建筑——星星剧场。这个建筑在远处看起来就像即将升起的太阳，为酒店增添了一抹神秘和壮观的氛围。

地貌不仅是景观的物理基础，更是自然美的体现，是设计师灵感的源泉。设计者通过对地貌的深入了解，能够发掘地域独有的特色，将自然元素巧妙融入设计中。在景观设计中，地貌的独特性为设计带来了丰富的可能性，设计者可以巧妙地利用地形地貌的起伏、坡度、水系等特征，打造出具有地域特色的景观空间。地形地貌是景观设计的基石，它决定了设计的起点和发展方向。不同的地貌特征孕育了各式各样的自然景观，为景观设计带来了丰富的创作灵感。通过深入研究地貌，景观设计者能够更好地把握自然元素，打破创作的局限，创造出更具创意和独特的环境景观作品。

张艺谋导演的"印象系列"是一组以中国传统文化为主题的艺术作品。系列作品充分结合了场地环境特色，中国传统文化元素，通过精湛的视觉表现和独特的艺术手法，展现了中国古代文化与地域场景的魅力，深受观众喜爱。"印象系列"的代表作品包括《印象大红袍》《印象丽江》《印象·西湖》《印象·刘三姐》和《印象·秦淮》等。这些作品以中国各地著名景点和传统故事为背景，结合现代舞蹈、音乐、灯光等艺术形式，呈现出独特的视听盛宴。

《印象大红袍》和《印象丽江》是张艺谋导演的"印象系列"的两个重要作品，它们分别以中国茶文化和丽江古城为背景，通过这种独特的表现形式展现了中国传统文化的魅力。《印象大红袍》以中国最有名的岩茶之一——武夷大红袍为主题，将茶文化与自然景观相结合，通过舞蹈、音乐、灯光等艺术形式，展现了大红袍茶的采摘、制作和品饮过程，以及武夷山的壮丽风光。该作品在舞台设计和视觉效果上力求契合大自然的美感，将观众带入一场身临其境的茶道体验中。《印象丽江》则以云南丽江古城为背景，通过舞蹈、音乐、歌唱等多种艺术形式，展现了丽江的自然风光、民族风情和历史文化。作品在呈现丽江的同时，也探讨了现代与传统、城市与自然之间的关系，以及人与自然和谐共生。《印象丽江》通过这种独特的艺术表现形式和深刻的文化内涵，向观众展示了丽江独特的魅力和中国传统文化的印记。印象系列作品不仅在国内取得了巨大的成功，还在国际舞台上赢得了广泛的赞誉。这些作品以其独特的艺术表现形式和深刻的文化内涵，向世界展示了中国传统文化的魅力和张艺谋导演的创作才华，同时张艺谋导演独特的创作手法和深厚的文化底蕴，也向世界展示了中国传统文化的魅力和魅力，成为当代中国艺术的重要代表之一。

在地貌的广泛分类中，大尺度景观地貌，亦称为"大地形"，指的是构成广阔地区的单元景观地貌实体。这些大尺度景观地貌如喜马拉雅山脉，还有黄山、泰山、武当山等山岳景点可被归纳为"中地形"。这类景观远远望去，雄伟险峻、秀美壮观。此外，还存在一些孤立的山峰、洞穴等独立的地貌单体，例如桂林的象鼻山、芦笛岩等，这些构成了"中尺度景观地貌"的独特元素。这类景观主要以近距离欣赏为主，形成了观赏性十足的小尺度景观，亦被称为"小地形"。中国的山脉和山峰资源丰富，拥有众多著名的山岳景点，这些景点不仅自然风光壮丽，还承载着丰富的历史文化价值。

在微观层面上，地貌的起伏变化更为微小，比如沙丘的波浪纹理、道路上不同质地的石块变化等，被归类为"微地形"。这些微地形虽然规模较小，却通过微妙的细节呈现出自然界细腻的雕刻，成为构成地球表面细致纹理的一部分。地貌的复杂性和多样性为景观设计提供了丰富的素材。设计者可以充分利用大地形的雄奇、中地形的独特、小地形的亲近和微地形的精致等特点，巧妙地将它们融入设计中，打造出富有层次感和立体感的景观。这些不同尺度的地貌元素相互交织，共同构成了一个生动而多彩的自然世界。

在景观设计的创作中，对地貌的深入理解有助于捕捉和表达自然界的精髓，使设计作品更具独创性和艺术性。地貌不仅是景观的物理基础，更是设计灵感的灿烂源泉，为设计师提供了广阔的创作空间。对于地形表面的水平程度，涵盖了如平地、凸地、脊地、凹地与谷地等多种类型。每一种地形都有其独特的形态特征和在景观设计中的应用价值。

平地是指地势平坦，坡度通常小于3%的地形，是最简明、稳定的地形之一。其静态、非移动性的特点使其成为理想的建设用地。平地不仅具有广阔的视野和良好的空气流动，还为人们提供了理想的户外活动、休闲和观赏场所。在景观设计中，设计师通常会充分利用平地的地平线剪影效果与天空形成虚实对比，以增强设计的层次感。

凸地形包括土丘、丘陵、山峦及小山峰，呈现出正向的实体和负向的空间感。凸地形最能抗拒地球引力，具有动态感和进行感，因此常被用作景观中的焦点物或具有支配地位的要素。此外，凸地形还可作为地标，发挥着定位和向导的作用，为设计瀑布、跌水等景观提供有利条件。其不同坡向对环境的小气候产生着明显的调节作用。

脊地形整体上呈线状，与凸地形相似但形状更为集中紧凑。脊地形可限定及分隔空间，调节小气候。其标志性、导向性和动势感更强，具有摄取视线并沿其长度方向引导视线的能力。因此，在景观设计中常常被用来转换视线在一系列空间中的位置或将视线引向某一特殊焦点。

凹地形在景观中也称为洼地，是一个具有一定程度上不受外界干扰的内向空间。凹地形能够将处于其中的人的注意力集中在其中心或底层，给人一种分隔感、封闭感和私密感，因而是理想的表演场所。例如，在纽约的洛克菲勒中心，底层冰道的各式滑冰表演吸引着大量的行人和游览者停留观赏。此外，凹地形内的温度相对较高，阳光直射到斜坡上，使其温暖且风沙较少。

谷地与凹地相似，是景观中的低地，呈线状，具有方向性和运动性。谷地底层土地肥沃但潮湿积水，不适宜修建道路，通常用于农业、娱乐或资源保护。在设计中应当重点处理潮湿和积水问题。

基于以上剖析，在景观设计的广阔领域中，各种地形不仅是自然基底，更是创意与灵感的源泉。每种地形，无论是广袤的平地、挺拔的凸地、幽静的凹地，还是肥沃的谷地，都蕴含着独特的魅力与潜力。设计师们通过深入洞察这些地形的本质特性，如平地的无垠视野、凸地的自然导向、凹地的私密庇护以及谷地的生态富饶，将其转化为设计语言，创造出既多元又富有层次的景观环境。

这种对地形的精妙运用，不仅展现了设计师对自然界的深刻理解和尊重，也促进了创意的无限迸发。它超越了传统设计的框架，开启了景观创作的新维度，使得每一个作品都能成为独一无二的视觉盛宴。更重要的是，这些地形元素在景观设计中的融合，极大地丰富了人们与自然的互动体验。它们不仅提供了多变的视觉享受，还创造了多样的空间感受，从而激发了人们内心的情感共鸣。在这样的景观空间中，人们可以感受到自然的宁静与和谐，体验到空间的深邃与广阔，享受到生活的多彩与美好。

因此，在实际的景观设计中，巧妙地结合各种地形特征，不仅是对自然之美的颂扬，更是对人类生活品质的提升。这样的设计理念和实践，将使我们的景观环境更加生动、更加吸引人，成为城市中不可或缺的绿色瑰宝。

3.1.1.3 土壤

土壤，作为地球陆地表面的一层疏松物质，包括各种颗粒状矿物质、有机物质、水分、空气和微生物等，构成了地球生态系统中生物环境和非生物环境之间的重要过渡地带。其性质是由所在区域的气候状况和生命物质的共同作用而形成的，并受到地形条件的影响，因此，土壤在其内部蕴含了丰富的信息，是一种反映地球多样性的重要自然资源。

土壤的性质主要由气候、生物和地形等因素综合作用而形成，因此不同地区的土壤具有独有的特征和组成。对于景观设计而言，深入了解土壤的属性对于合理规划和植物选择具有至关重要的意义。在众多土壤属性中，土壤的组成、质地和酸碱度是最为关键和最富有意义的指标。

1.土壤的组成

土壤的组成涉及其中所含的各种成分，包括矿物质、有机物质、水分、空气和微生物等。这些成分相互交织，形成了土壤的复杂结构，直接影响了植物的根系生长、水分渗透和养分吸收。

土壤组成对于景观设计和土地利用具有重要的影响。其中包含矿物质颗粒、有机物质两个方面。

通常矿物质颗粒占据土壤体积的50%~80%。这些颗粒是土壤的骨骼物质，经过相互挤压产生承载力，支撑起土壤自身和其上建筑的景观物体的重量。在矿物质颗粒中，砾石和沙土具有较强的承载力，而黏土的承载力相对较低。这一特性对于景观设计中建造场地的选择和土地规划至关重要，尤其是在需要承载重物的区域。

同时，有机物质方面主要起着储存水分的重要功能。有机物质的含量直接影响土壤的肥力，决定了土壤的生态系统和植物生长的状况。通过保持水分，有机物质有助于维持土壤湿度、提供植物所需的养分，并影响着土壤的水文状况。在景观设计中，充分考虑土壤中有机物质的含量，可以更好地满足植物的生长需求，创造出更具生态平衡的景观环境。此外，水分、空气和微生物也是构成土壤的重要组成部分。水分在土壤中的分布影响着植物的生长和土壤的渗透性。空气则参与土壤中的气体交换过程，对植物根系的呼吸和土壤中微生物的生存起着关键作用。微生物是土壤中的生态系统的关键组成部分，参与有机物的分解、养分的释放以及土壤的生态过程。了解土壤中水分、空气和微生物的分布和作用，有助于合理规划景观设计，创造出更具有生命力和可持续性的景观空间。

2. 土壤的质地

土壤的质地是指土壤的表观性状，反映了土壤颗粒的组成及其相对含量，对于环境中生物生长、建筑布局和工程造价等都具有重要的影响。土壤作为一种三相系统，包含了固体、液体和气体，其中固相主要由矿物颗粒构成。在土壤的颗粒组合中，主要有沙粒、粉粒和黏粒这三种主要成分，其含量和比例决定了土壤的质地特征。

土壤的质地分为多种类型的土壤类别，这里我们可以从沙土、黏土、壤土三个类别的土壤质地进行剖析。

类别一：沙土的质地。沙土的质地以沙粒为主，其粒径在 0.05~1.00mm。沙土的特点是质地粗糙、疏松，具有较多的空隙，通气透水性强，但蓄水能力较差。由于沙土的空隙多、透气性好，适合生长一些对贫瘠环境适应较强的植物，如耐贫瘠植物。

类别二：黏土的质地。黏土的质地则以黏粒和粉粒为主，其中粉粒的粒径在 0.001~0.05mm。黏土的特点是结构致密、质地较细，具有一定的硬度，湿时黏稠，透水性差，但保水和保肥能力较强。由于黏土的含水量较高，适合生长一些对水分需求较大的植物，同时也有利于养分的保持。

类型三：壤土的质地。壤土是介于沙土和黏土之间的一种土壤类型，各种颗粒大致等量。壤土的特点是质地均匀、物理性良好、通气透水性较强、水肥协调性较好。壤土是大多数植物生长的理想土壤，具有较好的透水性和保水性，适合广泛的植物生长。

在景观设计中，不同的土壤质地决定了植物的生长状况，也对建筑物或工程的布局产生影响。因此，在规划和设计过程中，需要充分考虑土壤质地的特征，合理选择植物种类，制定合适的土地利用策略。通过科学合理地利用土壤的质地特性，可以更好地保护生态环境，提高景观的可持续性，创造出更加宜人的生态景观。

3. 土壤酸碱度

土壤的酸碱度是指土壤溶液中酸性或碱性物质的相对浓度，通常以 pH 值来表示。这一特性不仅是土壤化学性质的综合体现，还直接影响着植物的分布和生长情况。在我国，土壤的酸碱度一般被划分为 5 个级别：强酸性、酸性、中性、碱性和强碱性，每个级别对应不同的 pH 值范围。

强酸性土壤的 pH 值小于 5.0，表明土壤中含有相对较多的酸性物质。这种土壤通常存在于酸雨频发的地区，其酸性对植物生长有一定的不利影响，需要采取措施来调整土壤酸碱平衡。

酸性土壤的 pH 值在 5.0~6.5。这种土壤通常较为适宜一些对酸性环境适应良好的植物生长，但对于一些对碱性环境更适应的植物可能需要对土壤进行适度的调整。

中性土壤的 pH 值在 6.5~7.5，是许多植物生长的理想土壤环境。这种土壤酸碱度平衡适中，通常能够满足大多数植物的生长需求，是农业和园艺中广泛选择的土壤类型。

碱性土壤的 pH 值在 7.5~8.5，表明土壤中含有碱性物质。这种土壤环境对一些喜碱性植物较为有利，但对于一些对酸性环境更适应的植物可能需要进行适当的调整。

最后，强碱性土壤的 pH 值大于 8.5，属于碱性环境的极端范围。这种土壤通常不利于一般植物的正常生长，需要采取措施来调整土壤的酸碱度。

土壤酸碱度在环境景观设计中的应用对于植物的选择和生长环境的营造至关重要，尤其是针对一些特定植物，如绣球花等，其耐酸性较强，因此其生长环境需要特别考虑土壤的酸碱性。绣球花作为一种典型的耐酸性植物，在环境景观设计中常常被选用。在设计中，可以通过合理调控土壤的酸碱度来营造适宜绣球花生长的环境，例如选择酸性土壤较高的地区进行种植，或者在栽植前对土壤进行酸碱度的调整，以保障绣球花的生长。

绣球花（Hydrangea macrophylla）的花朵颜色会受土壤酸碱度的影响而改变。一般来说，如果土壤呈酸性，绣球花的花朵颜色会偏向蓝色或紫色；而如果土壤呈碱性，花朵的颜色会更偏向粉红色或红色。

理想的土壤 pH 值范围通常在 5.5~6.5，这种酸性土壤有助于绣球花产生蓝色或紫色的花朵。当土壤的 pH 值高于 7 时，绣球花可能会产生粉红色或红色的花朵。绣球花的花色受土壤酸碱度的影响，这是因为土壤中的铝离子会影响植物吸收其他养分，进而影响花朵颜色。除了针对土壤的调整，绣球花的种植还可以通过植物配置来体现。在景观设计中，可以将绣球花与其他植物进行搭配，将其种植在酸性土壤较高的地区，如阴湿处或与其他酸性土壤植物相邻的地带，从而形成良好的生态景观。绣球花的应用不仅可以提升景观的观赏性，还有利于生态平衡。其绚丽的花朵和丰富的色彩吸引了许多有益昆虫，如蜜蜂等，有助于增加生态系统的多样性和稳定性，为环境景观的形成与保持做出了积极贡献。

3.1.1.4　水文

地球表面约占 71% 的水域构成了自然地理环境的重要组成部分，形成了各种水文景观，包括海洋、湖泊、江河、泉井、溪涧、潭池、沼泽、冰川等。这些水体形态的多样性和丰富性为环境景观增添了层次丰富的元素，使其呈现出多彩的面貌。水的形、声、色、影成为人们观赏水景的主要要素,每一种水体景观都散发着独特的魅力,引人陶醉。

古时人们常临水而居,为此涌现出大量的与水相关的作品,例如《江南》《水调歌头》《泊船瓜洲》《清溪》等反映不同水文景观下的诗词,让人感受到水文景观与人居环境间的紧密关联。

钱塘江,作为中国东部地区最重要的河流之一,以其独特的水文景观而闻名于世。钱塘江潮,是指由潮汐引起的江水波浪,其规模宏大、气势磅礴,给人以壮观的视觉和深远的感受。

钱塘江潮以其潮汐规律而著称。潮汐是海洋水体因月球和太阳的引力作用而产生的周期性涨落。钱塘江位于东海入海口,受潮汐的影响十分显著。每日两次的涨潮和落潮,使得江水在潮汐作用下呈现出有规律的波动,形成了独特的水文景观。钱塘江潮具有壮美的景观效果。当涨潮时,汹涌的潮水奔涌而来,澎湃的浪花翻滚,冲击着江边的岸石和岸边的堤岸,水势汹涌、气势磅礴,给人以无与伦比的震撼和壮观之感。而落潮时,潮水如退潮的急流,江水陡然暴露出滩涂,形成了一幅变幻莫测、别具特色的景观画面。

钱塘江潮对于当地的人文景观和文化传承也具有重要意义。钱塘江流域自古以来就是中国重要的文化发源地之一,潮汐的涨落不仅是当地居民日常生活的一部分,也是历代文人墨客倾诉心声、吟咏诗篇的题材之一。许多诗人、书法家都在钱塘江潮的壮美景观中汲取灵感,创作了许多脍炙人口的经典作品,留下了丰富的文化遗产。今天的钱塘江也成了文化旅游、自然与人文景观观赏的重要节点。钱塘江潮以其规律的潮汐涨落、壮美的景观效果以及丰富的人文内涵而成为一处引人入胜的水文景观。它不仅展示了大自然的力量和美丽,也承载着人们对自然的敬畏和对生活的热爱,是中国东部地区不可或缺的自然奇观之一。

由水文景观衍生出丰富的自然气象,如雨、雪、雾等,这些自然气象虚实结合,是环境景观中常借用的素材。例如哈尔滨冰雪大世界、黄山的"云海"、吉林松花江雾凇等环境景观均为利用此类型自然气象而形成的特色观景点。

水不仅仅是环境景观的构成要素,更是人类和一切生物赖以生存的物质基础。生活用水、农业灌溉、交通运输、消防防洪以及降温、休闲娱乐等都需要水的支持。因此,水不仅为环境景观注入了趣味性、亲和力和视觉冲击力,同时也对景观的异质性、生物的多样性以及环境温度和湿度的稳定性产生了深远的影响。

3.1.1.5 生物

生命的存在是地球上最为丰富多彩的元素之一,包括植物、动物和微生物,构成了地球上复杂而庞大的生物系统。无论是茂密的森林、广袤的草原,还是深邃的海底和高耸的山川,都离不开生物的存在。从生态平衡到生态系统的形成,再到复杂的生态网络形成，生物在土壤、水域和大气中发挥着重要的生态功能，并参与物质的分解和循环的过程中。

不同生物在不同环境中形成了独特的生态系统和景观。森林中的树木与各类动物形成了复杂的生态链，海洋中的珊瑚礁为无数海洋生物提供了栖息和繁衍的场所，草原上的动植物共同构建了广袤的自然风光。这些不同的生物群落相互作用、相互依存，共同维系着地球生态平衡的稳定。在环境景观设计中，充分考虑和利用生物元素，可以为景区营造出更加生态、自然的氛围。通过保护植被、营造合适的栖息环境、提供适宜的食物链，可以吸引和维护各种生物，形成生态友好型的景观设计。例如，植入植物景观可以改善空气质量，吸引鸟类和昆虫，丰富景区生态系统。在水域景观中，适当设计水体和湿地，为水生生物提供生存和繁衍的场所。这种有机的生物设计不仅增强了景区的自然氛围，也为游客提供了更加丰富的生态体验。生物是构成地球自然景观中最为重要和多样化的要素之一。在环境景观设计中，对生物的充分理解和合理利用，不仅能够营造出生态友好的景观，也能够为人们提供更加丰富和愉悦的自然体验。因此，在景观规划和设计过程中，对生物元素的关注和保护至关重要。这不仅关乎生态平衡，更是实现人与自然和谐共生的关键环节。

1. 植物

植物，包括乔木、灌木、草本植物和乔本科植物等，是地球表面广泛分布、千姿百态的生命形式，构成了丰富多彩的植物景观，不仅在自然界中扮演着重要的生态角色，也成为环境景观设计中的重要元素。

植物的多样性呈现出千姿百态的美丽。从神秘的热带丛林到辽阔的草原，从沐浴阳光的百年古树到绚烂多彩的奇花异木，植物呈现出令人惊叹的景观，吸引着人们驻足观赏。这种多样性不仅体现在植物的外形上，还表现在其生长环境、生态特征以及与其他生物的关系中。植物景观的丰富性为人们提供了无尽的美感享受，成为自然之美的重要组成部分。然而，植物不仅是景观中的装饰元素，更是环境中生态系统的重要组成部分。植物通过光合作用产生氧气，是地球上氧气的主要来源，为人类和其他生物提供了生存的基础。植物的根系有助于固定土壤，防止水土流失，维护水源生态平衡。不同类型的植物可以形成不同的生态系统，调节气候、维护环境的稳定性。植物还能够净化空气、防风沙、减轻噪声、引导视线等，为人们创造出宜人的居住环境。植物景观为人们提供了无穷的艺术享受。不同种类的植物通过生长的形态、颜色的搭配，展现出独特的美感，营造出丰富多彩的景观氛围。在景观设计中需要根据环境的特点和需求，科学合理地选择植物种类，以实现最大化的生态效益。

2. 动物

在环境景观中，动物元素扮演着不可或缺的角色，如各种哺乳动物、鸟类、鱼类、昆虫、软体动物等，它们与周围自然实体相结合，呈现出丰富多样的特殊景观效果。这些动物景观不仅具有观赏性，更包含着深刻的象征意义，成为环境景观设计中不可或缺的重要成分。

　　动物景观的观赏性是人们在自然环境中欣赏、感受的重要方面。从南极的憨态可掬的企鹅到旷野中独自傲立的孤狼，再到戏水嬉戏的海豚，每一种动物都展现出独特的姿态和生动的形象，为人们提供了美的享受。这些生灵的存在与活动在自然环境中形成了独特的画面，让人们沉浸其中，感受大自然的奇妙之美。动物景观的观赏性不仅丰富了人们的生活，也成为吸引游客、促进旅游业发展的重要因素。与观赏性相辅相成的是动物景观所蕴含的象征性。不同动物往往被赋予特定的人文含义，如牛之勤劳、狗之忠厚、鹤之脱俗等。这些象征意义超越了动物本身的生物属性，成为文化传承和人类价值观念的象征。例如，牛在农耕社会被视为劳作的象征，狗常被赋予忠诚与宠爱的含义，鹤则代表高尚与纯洁。这些动物的象征性让动物景观在环境设计中不仅仅是自然元素的堆砌，更成为文化、信仰、情感的表达工具，丰富了景观的内涵。

　　近年来，人们对野生动物的认知发生了深刻变化，逐渐认识到野生动物的存在与保护对于提高生活质量、丰富生活内容至关重要。野生动物不仅是生态系统中的关键成员，维持着生态平衡，还是生物多样性的重要组成部分。在环境景观设计中，引入野生动物元素，既能够营造更加自然、生态友好的景观，也有助于增强人们对野生动物的保护意识，形成人与自然和谐共生的关系。除了观赏性和象征性，动物景观还具有伦理、道德、娱乐、经济及旅游价值。对野生动物的保护不仅是对生物多样性的负责，更是对整个生态系统的维护。野生动物的存在不仅对自然环境有益，也为人类提供了休闲娱乐的场所，成为人们放松身心的天然空间。此外，动物景观还能够成为旅游业的重要资源，吸引游客，促进地方经济的繁荣。

思考：

　　观赏纪录片《地球改变之年》，讨论关于动物与人，自然与城市间的关系、关联与保护、发展的举措。

　　《地球改变之年》这部纪录片是为庆祝 2021 年世界地球日而拍摄的。由导演汤姆·比尔德执导，自然历史学家兼广播员 David Attenborough 担任旁白。影片通过前所未见的宝贵画面描述了新冠疫情蔓延全球、人们被迫隔离的这一年间，地球环境发生的变化。在这部纪录片中，观众将看见人类的行为改变可为大自然带来实实在在的影响。诸如减少邮轮交通、每年关闭沙滩数日、找出人类和野生动物和谐共处的方法等。观众见证了天空、陆地和海洋逐渐恢复原貌的过程，发现了大自然景观原本的面貌。这是一个人类停顿脚步的一年，也是地球悄然改变的一年。影片探讨了人类活动对地球环境的影响，着重呈现大自然的复苏能为未来带来光明希望。

　　从动物观赏的角度来看，观赏动物是自然景观中的一大亮点，其形态、色泽、行为、生活习性以及生活状态等方面，为人们提供了丰富多彩的自然体验。从鱼类的悠然自得到鸟类的悦耳动听，再到猛兽的惊险刺激，观赏动物的过程既是一场身临其境的视觉盛宴，也是一次对生态系统深入了解的机会。观赏动物的形态是吸引人们眼球的首要因素。鱼类或许展现出流畅的身姿和独特的鳞片，而鸟类可能呈现出绚烂的羽毛和华丽的飞翔动作。猛兽则可能通过其强健的体态和独特的捕猎方式展现出威武雄壮的形象。这些形态特征不仅给人带来美的享受，也让观赏者对动物的外貌产生深深的好奇和兴趣。

从动物象征的角度来看，动物在文学、宗教和文化中常常被用作象征意义，代表着各种特定的品质、价值观念或情感。这种象征意义的赋予不仅仅是因为动物自身的形态特征，更因为人们对动物的认知和情感体验。从动物象征的角度来看，动物的形象承载着丰富的文化内涵和人类情感，具有广泛的意义和深远的影响。例如，鸟类常被用来象征自由和灵魂的飞翔，象征着人们内心深处的憧憬和向往；狮子常被用来象征勇气和力量，象征着人们对挑战和困难的勇敢面对；狐狸则常被用来象征智慧和机智，象征着人们在面对复杂情境时的灵活应对。这些动物形象在文学作品中扮演着重要角色，丰富了作品的内涵，引导着人们对人生、情感和人性的思考。动物在宗教信仰和神话传说中也承载着丰富的象征意义。例如，在古代中国文化中，龙代表权威、尊贵；凤凰象征和谐美好；蝙蝠为吉祥的象征；麒麟寓意吉祥；虎象征勇气；龟代表长寿；鹤寓意长寿、吉祥；鸳鸯象征爱情；蟾蜍寓意富贵；狮子代表勇敢；金鱼象征自由、富贵，这些动物成了文化的重要载体。

动物形象在中国的建筑和景观环境中具有丰富的体现，其中徽派建筑中的木雕是一个典型例子。徽派建筑是中国传统建筑的一种，以安徽省黄山市徽州地区为代表。在徽派建筑中，木雕是一种常见的装饰手法，而动物形象常常被用来作为木雕的主题，寓意吉祥、美好和福寿（图3-3）。

(1)龙凤雕刻。龙和凤是中国传统的吉祥图案，在徽派建筑的木雕中常常出现。龙象征着皇权和权威，凤象征着吉祥和美好。它们常常被雕刻在门楣、栏杆、梁柱等部位，体现出主人对家庭兴旺和幸福生活的期盼。

(2)狮子雕像。狮子在中国文化中被视为护卫家庭和驱邪的象征，因此在徽派建筑的门前、门楣等位置常常可以看到狮子雕像。这些狮子雕像形态各异，有的威猛凶狠，有的憨态可掬，但都寓意着家庭的安宁和平安。

(3)麒麟雕饰。麒麟是中国传统神话中的神兽，象征着吉祥。在徽派建筑的木雕中，麒麟常常被用来作为装饰图案，出现在梁头、屋檐、门楣等位置，为建筑增添了一份神秘和庄重。

(4)鸳鸯雕刻。鸳鸯是中国传统文化中的爱情象征，常常被用来表达夫妻和谐、恩爱的寓意。在徽派建筑的木雕中，鸳鸯常常被雕刻成一对一对地出现在门楣、窗棂等位置，寓意着家庭的和睦和美满。

图 3-3　徽派建筑中的"动物"形象

(5) 蝙蝠雕刻。蝙蝠承载着丰富多彩的象征意蕴，这主要归功于其名字中的"蝠"与"福"之间的语音相似性，这一巧妙的语言关联赋予了蝙蝠作为幸福与吉祥之兆的角色。在古代中国的艺术创作与日常生活中，蝙蝠的身影频繁出现在陶瓷佳作、剪纸艺术、织染工艺品以及门楣窗格、家具陈设之上，被巧妙地描绘或雕刻，以视觉化的形式传达了人们对幸福安康生活的殷切期盼与美好祈愿。蝙蝠的形象并非孤立存在，它往往与象征着长寿的寿桃、纯洁高雅的莲花、飘逸吉祥的云纹等图案相得益彰，共同编织出一幅幅寓意深远的图案组合，如"福寿双全"象征着幸福与长寿的完美融合，"五福临门"则预示着各种福祉接踵而至。这些图案不仅以其独特的美学价值装饰了人们的生活空间，更深刻蕴含了中华民族对于和谐、富足与幸福生活的追求与颂扬。

3.1.1.6　气象和气候

气象是指地球大气层中的状态和产生的各种现象，包括雨、雪、雾、风、云、电、冷、热、干、湿等现象。而气候则是一定地区多年来气象观测所得到的概括，涵盖了光照、风向、空气温度、降水量等因素，反映了这一地区的天气特征。气象和气候的变化直接影响或形成了自然景观。

气象和气候的变化在自然界中形成了各种壮观的自然景观，为人们提供了无尽的观赏乐趣和探索机会。

(1) 彩虹。彩虹是由太阳光穿过水滴后产生的光学现象，通常出现在雨后的晴天。

(2) 雪山。雪山是由寒冷气候下的降雪所积累形成的，山顶积雪覆盖，形成了壮观的雪峰景观，如喜马拉雅山脉、阿尔卑斯山脉等。

(3) 冰川。冰川是由长期降雪积累而形成的大规模冰雪堆积体，呈现出壮丽的冰雪景观。世界上著名的冰川景观包括格陵兰岛的伊尔米纳克冰川和阿拉斯加的亚拉斯加冰川等。

(4) 火山喷发。火山喷发是地球内部能量的释放，喷发时会产生火山口和熔岩，形成独特的火山景观，如夏威夷的基拉韦厄火山、冰岛的埃亚菲亚特拉冰火山等。

(5) 沙漠景观。沙漠是由于干旱气候和风蚀作用而形成的干燥地区，沙漠中的沙丘、沙漠植被和沙漠动物构成了独特的沙漠景观，如撒哈拉沙漠、腹地沙漠等。

(6) 极光。极光是地球磁层与太阳风相互作用的结果，呈现出绚丽多彩的光带，常见于极地地区，如北极圈和南极圈。

(7) 风蚀地貌。风蚀是由于风力对地表的侵蚀作用而形成的地貌景观，如雅丹地貌、风蚀洞等。

(8) 海岸景观。海岸线上的风化、海浪侵蚀和海水冲击形成了各种壮观的海岸景观，如海蚀柱、海蚀洞、海蚀悬崖等。

这些自然景观都是气象和气候变化的结果，呈现出独特的美丽和魅力，吸引着世界各地的游客前来观赏和探索。同时，它们也提醒着人们要珍惜自然资源，保护环境，共同守护地球的美丽。

我国古人总结了许多气象和气候变化规律的句子，例如：

"朝霞不出门，晚霞行千里"——描述了根据朝霞和晚霞的出现来预测天气的变化，朝霞常常代表着晴朗的天气，而晚霞则暗示着天气将转变。

"燕桥乌黑昼未明，雁来啼急雨沉沉"——形象地描述了燕子桥上的景象，乌鸦在天还未亮时就开始叫，雁也低沉着声音飞来，预示着暴雨即将来临。

这些句子通过描绘自然界的微妙变化，反映了古代人们对天气变化的敏锐观察和深刻认识，展现了古代文人雅士对自然的敬畏和体悟。

在环境景观的设计与营建中，我们要关注气象和气候对于环境景观构建过程的影响，并需要充分理解区域气候、地形气候与微气候对景观设计的不同影响。理解气象和气候对景观设计的影响有助于保障公共健康和人身安全，还有助于促进经济发展与资源保护。不同的气候条件要求因地制宜、入乡随俗，接地气的设计策略，可创造出更加适宜、舒适的生活和工作环境，实现可持续发展和人与自然和谐共生的关键之一。

1. 区域气候

区域气候，又称为大气候，指的是一个广泛区域内的气象条件和天气模式。这包括气温、降雨量、风、太阳辐射和湿度等要素，对整个景观环境产生着深远的影响。区域气候涵盖了一定地理范围内的气象条件、气候变化趋势以及季节性变化等。设计师需要深入了解区域气候，以便在规划和设计过程中考虑到气候对景观的影响，并采取相应的措施来创造宜人、可持续的环境。

中国地域辽阔，地形复杂，各地的气候差异明显。从北方的大陆性气候、沿海的海洋性气候，到南方的湿热气候、云南的高原气候、四川的盆地气候，再到吐鲁番的沙漠性气候等，各地的气候特征千差万别，因此也形成了具有地域特征的自然与人文景观共生的风貌。在景观设计中，为了更好地适应各地的气候条件，必须进行相应的处理。了解区域气候的基本特征对于景观设计至关重要，这包括温度范围、降水量、风向风速、湿度等因素。例如，在炎热干燥的气候中，需要考虑植被的选择以及水资源管理策略，以确保景观的可持续性。而在多雨地区，则需要设计排水系统以防止水浸问题，并选择适应湿润环境的植物。有可能因为炎热的夏季会减少人们对户外空间的使用，因此可以考虑增加遮阴设施或水景等来提供舒适的休息场所。在寒冷地区，需要考虑到冬季的使用情况，可能需要增加采暖设施或者选择冬季也能保持吸引力的景观元素。随着全球气候变化的加剧，一些地区可能会经历降雨量增加、温度上升等变化。因此，设计师需要采用灵活的策略来适应这些变化，例如选择更耐旱、耐热的植物品种，设计雨水收集系统以应对降雨量增加等。通过合理利用和调节气候条件，再加之设计的辅助，可以创造出更加宜人、舒适的景观环境。例如，利用植被和水体来调节气温，增加微风流动；设计通风良好的空间以促进空气流通。这些措施不仅可以提升景观的美感，还能提升人们在其中的舒适度和幸福感。

迪埃贝多·弗朗西斯·凯雷(Diébédo Francis Kéré)的低碳低能耗建筑作品获得了2022年普利兹克奖(The Pritzker Architecture Prize，又名普利兹克建筑奖)。迪埃贝多·弗朗西斯·凯雷表示，每个人都值得拥有品质生活，每个人都值得享有奢华和舒适的机会。气候环境、民主议题、资源匮乏与每个人都息息相关。

迪埃贝多·弗朗西斯·凯雷是布基纳法索的建筑师、教育家和社会活动家。布基纳法索是一个地势平坦的国度，其独特之处在于干旱与雨季的鲜明交替，且这两个季节转换之际常伴以强劲的风。这里，沙漠化迹象与干旱问题显著，气候普遍偏炎热。因此，在构建建筑时，首要考量的是如何在不依赖外部制冷系统的情况下，确保建筑既能有效运作又能适应环境。迪埃贝多·弗朗西斯·凯雷强调："建筑的设计需紧密贴合当地民众的实际需求与经济条件，同时积极应对普遍存在的气候条件，以实现长远的可持续性。这要求我们采取双管齐下的策略：一方面，加强对村庄社区的科普教育，提升他们对本土建筑材料优势的认识；另一方面，依托当地丰富的建材资源及社区成员的传统技艺，创新性地发展出既先进又实用的规划理念与建筑解决方案，以此促进建筑与环境的和谐共生。"

甘多小学(位于布基纳法索的甘多，始建于2001年)不仅是迪埃贝多·弗朗西斯·凯雷建筑哲学的摇篮，更是他致力于构建社区核心、满足基本需求并挑战社会不平等的实践典范。该小学以其独特的布局——三条平行的7×9米结构线，每条线内置一间容纳50名学生的教室，通过天井巧妙分隔，展现了对环境条件的深刻理解和艺术化的空间构想。其设计不仅回应了气候的挑战，更融入了深厚的象征意义，学校如同传统的粮仓，屹立于离地半米的平台上，彰显了其作为社区精神支柱的地位。

凯雷的构想跨越了物质与精神的双重边界。一方面，他创新性地运用有限资源，创造出既适应极端高温与照明不足又具现代感的建筑实体；另一方面，他怀揣着坚定的社会使命感，致力于克服社区内部的障碍，促进自我发展。通过国际融资与技能传授，他不仅为当地居民铺设了自力更生的道路，还巧妙地利用本地黏土资源，经过水泥加固处理，打造出既保温又散热的特殊砖块，结合架空屋顶设计，实现了无须空调的自然通风，极大提升了学生的学习环境。这一项目的成功，不仅使甘多小学的学生人数激增，还激发了后续一系列发展项目，包括教师住房、学校扩建及图书馆的建设，深刻体现了可持续发展的理念。从低碳低能耗的角度来看，甘多小学的设计实现了多重目标：通过精心的朝向布局、特殊的墙体材料以及开放的屋顶结构，确保了室内的舒适性与良好的通风效果；建筑主体大量采用本土材料与简单工艺，如压缩土块墙、夯土地板等，不仅减少了对环境的影响，还促进了资源的高效利用；同时，结合太阳能利用与自然通风采光策略，建筑展现了其对节能环保与可持续发展的不懈追求，成为一处融合文化特色与现代智慧的绿色建筑典范。

2.地形气候与微气候

地形气候是指地球上由于地形和地貌特征对气候产生的特定影响所形成的一种独特气候类型，它受海拔、山脉走向和地形形态等因素影响，对农业生产、城市规划及工矿企业布局等方面具有重要影响。地形包括地势起伏、海拔、山脉河流等地理特征，而这些特征会对气流、降水和温度等气候要素产生显著影响，进而影响到景观设计的方方面面。地形对气候的影响决定了景观设计中需要考虑的因素。

微气候是由于基地地表的坡度和坡向、土壤类型和湿度、岩石性质、植被类型和高度、水面大小和有无以及人为因素等的不同使热量和水分收支不一，从而形成了近地面大气层中局部地段特殊的气候。在某一区域内有许多微气候，每种微气候数据都要通过多年的观测积累才能获得。通常先了解当地的气候条件，然后进行实地观察，从而合理地分析与评价基地的地形起伏、坡向、植被、地表状况、人工设施等对基地日照、温湿度、风向风速等的影响。微气候在很大程度上会影响人们在环境中的体感舒适度，因此是城市户外环境设计中要重点考虑的因素。微气候的存在使得同一地区内存在多种气象状况，每一种微气候都需要通过长时间的观测和数据积累才能准确了解。在微气候的研究中，首先需要了解整体的气候条件，然后通过实地观察，合理分析和评估基地地形、坡度、植被覆盖、土地利用状况、人工建筑等因素对于日照、温湿度、风向和风速等气象要素的影响。每个区域内都存在不同的微气候现象，这些微气候状况的形成是地形和环境多因素共同作用的结果。在城市户外环境设计中，微气候的考虑变得尤为关键。它对于人们在环境中的感知和舒适度产生着直接的影响，因此在设计过程中需要深入研究和分析各种微气候条件。通过先了解当地气象条件，再结合实地考察，可以更全面地理解基地的微气候状况。这包括地形起伏、阳光照射、阴影效应、风道效应等因素的影响。在城市规划和设计中，科学地考虑微气候因素，采取相应的设计措施，可以提高城市环境的品质，为人们提供更加宜人的生活和活动场所。

3.1.2　人文景源

　　人文景源是指具有人文历史、文化或社会意义的景观和资源。人文景源展现了中国丰富而多样的历史文化底蕴。这些景源可能包括古迹、历史建筑、艺术雕塑、传统村落、宗教场所、文化遗产等。人文景源反映了人类文明的发展历程，承载着丰富的历史和文化内涵，对于了解和传承人类文化遗产具有重要意义。保护和传承人文景源有助于维护文化多样性、促进文化交流与对话，并为人们提供文化教育、旅游观光等方面的体验和乐趣。以深厚的历史文化为基础，聚焦分为园景、建筑、史迹和风物四个种类。这一分类不仅凸显了中国传统园林艺术的园景精髓，同时也涵盖了丰富的建筑风格、历史古迹和地方特色。

　　"人文"一词古时意指"诗""书""礼""乐"等文化元素，现今更广泛指涵盖社会各个方面的文明表现，包括精神文明和物质文明两大层面。人文景观是人类活动留下的痕迹和人为因素在环境中的表达，是环境景观的重要组成部分，对景观的性质和特征产生深远的影响。因此，在环境景观设计中，深入分析和研究构成景观的人文要素及其特点是设计的核心。

　　环境景观的种类繁多、形态各异，而构成景观的人文要素也多种多样，包括历史遗迹、民俗风物、城市道路、景观小品与设施等。这些要素相互交融，共同构建了丰富多彩的环境景观，反映了不同地域、文化和历史背景下的人类活动和文明积淀。

3.1.2.1　历史遗迹

　　历史遗迹是指古代人类通过各种活动遗留下来的痕迹，涉及遗址、墓葬、灰坑、岩画、窖藏等，其中遗址可细分为城堡废墟、宫殿址、村址、居址、作坊址、寺庙址等，还包括经济性的建筑遗存和防卫性设施，如山地矿穴、水渠、长城等。

　　这些曾经繁华热闹的历史痕迹节点如今可能已化为断壁残垣或一片废墟。如古罗马的庞贝城，或是埋藏在丛林深处的玛雅文化遗址，这些遗址在不同的文化和历史背景下崛起和沉寂，见证了人类社会的发展脉络。因此历史遗迹是考古学研究的重要内容之一。这些古代文化遗址和遗迹包括了各个时期、各个地域的文明成就，对于其研究能够提供关于研究社会生产力发展和社会生活状况方面的完整的、重要的资料，并可以推演出人们生活的各个方面的特征和内容。

人文景观资源中的古代文化遗址和遗迹不仅是历史的见证者,更是文化传承的重要媒介。它们承载着人类智慧的结晶,是对过去生活方式、社会制度、宗教信仰等方面的直观展示。通过对这些遗址的考古研究,我们可以还原古代社会的面貌,了解古人的思想、生活方式以及他们在各个领域的创造性成就。对这些古代文化遗址和遗迹的保护和修复显得尤为重要。在数字技术快速发展的今天,科技手段的应用与文化保护相辅相成。通过数字化技术、三维重建等手段,可以更好地保存并传承这些文化遗产,使其成为向后人展示古代文明的生动窗口。

　　故宫博物院作为中国乃至世界上最重要的博物馆之一,一直致力于文物数字化保护,以应对日益增长的文物保护压力和数字时代的挑战。其数字化保护工作包括文物数字化摄影、数字化档案管理、虚拟展厅建设等方面,为文物的保存、传承和展示提供了新的途径和可能。故宫博物院通过文物数字化摄影技术,对馆藏珍贵文物进行高精度的数字化影像记录。利用高分辨率数字照相机和专业扫描仪,对文物进行全方位、多角度的拍摄和扫描,以捕捉文物的每一个细节和纹理,确保文物的原貌得以完整记录。故宫博物院建立了完善的数字化档案管理系统,对文物的数字化影像进行组织、存储和管理。通过建立数字化档案数据库,实现了对文物信息的统一管理和快速检索,为文物的保护、研究和展示提供了便利。同时,故宫博物院还积极开展虚拟展厅建设,利用虚拟现实技术打造了数字化的展览空间。观众可以通过电脑、手机等设备,实现虚拟参观故宫博物院的展览,欣赏文物、了解历史,仿佛置身于故宫的实际展览场景中,实现了文物的数字化展示与传播,如图3-4~图3-6所示。

图3-4　故宫博物院数字化专馆

图 3-5　故宫博物院全景故宫页面

图 3-6　故宫博物院数字文物库页面

3.1.2.2　民俗风物

民俗是指源自民间、代代相传、反映了时代特征的文化习俗，而风物则指一地独有的景物或事物。民俗风物是这两者的结合，反映了各个民族独特的传统生活方式和生活用品的特色。具体而言，它在居住、饮食、娱乐、礼仪、婚嫁丧葬、衣着、手工艺、生产、贸易、交通、村寨等方面表现出特有的喜好、风尚、传统和禁忌。不同民族之间的差异使得民俗风物呈现出多样性与复杂性，为景观设计提供了丰富多彩的素材，成为人文景观资源中不可或缺的一部分。

中国民俗风物是指反映中国传统文化、民间习俗和风情的景物、建筑、器物等。以下介绍一些典型的中国民俗风物。

（1）古村落。中国各地保留了许多历史悠久的古村落，如安徽的西递、宏村，江苏的周庄、浙江的乌镇等，这些村落以其独特的建筑风格、传统手工艺和民间习俗吸引着游客。

（2）民居建筑。中国传统民居建筑具有独特的风格，如四合院、土楼、吊脚楼等，反映了不同地域的生活方式和文化传统。

（3）庙宇祭祀。中国各地的寺庙、庙宇是人们祭祀神灵、祈福的场所，其中一些庙会活动也是中国民俗的重要体现。

（4）传统节日。如春节、端午节、中秋节等，这些节日有着悠久的历史和丰富多彩的民俗活动，如舞龙舞狮、放烟花、吃汤圆等。

（5）民间工艺。包括剪纸、刺绣、木雕、陶瓷等，这些传统工艺代代相传，体现了中国人民的智慧和创造力。

（6）民间音乐舞蹈。如京剧、昆曲、豫剧等戏曲艺术，以及民间舞蹈如广场舞、古典舞等，都是中国民俗文化的重要组成部分。

（7）传统服饰。如汉服、蒙古族服饰、藏族服饰等，不同民族的传统服饰展示了丰富多彩的民族文化。

（8）民间传说故事。如《白蛇传》《牛郎织女》等经典传说，反映了中国人民的思想观念和价值取向。

（9）民间艺术。如中国的民间书画、民间木版年画、民间雕塑等，都是中国传统文化的瑰宝，反映了人民的审美情趣和生活态度。

这些中国民俗风物均展现了中华民族丰富多彩的文化传统和生活风情，吸引着世界各地的游客前来感受与探索。

3.1.2.3 乡村风光

在高度发达的旅游业中，人们对美景的追求呈现出越来越多样化的趋势。除了城市景观的吸引，乡村的田园风光、水乡景色以及古镇古寨等乡土风光也逐渐崭露头角，成为人文景观中备受关注的新兴亮点。

在崇尚自然、追求纯朴生活的审美观念影响下，人们不再满足于传统的旅游方式和景点，而是更倾向于深入乡村，返璞归真，原生态旅游成为当今备受瞩目的热门话题。乡村风光因此而成为构成景观资源的重要组成部分。乡村风光可被视为一种整体艺术表达，是自然美景与人文景观的完美融合。它以自然风光为背景，展现了人类在自然环境中为了谋生而进行世代辛勤劳作的画面。乡民们通过开垦田地、发展畜牧和渔业等方式，在漫长岁月中努力经营，这些劳动成果不仅见证了人类对环境的改造和利用，也彰显了人与自然和谐共生的生活方式。这些乡村风光所蕴含的自然之美和社会发展的内在价值，使其具备了观赏性与旅游性的独特特征，成为景观资源中地方特色鲜明的重要构成要素。乡村是人类文明的发源地之一，这里承载着丰富的历史文化底蕴，家族和宗祠文化的延续，不仅是对祖先情感的表达和传统文化的传承，更是维系家族凝聚力和社会稳定的重要纽带，承载了人们对家国情怀和文化传统的珍视和追求。在宗祠的祭祀仪中，家族成员聚集一堂，共同祭拜祖先、传承家训、弘扬家族文化，因此在传统村落中，古老的祠堂、乡土农舍、传统手工艺、古老民俗传统等构成了乡村特有的人文景观。游客们在欣赏自然美景的同时，也感受到乡村独有的文化氛围，了解了乡村居民的传统生活方式，领略到丰富多彩的地方文化。

在乡村的古镇古寨中，历史的痕迹和文化的积淀都显得尤为鲜明，仿佛时光倒流，使人们能够穿越时空，感受到乡村历史的悠久。在乡村，人们能够亲身体验到远离都市喧嚣的生活，感受到淳朴、自然的生活方式，领略到乡村风光所呈现的原生态生活方式。乡民们依然保持着传统的农耕生活，用双手耕种土地，依靠天时地利养殖畜牧，过着与自然更为紧密的生活。这种原生态的生活方式对于现代城市居民来说，是一种难得的放松和重塑身心的机会。游客们可以参与农事活动，品味乡村美食，感受到自然与人的和谐共生，体验到一种与繁忙都市生活截然不同的生活方式。原生态旅游作为当前热门的旅游方式，正是受到了这种乡村风光的吸引。在这个过程中，游客们不仅仅是观光者，更是参与者，与乡民们亲密接触，共同体验乡村的生活。

3.1.2.4 废弃地景观

"废弃地"一词是指土地科学及管理学科术语。因采矿、工业和建设活动挖损、塌陷、压占（生活垃圾和建筑废料压占）、污染及自然灾害毁损等原因而造成的不能利用的土地。废弃地景观主要指的是在国家经济高速发展和城市化进程中，迅速涌现的大量废弃工业厂房、旧器械库等废弃场地。尽管这些场地并不具备古迹的历史悠久，或许仅有数十年的历史，但它们却成为见证时代发展痕迹的独特标志。选择性地保护和改造这些场地，有助于记录下那个特殊年代、特殊产业体制所留下的影响，从而创造出能够体现和反映当代精神的人文景观。

在全球化浪潮中，诸如纽约的高线公园、德国重工业生产基地鲁尔区、伦敦的泰特现代美术馆废弃地景观设计案例，通过重新规划和创新设计，将废弃场地转化为具有文化、商业和休闲功能的新兴公共空间，为城市注入了新的活力与魅力，展现了城市再生与可持续发展的典范。

在改革开放四十多年间，中国涌现出了大量废弃地景观设计的典型案例，包括北京798艺术区、上海创意园区、南京汤山矿坑公园等。每个城市都存在工业遗存或废弃厂区，它们经过改造成为充满艺术气息的文化创意产业聚集地，为城市注入了新的活力和文化内涵，成为吸引国内外游客和艺术爱好者的重要景点，展现了城市转型发展的成功经验。

岐江公园设计项目获 2009ULI 全球杰出奖、2009ULI 亚太区杰出奖、2002 美国景观设计师协会荣誉设计奖。

岐江公园位于广东省中山市区，总面积 10.3 公顷，园址原为粤中造船厂，设计强调足下的文化与野草之美。其中水面 3.6 公顷，水面与岐江河相连通，而岐江河又受海潮影响，日水位变化可达 1.1 米。公园设计的主导思想是充分利用造船厂原有植被，进行城市土地的再利用，建设成一个开放的反映工业化时代文化特色的公共休闲场所。围绕这一主题，形成一系列公园的特色，其中生态性和亲水性是公园主要特色之一。

整体项目中设计师面临的挑战是如何在一个水位多变、地质结构很不稳定的情况下，设计一个植被葱郁的生态化的水陆边界，使人能与水亲近，使水–生物–人得以在一个边缘生态环境中相融共生。同时，这个生态设计必须是美的，只有美的生态，才能唤起使用者的认同。面对以上问题，除了解决工程上的固土护岸问题外，本设计提出了三个基本目标：即亲水、生态和优美。

针对上述问题与挑战，该设计尝试了栈桥式亲水湖岸的设计。具体做法有三点：

(1) 梯田式种植台。在最高和最低水位之间的湖底修筑 3~4 道挡土墙，墙体顶部在不同水位时可被淹没，墙体所围空间回填淤泥，由此形成一系列梯田式水生和湿生种植台，它们在不同时段内完全或部分被水淹没。

(2) 临水栈桥。在此梯田式种植台上，挑空一系列方格网状临水步行栈桥，它们也随水位的变化而出现高低错叠的变化，人们通过栈桥都能接近水面和各种水生、湿生植物和生物。同时，允许水流自由升降，而高挺的水际植物又可遮住挡墙及栈桥的架空部分。人行走其上恰如漂游于水面或植物丛中。

(3) 水际植物群落。根据水位的变化及水深情况，选择乡土植物形成水生—沼生—湿生—中生植物群落带，所有植物均为野生乡土植物，使岐江公园成为多种乡土水生植物的展示地，让远离自然、久居城市的人们，能有机会欣赏到自然生态和野生植物之美。同时随着水际植物群落的形成，许多野生动物和昆虫也得以栖居、繁衍。所选野生植物包括水生的荷花、茭白、菖蒲、旱伞草等；湿生和中生的包括芦苇、象草、白茅和其他茅草等。

初期的设计效果是卓有成效的，建成不到 3 个月的栈桥式护岸，基本实现了在湖水变化很大的状态下，仍然保持亲水性和生态性的目标，同时，精心选择的野生植物与花岗岩人工栈桥相结合，产生了脱俗之美感。而且，随着时间的推移、水际植物群落的不断丰富和成熟，生物多样性将不断提高，生态、美学效果及人与环境的黏合度也逐渐变得更加显著。但与此同时，设计方也发现，在公园前期设计中对南方雨水充沛及公园水位较高的特点缺乏充分考虑，致使公园局部排水系统不畅，部分绿地水分积聚过多而造成树木生长不良；在公园其他地区的植物配置中，一些阴生植物因没能及时得到新栽乔木的庇护，这影响了观赏效果，随着乔木层郁闭度的提高，乡土生物的多样性将日趋丰富。这也说明环境景观设计项目的实施是一个需要长时间观察与再发现的过程。针对不同地域环境下具体的分析与设计非常重要。

废弃地景观不仅是单纯的建筑翻新，更是一种对时代变迁的重新诠释。这些场地既包含了过去的兴衰沧桑，也融入了当代创新与发展的理念。通过保留原有建筑的一些特征和元素，这些改造项目成了一个个有趣的文化节点，引领人们走进历史，感受时代变迁的脉络。在这些改造项目中，设计师们常常以保护性的态度对待原有建筑，力求在保留其独特历史痕迹的同时，赋予其新的功能和内涵。通过巧妙的设计，废弃工业场地可以焕发新生，成为集文化、艺术、创意于一体的多功能区域。此类型设计不仅为城市注入了新的活力，也为人们提供了感受历史、理解时代的机会。这些项目的成功改造不仅体现了对过去的尊重，更是对未来的一种探索，为城市发展提供了新的思路和范例。

3.2　环境景观资源的评价、分类与意义

环境景观资源评价是一项复杂而综合的任务，它需要给予环境主题、主体、主线等多个方面，以便全面剖析资源的价值和潜力。景源评价是探查、赏析、判别、筛选、研判的过程，对各类景源潜力给予有效、准确的评估。因此，景源评价实质上从景源调查阶段即已开始，在调查研究中，逐步形成科学而严谨的概括提炼。为了做好景源调查，需要采取一种以景源调查为目的的应用性景源分类。景源分类既应遵循科学分类的通用原则，同时也应遵循风景学科分类或相关学科分类的专门原则，适应基础资料可以共用和通用与互用的社会需求。景源分类的具体目标主要包含多个方面。

首先，风景资源调查是获取调查区域内风景资源全面而详尽信息的关键过程，它涵盖了资源的数量、地理分布、规模大小、组合模式、成因分析、类型划分、功能特性及独特特征等多个维度。这一过程为风景资源的科学评价、旅游行业的有效管理及风景区总体规划的制定提供了坚实的数据支撑和翔实的背景资料。其次，基于风景资源调查的结果，我们能够构建起一个包含上述所有关键信息的数据库系统。这一数据库不仅是对风景资源家底的清晰梳理，还能通过与区域信息库的对接，实现信息的共享与整合，极大地促进了风景资源管理工作的科学化、精细化与现代化进程，为资源的合理开发、高效利用及有效保护提供了强有力的技术支持。最后，通过实施风景资源的定期调查与更新机制，我们能够确保数据库中的信息保持最新状态，及时反映风景资源开发利用的最新动态。这种动态监测与信息管理方式，使得旅游管理部门能够迅速获取准确、及时的资源状态信息，为区域经济发展策略的制定、旅游市场的精准调控以及旅游管理工作的持续优化提供了宝贵的参考依据，具有重要的实际应用价值。

因此，基于客观性、准确性、科学性的原则，风景资源评价一方面在真实资料的基础上，将现场踏勘与资料分析相结合，强调实事求是。采取定性概括与定量分析相结合的方法，综合评价景源的特征并根据风景资源的类别及其组合特点，选择适当的评价单元和评价指标，对独特或濒危景源，宜作专项评价（表3-2）。

表 3-2 基本区域特征调查

自然条件调查	社会环境背景调查
风景区的地理位置 地质地貌特征 气候特征 水文特征 土壤和植被特征 动物特征 环境背景	调查区的社会治安 调查区的人口 当地居民的文化素养和宗教信仰 物产情况 调查区的历史文化 调查区的民俗风情

景源调查的分类原则主要包括以下四点，这些原则旨在科学、系统地对风景资源进行分类，以便更好地进行资源评价、保护与开发。

(1) 性状分类原则，强调区分景源的性质和状态。这一原则要求根据景源的自然属性和人为特征，如地形地貌、植被类型、水体特征、历史文化遗迹等，进行详细的分类。通过性状分类，可以清晰地识别出不同景源之间的本质区别，为后续的资源评价和保护提供条件。

(2) 指标控制原则，指出特征指标一致的景源可以归为同一类型。这一原则要求建立明确的分类指标体系，通过量化分析景源的各项特征指标，如面积、高度、长度、植被覆盖率、历史年代等，将具有相似或相同特征指标的景源归入同一类别。这种分类方法有助于实现景源分类的标准化和规范化，提高分类结果的准确性和可比性。

(3) 包容性原则，指的是类型之间有较明显的排他性，但少数情况下存在从属关系。在景源分类过程中，需要充分考虑各种类型之间的界限和关系，确保分类体系的完整性和逻辑性。同时，也要认识到某些景源可能同时具有多种属性或特征，因此在分类时需要采用灵活的处理方式，如设置复合类型或子类型等，以确保所有景源都能得到合理的归类。

(4) 约定俗成原则，强调社会和学术界或相关学科已成习俗的类型应予以保留。这一原则体现了对历史和文化的尊重，认为那些经过长期实践和社会认可的类型具有其独特的价值和意义。在景源分类过程中，应充分考虑这些传统分类方式，并在可能的情况下予以保留和传承。同时，也要注意区分那些虽然流传广泛但缺乏科学依据的类型，避免将其纳入正式的分类体系中。

总体而言，景源调查的分类原则是一个综合性、系统性的框架，它要求我们在分类过程中充分考虑景源的自然属性、人为特征、指标控制、类型包容性以及社会习俗等因素，以实现科学、合理、准确的分类结果。这些原则不仅为景源调查提供了指导，也为后续的资源评价、保护与开发奠定了坚实的基础。

在环境景观资源的评价体系中，不同类型方向下的具体着眼点如下：

(1) 自然美观度。占据举足轻重的地位，它聚焦于给予观者的视觉享受与美学感受，具体考量地形起伏、植被繁茂、水体清澈等自然要素如何共同编织出令人心旷神怡的景致。这样的自然景观不仅能够激发人们的愉悦与宁静情绪，还深刻影响着周边环境氛围与人的心理状态，传递出正面的能量。

（2）生态保护价值。衡量环境景观资源不可或缺的标准，它强调资源在维护生物多样性、保障生态系统功能与自然资源储备方面所起的作用。评价时需深入探究景观作为野生动植物栖息地的价值，及其对水资源循环、土壤保护等自然过程的贡献。维护生态系统的健康，是确保地球生态平衡、促进人类福祉的关键所在。

（3）文化历史价值。对景观深层内涵的挖掘，涵盖了历史遗迹、文化传统、宗教信仰等多维度价值。这些元素不仅承载着丰富的历史记忆，还是连接过去与现在，促进文化认同与传承的重要桥梁，对于提升社会文化品质具有深远影响。

（4）可持续利用性。对环境景观资源未来发展潜力的考量，要求在旅游、休闲、教育等活动中实现资源的合理开发与有效保护，确保资源的长期存续与文化的持续传承。这一原则旨在通过资源的可持续利用，为当地社区带来经济繁荣，同时保障环境与文化遗产的完整无损。

（5）社会经济影响。这是评价过程中不可或缺的一环，它关注资源对地方经济发展的推动作用，包括吸引游客、创造就业、促进产业升级等方面，同时也考量资源利用对社区发展、居民生活质量提升的贡献。因此，对于一个景观的研究对象而言，合理规划与有效保护开发景观资源，需建立在深入了解资源属性、数量、质量及其相互关系的基础之上。通过科学的资源分类与评估，为制定既保护生态又促进发展的资源开发规划提供坚实依据，实现环境景观资源的可持续利用与社会经济效益的双赢。

合理有效地保护和开发景观资源，进行资源开发规划非常重要。这一规划过程需要解决景观资源的属性、数量、质量以及资源之间的相互关系。对景观资源进行分类是景观资源研究的基础工作之一，也是资源开发规划中首要且基础的工作。这一过程使我们能够全面、准确地掌握景观资源现状和开发利用条件，为科学地保护和开发提供可靠的依据。

景观资源的分类对于其保护和开发具有重要意义。通过分类，我们能够更好地了解景观资源的特点、潜力和开发利用方向，为保护和开发提供科学依据。同时，分类也有助于从理论上进行景观资源的研究，为区域旅游业的发展规划提供科学依据。因此，对景观资源进行分类是实现其保护与开发的重要一环。

◎ 思考题

1. 试述气象、气候条件对环境景观设计的影响。
2. 什么是人文景源？简述人文景源构成要素的类型与特点。
3. 请简述环境景观资源的评价工作的意义。

第 4 章 环境景观设计的视景处理方法与形式美规律

4.1 环境景观设计的视景处理方法

环境景观设计的
视景处理方法(1)

环境景观设计的
视景处理方法(2)

环境景观设计不仅是对景物本身的呈现，更是对景象多角度的传达。通过独特的设计方法，多种形式的处理，创造出空间或景物的多层次印象，如丰富、开阔、幽深等。这种多层次的呈现不仅还原了自然，更是对环境的再创造，其创造并赋予人们超越实际存在的印象。与此同时，古老而传统的经典经验为现代景观设计提供了启示，注重在游人心灵深处留下深刻的印记，赋予了看似平凡的自然或人工元素艺术化的生命，营造出有层次的空间环境。

视景的处理不仅带来可见美感，更传递出一种氛围和意境，提升景观的美学价值，引发深刻思考。中国传统园林以山水为基调，通过自然山水元素创造独特的景观美感，利用空间组织和元素错落有致的布局，增强景观的层次感和深度，营造出自然和谐的视觉景致。中国传统园林的视景处理理念在现代景观设计中发挥着重要作用，不仅提供丰富的设计经验，还赋予景观更深层次的意义，使其成为引发情感共鸣的动态表达。借鉴传统与发扬光大，为现代景观设计注入了独特的文化底蕴和审美价值。

4.1.1 主景与配景

《林学名词》第二版中，主景的定义为最能成为空间构图中心并最能体现绿地的功能与主体的景物；配景的定义为起陪衬和呼应主景作用的景物。在景观设计中，主景的显著性不仅取决于其体量的大小，更在于其在整个景观空间中的定位。设计者通常会将主景设置在关键位置，以确保其在整体布局中占有主导地位，或通过合理的配景和巧妙安排次要景物，更好地凸显主景的独特性与重要性。这种主景与配景的关系与对比，不仅是简单的大小对比，更涉及空间的深度、层次和纵深感的协调与平衡。在设计中，要突出主景，还需考虑周围环境的影响。适度的烘托可以使主景更加显眼，而过于烦琐的配景可能会分散注意力、降低主景的视觉效果，喧宾夺主。因此，设计者需要在主次关系的处理上把握得当，通过对景观元素的巧妙观察与组合，达到统一而多样的整体效果。

在环境景观设计中，轴线被视为设计的骨架，路径为血脉，端点则称为构成环境景观内涵的核心聚点。游人在环境中的游览伴随过程的不断深入，对这些聚景点所怀有的期待值也逐步提高，以至于当游人达到主景时，主景也成了整体游览过程中的最佳处。若在这些关键位置没有巧妙设置主景，很容易让游人感到扫兴，错失了期待的美好。反之，在聚景点处精心设置主景，将会收到事半功倍的效果，使整个景区焕发出魅力。

4.1.1.1　焦点和端点

在布局中，主轴和副轴相互交织、交叉是常见的景观设计手法。这种设计方法不仅能够利用空间透视的视觉关系增加空间的层次感和丰富度，而且使得主景的呈现更具张力和层次。这些轴线的交点或端点，往往也是布置主景的理想位置。具体而言，如果主轴和副轴在某一点相遇，这个交点往往成为设计者安排主景的理想之地。这一设计理念充分体现在法国和意大利的古典园林中，例如法国的凡尔赛宫花园、梅斯庄园、维尔萨耶花园，意大利的维拉·达斯蒂、泰沃利庄园、波比奇宫花园等空间营造已成为古典园林设计的典范。在这些古典园林中，聚景点的设置被赋予了特殊的意义，它们是整个园林结构的端点，为游人提供了极具吸引力的视觉焦点。考虑到这一点，设计者通常在轴线的端点或交点处布置主景，以最大限度地吸引参观者的目光。这种处理方式既符合观赏心理，又兼具美学效果。通过在这些关键位置精心设置主景，设计者可以在游人的心中留下深刻的印象，使整个景观更具吸引力和独特性。

知识点拓展：法国的凡尔赛宫花园中的焦点和端点设计

凡尔赛宫及其园林位于法国巴黎西南24千米处，是欧洲最大的王宫，占地2473公顷，1979年被列入《世界遗产名录》。凡尔赛宫原为国王猎庄，路易十三时建造了一个小城堡，1661年路易十四时动工扩建，路易十五时完工。在保留小城堡的前提下建筑了规模庞大的城堡、宫廷、花园在内的王宫。

游客透过镜厅的中央窗户，可以看到从水坛向地平线延伸的广阔视角。这种独特的东西视角最早可以追溯到路易十四统治之前，它被园丁安德烈·勒诺特尔开发和扩展，他拓宽了皇家之路，挖掘了大运河。1661年，路易十四委托安德烈·勒诺特尔建造和翻新凡尔赛花园，他认为凡尔赛花园和王宫一样重要。花园的建造与宫殿的建造同时开始，持续了40年左右。在此期间，安德烈·勒诺特尔与让-巴蒂斯特·科尔伯特（1619—1683）等人合作。让-巴蒂斯特·科尔伯特（1619—1683）是路易十四最重要的大臣之一，他在1661年继承了马扎林的职位，从1664年到1683年，他是国王的建筑总监,负责管理这个项目,还有查尔斯·勒布伦。在1664年1月,查尔斯·勒布伦被任命为国王的第一画家,他为大量雕像和喷泉提供了图纸。最后但并非最不重要的是,每个项目都由国王亲自审查,他渴望看到"每一个细节"。

不久之后,建筑师朱尔·阿杜安-芒萨尔被任命为国王的首席建筑师和建筑总监,他建造了橘园,并简化了公园的轮廓。建造花园是一项艰巨的任务。大量的土壤必须被转移来平整地面,建造花坛,建造橘园,在以前只有草地和沼泽的地方挖出喷泉和运河。树木是从法国不同地区运来的。成千上万的人参加了这项浩大的工程。

凡尔赛宫花园是世界著名的巴洛克式花园,以其宏伟的设计和精美的景观而闻名。焦点和端点设计是其设计中的重要元素,凸显了对称和秩序的原则。焦点设计是在花园中创造一个吸引人眼球的中心点,通常是一座雕塑、喷泉或建筑物。各种各样的水景是法国花园的重要组成部分,甚至比植物设计和小树林更重要。在凡尔赛宫,它们包括一些小树林里的瀑布、喷泉里的喷水,以及水榭或大运河里反射天空和太阳的平静水面。其中还有著名的四季喷泉(Four Seasons Fountains)、龙之喷泉(Dragon Fountain)、海神喷泉(Neptune Fountains)等。在凡尔赛宫花园中,最著名的焦点是太阳神喷泉,位于主轴线的尽头,作为花园的中心。这座巨大的喷泉以太阳神阿波罗的形象为主题,象征着太阳的力量和辉煌。端点设计则是在主轴线的两端创造出对称的景观,使整个花园呈现出均衡和谐的美感。在凡尔赛宫花园中,端点设计包括巴洛克式的雕塑、花园建筑和水池。这些端点与焦点形成了视觉上的对称,营造出壮丽的景观效果。焦点和端点设计共同构成了凡尔赛宫花园的基本布局,展现了巴洛克式花园设计的精髓。通过这种设计,花园不仅呈现出华丽的视觉效果,还体现了对称与秩序的完美结合,成了巴洛克艺术的杰作之一(图4-1)。

4.1.1.2 中心与重心

在景观设计中,空间构图的重心是设计中至关重要的概念。这个构图的重心既包括规则式环境景观空间中的几何中心,也包括自然式环境景观空间中的构图重心,它们都能够突出主景的理想位置。在确定了主景的理想位置之后,采用巧妙的手法,例如通过前后空间的调节,塑造主景的轮廓线等,进一步凸显主景的视觉效果。在配景的处理中,需要注意其与主景间的关系,从色彩、形体、视觉度等方面进行判断。优质的配景不是简单地将元素拼凑,而是在衬托主景时,巧妙突出主景的独特魅力。这种平衡和协调的处理方式使得主景能够在整个景观中脱颖而出,而不受其他元素的干扰。构图重心的选择和处理在不同类型的园林设计中都有着独特的考量。主要分为规则式与自然非规则式两类,在规则式园林中,几何中心往往是一个明显的焦点,它可以通过合理的植物布局和硬质装饰成为主景的完美陪衬。而在自然式园林中,构图重心的选择更侧重于营造一种自然而有机的布局,使主景融入周围环境中,与自然元素相互交融(图4-2)。

图 4-1　凡尔赛宫的平面与细节

图 4-2　环境景观中的中心位置与中心架构

4.1.2　前景与背景

在环境景观设计中,为了凸显主景的独特韵味,增强空间的深远感和层次性,常采用增加景物层次的手法,形成远、中、近景多层次的空间组织与布局。这一设计理念中,前景和背景都扮演着重要的角色。前景的设置不仅使景色呈现深远感,还增加了画面的层次感。它可以是不同距离、不同高度的对象,多层次的元素,点缀画面,调节构图,起到画框般的作用。

背景位于主景周围或背后,在环境景观的场景中常利用天空、草坪、水面、林间、建筑、山石等元素,通过借助背景元素的固有色彩、形体、质地等因素进行合理的组合与搭配,突出主景效果。背景色调与主景特征相对应,冷色系凸显深远感,暖色系则衬托主景。当主景强调竖向构图时,背景呈水平方向倾斜,形成对比与平衡。

在连续的环境景观空间中,前景需要随着主景的变化进行调整,保持整体构图的协调性。这种设计形成了移步异景的景象,使观者感受到连贯而丰富的空间变化。处理前景和背景时,必须遵守配景的基本原则,确保不夺取主景的视觉焦点,每个元素在整体布局中发挥独特作用,并呈现统一而丰富的视觉效果(图4-3)。

图 4-3　场景中的近-中-远景的组成

4.1.3　夹景、框景与漏景

夹景、框景和漏景,这三种典型的环境景观处理手法在景观环境中常扮演着重要的角色。

4.1.3.1 夹景

夹景的设计理念是利用周围元素,如树木、院墙、建筑或地形等,在景观轴线或透视线两侧构建一个狭长的空间。这种手法屏蔽了周围景物的干扰,将观者的视线有序地引导到主景轴线的尽头,创造出一种聚焦效果,使主景得以凸显。

4.1.3.2 框景

框景是将局部景物框起来进行画面处理的一种手法。常见的框景元素包括景窗、圆洞门等。通过构建简洁的前景,对景观空间进行局部裁剪,形成具有立体感的画面,将观者的视线有力地引导至画面的主景。框景也为主景的欣赏提供了理想的位置,扩大了空间景深,增添了景观的场景语义。

4.1.3.3 漏景

漏景是从框景发展而来的一种处理手法。它采用了半遮半掩的方式,使景物呈现出若隐若现的效果,给人一种神秘、含蓄的感受。漏景常用漏窗、花墙、疏林等元素来调动游人的兴致。相比框景,漏景更注重创造出神秘、含蓄和朦胧的效果,让游人在探索中感受景区的深邃之美。

以上这些处理手法一方面是对景观空间进行有机构图的设计,另一方面则更加关注对游人感知心理的深入了解与判断。通过合理运用,设计者可以引导观者的注意力,创造出富有创意和艺术感染力的景观作品(图4-4)。

图4-4 扬州个园中环境景观的处理手法

4.1.4　对景与借景

4.1.4.1　对景

对景是指在设计景观时，特意选择或创造一些与主景相呼应或相衬托的辅助景物，用以增强主景的效果。这些辅助景物可以是建筑物、雕塑、植物等，它们与主景相互映衬、相得益彰，共同构成了一个和谐的景观画面。对景的设置可以使主景更加突出，呈现出更加完美的视觉效果。从观看角度来看，观赏主景分正对和侧对两种情况。正对是指观察者的视线通过轴线或透视线直接指向景物的正面，而侧对则是指在观景点只能观察到景物的侧面。正对和侧对的选择直接影响观者的感受。正对观察主景的情境常常给人以庄重肃穆之感，特别适用于那些希望突出主景庄重氛围的设计；反之，侧对观察主景则更能展现主景的全面维度，其中包括元素的类型、场景的动态性和丰富的变化频率，从而构建起更加生动、活跃的画面。这两种观赏方式各具特色，设计师可针对使用者进入场景的序列、停顿点与使用方式等需求，构建满足其所需、所观、所感的环境场景画面（图4-5）。

图4-5　对景下的环境景观空间视角

4.1.4.2　借景

借景则是利用远、近环境中的自然景观或人工景观作为背景，与设计景观相互融合，以此增强景观的氛围和视觉效果。借景常利用远处的山水、湖泊、树林等自然景观，或城市中的高楼大厦等人工建筑，通过巧妙的构图和布局，将其融入景观中，起到画龙点睛的作用。借景可以为景观增添更多的情感和故事性，使其更具魅力和深度。

　　一方面，在环境景观空间的布局中，主要景物通常会被安置在交点或端点处。这样的设置不仅符合几何美学的原则，还能够使主要景物在整体布局中更为突出。另外，景观空间中迂回、曲折的道路，例如河流、水面、长廊等的转折点也常被视为对景的理想位置。通过线索性的引导，可以将主要景物与这些转折点相呼应。这种设计手法既能够引导游人在空间中产生兴趣点，也会让游人对环境流连忘返，留下较深刻的印象，也能够使整个景区呈现出一种有序而富有层次感的布局。另一方面，借景通过将远处的景物引入景观中，以丰富主景的背景，增强整体的视觉效果。借景可以利用自然的山水、远处的建筑或其他地标性元素，使主景在更加丰富多彩的环境中呈现。这种手法常能够营造出一种开阔、宏伟的氛围，使景观空间显得更有层次，更丰富。借景的成功运用要考虑到景观的地理环境和自然条件。设计者需要巧妙地选择借景点，使其与主景相互协调，形成一种和谐而自然的效果。同时，在借景中也要注意避免过度的干扰，保持主景的主导地位。合理运用借景手法，可以使整个景区呈现出更为丰富和多样的视觉体验。借景即通过景观设计有意识地创造条件，引导游客视线超越山水空间界限，将外部景物引入其中，以此来拓展景观空间的感知范围和层次感，展现出借景手法的独特魅力。借景手法的灵活性在于其可以通过多种方式进行实现。例如我们常会将层峦叠翠的高山、浩瀚的大海或广袤的草原作为背景，也会选择近处的山石肌理、花草形态等作为近景。在环境景观设计中，我们可以借助与场景相近或相关联的元素或信息。例如因时节而产生的不同景象、景物与景境。也可以借助景物的色彩基调、肌理纹样、生命状态来传递某种环境中的情绪与精神，即借景抒情的表现方式（图4-6）。

图4-6　阿尔卑斯山脉中建筑与生境所形成的借景关系

表现借景抒情的诗句:

(1)(宋)戴复古的《淮村兵后》:"小桃无主自开花,烟草茫茫带晓鸦。几处败垣围故井,向来——是人家。"通过描写花草、烟草以及废墟,抒发了诗人对逝去岁月的感慨和对生命短暂的思考。

(2)(唐)崔颢的《黄鹤楼》:"日暮乡关何处是?烟波江上使人愁。"将夕阳下的江水比喻为离别的伤感,通过自然景物表达了内心的情感。

(3)(唐)白居易的《赋得古原草送别》:"离离原上草,一岁一枯荣。野火烧不尽,春风吹又生。"借草原的生长与凋零来抒发对岁月流逝的感慨和生命的轮回。

(4)(唐)孟浩然的《夏日南亭怀辛大》:"山光忽西落,池月渐东上。"通过描写山光与池月的变化,抒发了对时光流逝的感慨。

以中国传统园林中的造景构建为例,我们可以总结为以下几种方法。

(1)借园路布局,开辟透景线。借园路的组织或景物的布局,合理规划景区的园路,巧妙布置景物,可以引导游人的视线自然而有序地延伸至景区边缘。透过这些透景线,游人可以看到远处的山川、水域或其他引人注目的景物,从而融入更为广阔的视觉体验中。这样的设计,不仅优化利用了景观空间,而且引领游人在欣赏景物的同时能够感受到更广阔的空间氛围。

(2)提高视点,扩大视野。可使游人在较高的地点俯瞰整个景区,使得远处的山水景色尽收眼底。这一手法既有助于打破景观场所的限制,又能够达到俯瞰全景的效果。在景区的高地设置观景平台、观景亭或人工地势等,可以为游人提供一个更为开阔的视觉范围,使其能够更全面地感知景区的美丽和丰富。

(3)透景漏景,扩展视域。利用建筑物上的门窗或围墙上的漏窗,将相邻景物引入景区,这是另一种有效的借景手法。这种手法能够巧妙地通过限定或开放视线的方式,使游客在景区内远眺景色。漏窗的设计可以使景区中的景物在窗口的框架中呈现出一幅独特的画面,不仅有层次感,而且使游人在欣赏主景的同时,还能感受到周边环境的变化。这样的设计不仅能够使景区呈现出开阔和立体的效果,也能使游人能更自然地观赏体验。

借景手法的灵活性和多样性使得景观设计者能够根据不同的场地条件和设计需求,为游人呈现出更丰富、多样的观赏体验。这一设计理念既是对有限空间的创造性利用,也是对自然与人文元素融合的巧妙实践,为景观艺术注入了更多的想象力和情感元素。

下面以扬州个园造景中的借景手法为例进行详细介绍。

个园位于江苏省扬州市广陵区东北隅,盐阜东路10号,曾荣获第三批"全国重点文物保护单位"和"首批国家重点公园"称号。这座清代扬州盐商宅邸私家园林,以遍植青竹而名,以春夏秋冬四季假山而胜。个园由两淮盐业商总黄至筠于清嘉庆二十三年(1818年)在原明代"寿芝园"的基础上拓建为住宅园林。个园以叠石艺术著名,笋石、湖石、黄石、宣石叠成的春夏秋冬四季假山,融造园法则与山水画理于一体,被园林泰斗陈从周先生誉为"国内孤例"。其中主要景点有抱山楼、清漪亭、丛书楼、住秋阁、宜雨轩、觅句廊等。

在扬州个园里，造景风格充满了借景手法的运用。通过周围环境的自然景物与园中建筑、景观相结合，个园营造出一种自然和人工融合的美感。

(1) 借水。个园中利用周围的水域，如瘦西湖的水资源，将湖水引入园中，形成了水面倒影的景观。湖水与园内的假山、亭台楼阁相映成趣，增添了园林的空间感和层次感。

(2) 借山。园中的假山选取不同地域的石材，借助石材的肌理、质感，营造出"春—夏—秋—冬"四景园，增加了园林的情境感与故事性。扬州个园中的假山、石径、石桥等景观与周围的自然环境相协调，使得整个园林景观更加和谐统一，展现出独特的美感和艺术价值。

(3) 借木。园中的树木也常常借用周围自然环境中的树木，如高大的古木、参天的松柏，因其繁茂的树冠和参天的树姿为园林增添了一种自然的氛围和生机。

(4) 借影。在扬州个园中，竹林是一种常见的景观元素，其茂密的竹叶与细长的竹竿会在阳光的照射下产生变幻的光影效果。阳光透过稀稀落落的竹叶，洒在墙面、地面、石上、水中，勾勒出斑驳的光影。竹叶随风轻舞，光影摇曳间，影子清晰而硬朗（图 4-7）。

图 4-7 扬州个园园景

4.1.5　藏景与障景

在中国传统园林中，藏景与障景为重要且典型的手法之一。从字面意思中我们能看出，"藏"与"障"这两个生动的词汇，会如何把景藏住、障住，又会如何通过"藏"与"障"达到什么样的目的。我们常说的"移步异景""曲径通幽"就是这样一种体现。通过营造"山重水复疑无路，柳暗花明又一村"的意境，形成"景愈深，兴愈浓"的感知。当然这也与中国传统建筑中几进式的院落与空间的功能结构有着密切的关联。因此这也给设计师提出了借助怎样的手法和要求去营造怎样适宜且舒适的景致。

藏景，作为一种含蓄的艺术手法，其目的在于通过巧妙地隐藏部分景物，来更好地凸显和展现其余部分的景致。"若山欲显其高耸，则不宜直接展现其全貌，而应通过云烟缭绕其腰际，以显其高峻；同理，水若欲显其深远，亦不宜一览无余，而应通过遮挡和掩映，断其脉络，以显其悠远。"藏景的手法常见于园林设计中，特别是那些被巧妙地隐藏在园林深处的园中园，它们往往位于僻静之地，使得游客在游览时容易错过。一般来说，藏景的手法更具艺术特色，能够激发游客的好奇心和神秘感，从而吸引他们深入探索。然而，藏景并不意味着完全的隐藏，例如亭子这一建筑元素，有时适合隐藏，有时又适合显露，需要根据园林的整体布局和设计需求来决定。

障景也称抑景，在园林中起着抑制游人视线的作用，是引导游人转变方向的屏障景物。它能欲扬先抑，增强空间景物感染力，引领观者感受一步一景、曲径通幽、层层叠叠的景观。障景有山石障、树丛或树林障等形式。在游览过程中，障景通过设置视线中的障碍物，营造一种"山重水复疑无路"的情境。而游人则会沿着障碍物的引导逐步改变游览方向，也正因为这样的过程，当游客成功绕过障碍物时，会惊喜地发现整个园景正在逐渐展开，呈现出"柳暗花明又一村"的绝佳意境，美不胜收。

障景与藏景有所不同。障景不仅是在游览过程中制造的一种"障碍"，它本身就是一景。这种景观效果在整体设计中占据着重要地位。障景的形式多种多样，其手法非常灵活。它可以是一棵树或一片树丛，也可以是一面照壁、一组雕塑，甚至是以石材组织而成的一组紧凑连续的空间。这些"障碍物"的设计和设置可根据具体情况的需要而灵活变化。在我国传统园林设计中，藏景和障景两种手法共同构建了景观的层次感和变化之美。这样的设计不仅在有限的空间里营造出绚丽多彩的风景，也为游人提供了一次深度的、令人难忘的观赏体验。

4.1.6　虚景与实景

虚景与实景强调景物的表达应虚实结合，具备一定的含蓄性，给予游人足够的想象空间。在虚与实的造景方法中，常追求一种朦胧空灵、变幻莫测的美感。虚实之景常成对出现，观者通过观察其中一个景象而引发对另一个景象的联想。在景观设计中，虚景的创造需巧妙运用各种媒介，其中包括一些固定和可变的元素。这些媒介的灵活运用使得游人在游览过程中即便未直接见到虚景，也能够产生丰富的联想，激发出各种情感。虚景的创造有多种途径，不仅局限于视觉层面，还包括基于五感的感知维度。例如，水滴滴落后产生的涟漪和滴落声、微风吹拂竹林而产生的沙沙声。用声音引发联想，激发诗情画意，这也是环境景观设计中常见的手法。嗅觉感受常通过环境景观中的植物所散发的气息传达给游人精神上的愉悦，以激发出人的内在感受。在当下技术辅助下，基于声音、影像、图形的多维合成，借助虚拟现实（Virtual Reality，VR）、增强现实（Augmented Reality，AR）、混合现实（Mixed Reality，MR）等交互技术手段实现了全新的虚拟空间模式（图4-8）。

它是一瞬间的物质形态

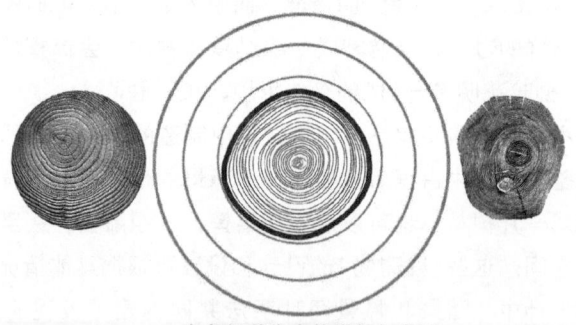

它象征着生命的增长与变迁

图4-8　虚景与实景的迭代衍生

4.1.7　隔　　景

为了丰富环境景观的视觉效果，在有限的空间内创造出层次丰富、仿佛空间扩大的艺术感，设计师常运用隔景技巧，将整体区域精心划分为多个大小不一、布局精巧的空间单元。隔景手法多样，实隔通过实体构造，如墙体等，彻底阻断视线交流，明确划分空间界限；而虚隔则利用自然元素如树木、水体等，实现空间划分的同时保持视觉上的通透与连贯，既分隔又相连，增强了景观的流动性和视觉深度。虚实结合的隔景设计，巧妙融合两种手法，如设有漏窗的院墙、曲折的走廊搭配稀疏林木等，既在视觉上形成隔断，又通过特定元素促进空间的相互渗透，增添景观的趣味性和探索性。隔景的选择与设计，深受材料特性、空间布局需求以及设计师个人审美偏好的共同影响。不同的隔景方式能够营造出截然不同的氛围和效果，既能营造出私密性强的静谧空间，也能打破空间的单调性，赋予整体景观以动感和活力。这种精心策划的隔景布局，不仅丰富了有限空间内的景观层次，还为游客带来了更加多元、深刻的观赏体验，让每一次探索都成为一次视觉与心灵的双重享受。

4.1.8　点　　景

在环境景观设计中，设计师的匠心独运与游客的个性化体验交织融合，共同编织出一幅幅多彩多姿的景观画卷。鉴于游客的多元文化背景、个人经历及游览时的情境差异，对同一景观的感知与理解自然千差万别。因此，点景作为设计师对景观精髓的高度凝练与升华，其重要性不言而喻。

点景艺术的精髓，常通过生动形象的文字与富有诗意的题咏，精准捕捉并强化景观的主题与特色，不仅丰富了景观的视觉层次与欣赏节奏，更深刻挖掘并展现了景观背后的文化内涵与情感价值。常常会利用匾额、楹联等方式呈现，实现"一语胜千言"的深远意境。它超越了对景物表象的简单描绘，而是深入其灵魂，赋予景观以生命力和故事性，使之成为能够触动人心、引发共鸣的艺术符号。

在点景的引领下，景物不再仅仅是物质世界的存在，而是转化为承载深厚情感与哲理的艺术载体，激发游客无限的遐想与感悟。这种由点景触发的艺术联想与情感交流，将景观欣赏提升到了一个超越物质、触及心灵的境界，让每一次游览都成为一次深刻的精神之旅。

4.2　形式美的基本规律

环境景观设计的目标在于协调多样形态的景物元素间的相互关系，通过不同类型的组合方法，使元素间相互融洽，共同构筑出宜人且符合需求的场所空间。那么如何巧妙地整合众多景观设计要素，营造和谐优美的空间氛围？在自然与人工环境的交融中，环境景观空间要素间形成了依存与关联。应该说环境景观设计的元素及对象不再是孤立的存在，而形成了更加丰富且精细化的感知。这种形式组成的关系，是一种人与自然之间的和谐共生。环境景观设计的核心任务之一是处理环境景观对象要素间的相互关系。设计者通过有针对性地使用景观因素，剖析其内在关联，形成整体的协调共生关系，创造出引发共鸣的环境可行性。

形式美的基本规律是设计者对于环境景观要素基础属性、形式语言、特征与特色的深入了解与熟练运用的展现。当环境景观的对象要素间形成较为合适且平衡的搭配时，整体景观空间也因此形成了适宜的美感。除了基于例如对比、对称等手法外，重要之处还在于对整体结构和空间布局的精心雕琢，使观者感知到一种令人沉浸的艺术体验。

4.2.1 多样与统一

多样与统一的对立统一关系是形式美最基本的规律，在环境景观设计中有着重要的应用。多样性体现在各种环境景物间不同形态的呈现。这种多样性源自多种因素的影响，如文化、气候、地理环境等。这种多样性激发着人们的审美情感。统一性则表现为环境景观整体与对象要素间所呈现出的整体性特征，从而给予人深刻的印象。在环境景观设计中，统一性强调各要素之间的整合和协调，而多样性则更多表现为局部的有序变化。过度追求统一性可能导致景观单调呆板，而忽视统一性则会导致景观杂乱无章、缺乏独特的特色。因此，一项出色的环境景观设计必须在保持统一性的同时，兼顾景物的多样性，以创造出既统一又多样的景观空间。多样与统一规律反映了景观设计中各要素之间的相互关系。它要求设计师在保持整体协调性的同时，赋予局部元素以差异性和独特性。设计师可以通过巧妙地结合多样统一，创造出更富有表现力和吸引力的环境景观空间，使观者在其中得到愉悦与共鸣。

4.2.2 强调与协调

环境景观设计中"强调"一词不仅体现在设计理念的明确及对于环境景观要素的重点突出，还包括环境景观空间的主次分明和各个环境景观要素之间的主次协调。这种强调和协调的结合，使得环境景观设计能够在呈现多样性的同时保持整体的统一和一致性。强调是实现景观多样统一的必不可少的途径。为了实现景观的多样统一，明确并强调设计主题变得尤为关键。这类似于一根潜在的指挥棒，能够引导整体，使各景观要素在其引导下，通过多样的形式和多种表现方式，共同表达和加强同一个主题。使用者通过多样的途径，在游览的过程中领悟到景观设计的整体意图，留下深刻印象。景观设计若只有模糊不清的主题，且各部分均受到重视，将使游客的体验感不佳。因此，在设计中，必须强调重点，注重主次之分和主从协调，才能确保使用者的情绪在有序的起伏中得到放松和享受，同时丰富多变的情节能够激发游客继续游览的浓厚兴趣。在处理环境景观各部分要素时,强调主次之分的相互协调至关重要。例如在环境景观设计中,各景观设计都应有所侧重,以确保整个空间呈现出清晰的主次关系。同时,在每个环境景观空间中,需要区分主景与次景,并使主景成为整个空间构图的核心和视觉焦点,而次景则起到烘托和陪衬的作用。在景观设计中,常以主、次景来进行区分。主景是整个空间构图的核心和视觉焦点,其他景物则处于次要地位,发挥着烘托和陪衬作用。主次相辅相成,加强了景观空间的整体性和艺术感染力。这种主次相辅相成的关系,能够加强环境景观空间的整体性、视觉度与体验感。在景观设计中,景观空间中各景区或景点的设计和划分必须有所侧重。在众多景观空间中,总会有一个在体量或高度上占据主导地位的空间,而其他空间则处于次要地位。这个主导的景观空间通常是景观序列的高潮部分和整个区域的精髓所在。

4.2.3　相似与对比

相似与对比是景观设计中常用的两种概念,用以描述景物之间的关系和差异。相似指的是景物之间在某些方面具有共性和相似之处,这种相似性可以体现在形状、颜色、材质等方面。相似关系则常带来一种和谐、统一的感觉,使整个景观呈现出一种连贯性和一致性。相比之下,对比则强调景物之间的差异性和对立性,可以通过新旧、形态、大小、颜色等方面的差异来体现。对比关系常常营造出强烈的对比效果,增加了景观的多样性和张力。在环境景观设计中,相似与对比常交替运用,以丰富景观的表现形式,使之更具价值和吸引力(图4-9)。

图 4-9　滨江公园中的主题雕塑

图 4-9 为南京市滨江公园中的一处景观节点，此节点希望通过竖向高低错落的关系，记录历年来南京遭受洪涝灾害危机时的最高水位刻度。相似的个体形态，差异性的高差，让人们在其中寻找差异，并产生对于滨江堤岸的保护与长江沿线安全性的关注，这是一个较为成功地由环境景观引发环保教育的景观案例。

环境景观空间中景物间的比较常伴随着对象间的差异而逐步产生。当差异较小时，共性大于差异，景物间呈现出和谐一致的统一氛围，两者关系即为相似关系；反之，当差异较大时，其差异性大于共性，景物关系趋于对立，两者关系即为对比关系。相似与对比实际上是景物间微小差异由量变的积累达到质变的不同程度的变化结果。因此，设计师常抓住此类型的形态与用户体验反馈的结果进行针对性的设计。以下为几种常可借鉴和利用的方法。

4.2.3.1 数量的差别

通过改变景物的数量，可以产生视觉上的不同效果。数量的增减、大小的不同都会影响人们对景物的感受。在设计中，合理地运用量化的差异，能营造出千姿百态、富有层次感的景观，为观者提供更丰富的体验。

欧洲犹太人纪念碑，正式名称为"欧洲被害犹太人纪念碑"（Denkmal für die ermordeten Juden Europas），亦称为浩劫纪念碑或大屠杀纪念馆（Holocaust-Mahnmal），是位于德国柏林市中心，勃兰登堡门之南，邻近腓特烈城的一座重要纪念设施，旨在纪念在纳粹大屠杀中受害的犹太人。该纪念碑占地 19000 平方米（约 4.7 英亩），由建筑师彼得·艾森曼（Peter Eisenman）及布罗·哈普达（Buro Happold）设计，于 2003 年 4 月 1 日动工兴建，2004 年 12 月 15 日完成建设，2005 年 5 月 12 日正式对外开放。

纪念碑由 2711 块大小不一的长方体水泥碑石（混凝土板）组成，这些碑石在一个斜坡上以网格图形排列。每块碑石长 2.38 米，宽 0.95 米，高度从 0.2 米到 4.8 米不等。艾森曼的设计旨在营造一种心神不安、缠绕不清的气氛，整体雕塑象征着一个原有秩序因人为因素而远离了人类。这种设计没有使用任何传统的象征主义手法，而是通过空间的复杂性和不确定性来表达哀悼和反思。

碑林下方设有一个地下档案展览馆，保存着从以色列犹太大屠杀纪念馆得到的约 300 万犹太人大屠杀受害者的姓名。纪念碑的建成和开放，为纪念纳粹大屠杀中的受害者提供了一个重要的场所，也成了反思历史、缅怀逝者、警示未来的重要标志。

该纪念碑不仅是一座建筑杰作，更是一个具有深刻历史和文化内涵的纪念设施。它提醒人们要铭记历史，珍惜和平，反对任何形式的种族歧视和暴行。该纪念碑已成为柏林乃至德国的重要旅游景点之一，吸引着来自世界各地的游客前来参观和缅怀。同时，它也成为学术研究、教育和文化交流的重要平台。

4.2.3.2 方向的差异

方向的差异是环境景观设计的常用手段之一。设计师通过改变景物的朝向和布置方式，考量其对人们的视线的引导，创造出动态且富有生气的空间。方向的变化可以使景观更富有变化和张力，为人们的感官带来新的刺激和体验，其中包含了从 X、Y、Z 三个维度进行的重组与思考。

4.2.3.3 形态的差异

形态的差异是环境景观设计中极具表现力的要素。通过景物形态的差异，表达出环境景观独特和个性的意境。不同形态的景物相互搭配，形成丰富的空间层次，使得整体景物更有深度。形态的变化是景观设计中展示创意和个性的有力手段。

4.2.3.4 色彩的多样

色彩的多样运用是环境景观设计中不可缺少的一环。通过差异化的环境景观对象要素间的色彩搭配，营造出不一样的质感、气氛和情绪。色彩的鲜明对比或柔和渐变，都能够为景观赋予独特的韵味(图 4-10)。

图 4-10　形态多样的商业景观空间

4.2.4　韵律与节奏

在环境景观设计中，韵律被看作一种变化，是实现多样统一的必不可少的手段。韵律是由环境景观构成中的某些元素经过不断地重复或有规律地改变而产生的。在环境景观设计中，节奏的快慢标志着要素重复的间隔大小的规律。构成韵律的重复可以呈现繁复多变，也可以简约平稳，而复杂的重复则融合了多种节奏，使构图既丰富多彩又富有层次感，呈现出充满起伏和动感的效果。

简单韵律是韵律中的一种基本形式,其特点是通过单一元素的规律重复,呈现出单纯而平稳的效果。这种韵律形式常见于对称式的园林设计中,例如古典法式花园的几何形状,其有规律的重复使整体布局显得有序和谐。

交错韵律是韵律的一种复杂形式,其特点是通过多个元素的交错排列,形成错落有致的效果。这种韵律常见于现代景观设计中,例如城市中的街道规划,建筑物与绿植的错落排列,营造出多层次、千变万化的山水效果。

渐变韵律是一种逐渐变化的韵律形式,其特点是通过要素逐渐变化的规律性排布,形成一种渐次推移的效果。这种韵律常见于自然景观中,例如山脉的远近逐渐变化,湖泊岸线的曲折起伏,创造出自然流动的景观氛围。在景观设计中,设计师可以根据场地特点、功能需求以及设计主题的要求,有的放矢地选择恰当的节奏形式。通过巧妙地运用简单韵律、交错韵律和渐变韵律,设计师能够打破单调,营造出丰富多样、千变万化的山水风光效果,使观者在空间中体验到连续而变化的美感。作为景观设计中的重要元素,节奏与韵律通过其多样性的表现形式,丰富了景观的表达方式。在今后的景观设计中,继续深化对韵律与节奏的理解,挖掘更多创新的表现手法,将为景观艺术注入更为多彩的生命力(图4-11)。

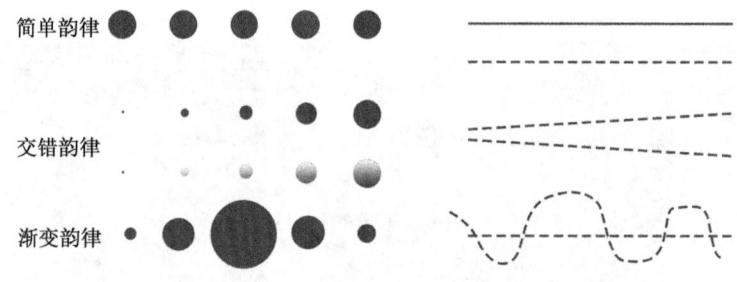

图4-11 环境景观空间要素间的韵律关系

4.2.5 比例与尺度

在环境景观设计中,比例与尺度起着至关重要的作用,是物体各部分相互对比的关键要素。保持良好的比例关系能够为观者创造出赏心悦目的视觉体验。实现良好的比例关系是一个多方面的挑战,借鉴前人的经验是一种行之有效的途径。世界各国在长时间的审美实践中积累了许多宝贵的经验,其中有黄金分割法则。黄金分割法则是一种经过验证的数学原理,通过将线段分割成两部分,使短线段与长线段的比值以及长线段与原线段的比值均为 0.618,这种比例关系被认为具有审美上的和谐感。此外,斐波那契数列比、等差数列比、等比数列等也是在审美实践中常用的比例关系(图4-12)。

它可以运动,也可以静止

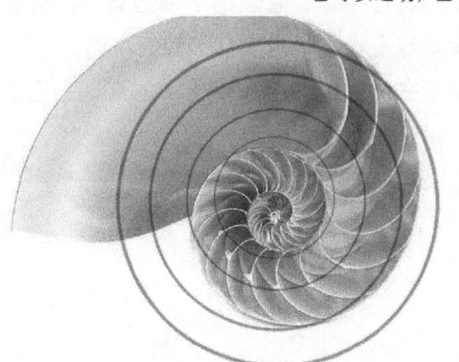

开启了我们对于美的无限探索

图 4-12　环境对象中的优美比例

在环境景观设计中,好的比例关系不仅体现在景物本身的各部分之间,同时也体现在景物之间的比例关系,主要聚焦在个体与整体的比例关系方面。这些关系属于主观的审美概念,难以用精确的数字来量化。其中,"三分法则"是一种行之有效的比例控制法则,它通过将要素的体积或面积分成 1/3 和 2/3 两部分来调节比例,以达到视觉效果的良好和谐。尺度是以人为标尺,用来描述人与物体尺寸之间的对比关系。正确的尺度感可以帮助设计师更好地把握景观元素之间的相对大小,让整体设计在近-中-远、上-中-下的横纵维度中更具层次感。

◎ 思考题

1.关于环境景观设计的视觉处理的思考练习:
(1)对于景观艺术设计而言,视景艺术处理手法的意义何在?

（2）景处理包括哪些具体设计手法？举例说明。
（3）如何突出主景？
（4）如何处理主景和配景的相互关系？举例说明。
（5）视景处理中空间层次组织的一般方式是什么？

2.关于环境景观设计形式美的基本规律的思考练习：

（1）怎样理解多样统一规律中"多样"和"统一"的关系？举例说明。
（2）如何把握景观环境的整体与局部、统一性与多样性间的度？
（3）"少"和"多"都有存在的合理性。举例说明在景观设计中，在选择形式时如何平衡好"少"和"多"的关系。
（4）景观设计过程中如何运用"强调"的设计手法？举例说明。
（5）对比作为一种重要的设计手法，它包括了哪些具体的处理方式？
（6）相似手法对于环境景观设计有什么意义？举例说明。
（7）在景观设计中，如何在考虑植物的季相特点的基础上来统筹和选择整体色彩？

第 5 章　环境景观空间中人的行为与空间秩序

5.1　环境-行为概述

环境-行为研究是关于多学科交叉领域的研究，其中涉及人类学、社会学、地理学、心理学、风景园林学、建筑学、艺术学等多种门类学科。所以关于环境-行为的研究也同步衍生出多种相关名称：环境心理学、环境-行为研究、环境设计研究、人-环境研究等。

环境-行为研究的核心是深入剖析个体在不同环境背景下的行为模式及其对环境变化的反馈，旨在为环境景观设计提供更加人性化的方案，从而创造出更加宜居和舒适的空间。细化明确关于人们活动和行为的发生时间、地点以及变化方式是环境景观设计的核心信息。通过对环境和行为的深入研究，可以全面理解人类行为的复杂情境，总结其基本特征。环境景观设计持续聚焦在人与人、人与环境空间的研究中，因此环境-行为研究是影响其设计思考与判断的重要因素之一，相关研究可为环境景观设计提供更科学、更理性的基础。

环境-行为研究致力于揭示人类在各种环境条件下的行为模式，以及对不同环境刺激下的具体反应。通过系统性的分析和观察，我们可以获取关键信息，从而为设计师提供有力的指导，确保所创造的环境能够更好地满足人们的需求和期望。环境-行为研究不仅关注人们在特定环境中的行为，还强调人们对环境的感知和反应。通过深入探讨人类对环境的主观体验，我们可以更好地理解他们的需求和偏好。这种综合性的研究方法有助于设计出更具亲和力和吸引力的环境，提升人们在其中的舒适感和满意度。通过对人在环境中的活动和反应进行更具科学性、系统性的研究，我们能够更好地了解人类行为的本质，并以此为依据创造出更具人性化、符合实际需求的环境景观设计。这种科学方法为设计师提供了有力的工具，确保他们的作品更好地服务于人们的生活和体验。

5.1.1 行为的含义

对于行为的理解，人们常会将其与身体上的动作，如走路、说话关联、与心理上的表现，如思考、情感表达相关联。通过行为，个体可以表达自己的意愿、需求和情感，同时也可以影响他人或环境。行为的表现受到个体的遗传、环境、社会文化等因素的影响，在不同的情境下可能呈现出多样化和复杂化的形式。

"行为"一词出自《荀子·非十二子》，其中这样写道"今之所谓处士者，无能而云能者也，无知而云知者也，利心无足而佯无欲者也，行伪险秽而强高言谨愨者也"。其中"行伪"，谓"举止行动"。行为是指生物体对其所处环境作出的反应方式以及个体在特定环境下所展现出的动作或表现。它是个体对外界刺激作出的反应，是心理活动与生理过程的表达。在《心理学大辞典》中"行为"的定义为有机体在各种内外部刺激影响下产生的活动。不同心理学分支学科研究的角度有所不同。生理心理学主要是从激素和神经的角度研究有机体行为的生理机制；认知心理学主要从信息加工的角度研究有机体行为的心理机制；社会心理学则是从人际交互的角度研究有机体行为和群体行为的心理机制。在心理学研究的不同时期，对行为有不同的理解。20世纪上半叶，行为主义心理学派指人或动物对刺激所做的一切可以观察和测量到的反应，并试图用"刺激-反应"（S-R）公式加以描述。人的内部心理活动也被视为一种特殊的语言行为。20世纪60年代后，大多数心理学家将内部心理活动与外显行为区别开来，试图从信息加工的角度描述心理活动的状态和过程，以此解释各种外显行为发生和发展的规律。认知心理学已能解释人的大部分以后天习得为主的智能行为，这些行为涉及问题解决、学习、决策以及直觉等方面；而那些以先天遗传为主的本能行为，则在生理心理学中得到较合理的解释。从人类的行为角度来看，行为是为了实现特定的目标和满足特定的需求。这表明行为是有目的性和目标导向的，反映了个体对环境的适应和应对能力。人的行为受到客观环境的直接影响。

个体对外界环境的刺激作出反应，这种反应既可以是对环境积极支持的回应，也可以是对环境阻碍的应对。因此，行为不仅是内在动机的体现，也是外部环境与个体之间互动的结果。人在适应周围环境后成为环境的一部分，与之相互交融形成新的环境格局。这种相互影响使得个体行为与环境的关系更为复杂，形成了一个相互依存的系统。人与环境的互动不仅是单向的，更是构建了一个相互关联的网络。这个新的环境状态将对人的行为产生多方面的影响。个体的行为不再受到初始环境的直接影响，同时也受到新环境中各种因素的综合作用。这使得我们需要更深入地了解人与环境的互动关系，以更好地预测和理解个体的行为模式。

环境、行为和需求之间的共同作用推动着环境的不断演变。人类行为相关的科学领域在这一过程中得到不断发展。通过深入研究行为，我们能够更全面地理解人类在不同环境中的反应和行为模式，为环境科学、心理学等相关领域的不断建构提供基础。行为的含义涵盖了个体对环境的动态响应，这一响应受到目标和需求的引导，同时受到外部环境的塑造。人类行为不仅是对环境刺激的简单反应，更是对周围环境适应后所形成的新环境的复杂互动。这一互动关系对于理解和改善环境、促进科学发展均具有重要意义。

5.1.2 行为的特点

行为的特点在人的活动状态中得以体现，具体表现在以下几个方面。

首先，行为呈现出空间的秩序。这意味着行为在时间上具有规律性和一定的趋势。人的活动不是毫无章法的，而是在一定的时间范围内表现出一定的规律和趋势。这种时间上的秩序性有助于我们更深入地理解人类行为的模式和动机。

其次，行为体现出空间中人流的流动性。这指的是人们从一个空间点移动到另一个点的位置变化。人类的行为不是静止不动的，而是在空间中流动、变化的。了解人流的流动性有助于研究人们在不同空间中的行为适应和迁移过程，为城市规划、交通设计等提供重要参考。

实验： 请观察在不同类型空间场景中，人们的行为习惯与所形成的行动过程。

例如，同学们可以选择火车站、地铁站这样人流量较大的空间内、外环境进行观察，观察动、静状态下人们对空间的选择与行为规律；也可以选择在办美术馆、展览馆、图书馆等公共空间环境下去发现人们在其中的移动路径方式。依次衍生出对于不同类型下人们的行为过程的记录与分析判断（图5-1）。

行为特征还体现在空间中"人"的分布上。这涉及人在空间中的占据和人对于空间的利用方式。不同的活动形式和场景属性会导致人群在空间中的不同分布，这对于规划和设计具有不同功能和用途的区域至关重要。通过进一步的观察、梳理与分析，更加精准地确定和研判人、人与人、人与空间等多种关系模式。了解人的具体行为情况，有助于优化具体设计中所涉及的环境空间布局，提高人们的舒适度、体验感和行为效率。

行为的特点与空间相对应，体现在人在活动时的心理和精神状态上。人的行为不仅是身体在空间中的运动，更涉及内在的心理和精神多个层面。了解人在特定空间中的心理状态，可以帮助我们更好地理解其行为动机和需求，为创造更适应人类心理的环境提供指导。

日本当代著名建筑师芦原义信在《街道的美学》等空间著作中，深入探讨了人、空间与行为之间的复杂关系。其中从人与空间的界定中来探讨建筑的本质角度。芦原义信认为，建筑的本质在于创造边界，区分"内部"与"外部"空间。这种边界的创造不仅定义了空间的功能性，还影响了人在其中的行为和心理感受。在内外空间的相互渗透过程中，他进一步分析了不同文化背景下内外空间的处理方式，如日本传统建筑中的木结

图 5-1　不同类型空间场景

构、梁柱结构与西方砖石结构的差异,以及这些差异如何影响空间的使用和人的行为习惯。而在具体的空间对人的行为影响中,芦原义信用通俗易懂的方式诠释了街道的尺度与人的体验。芦原义信强调,街道的尺度对行人的体验至关重要。例如,商业街的适宜宽度约 8 米,这样的尺度既能让行人轻松看到对面商铺的招牌,又保持了适当的亲切感和烟火气。他提出了"阴角"空间的概念,即内侧凹进去的空间。这种空间能给人带来围合感和安全感,促使人们在其中停留和进行各种自发性行为。芦原义信还讨论了空间层次对行为的影响,如广场作为城市开放空间,其边界的明确性和收敛性会直接影响人的使用方式和感受。当下在城市空间中人的行为是多样且复杂的,空间需要具备一定的适应性来满足不同行为的需求。例如,街道的设计应考虑到行人的行走、停留、交流等多种行为。规划者和设计师通过对人的行为模式的观察和预测,可以更好地规划空间以满足人的需求。例如,在商业街区设置休息区、座椅等设施,可以鼓励人们停留和购物。芦原义信在《街道的美学》等著作中,通过大量的实例分析和理论探讨,揭示了人、空间与行为之间的相互作用关系。他强调,空间的设计应以人为本,充分考虑人的需求和行为习惯,以创造出既美观又实用的城市空间。他还关注到了不同文化背景下空间处理方式的差异,以及这些差异如何影响人的行为和空间体验。这种跨文化的视角为空间设计提供了更广阔的思路和借鉴。芦原义信在《街道的美学》等空间著作中关于人、空间、行为的讨论，为我们理解空间设计提供了深刻的见解和有益的启示。

行为的特点通过人的活动状态在空间中得以展现。这包括行为在时间上的规律性和趋势性、人流的流动性、人的分布以及与空间相对应的心理和精神状态。深入研究这些特点有助于我们更全面、深刻地理解人类行为，为各种领域的规划和设计提供有力的支持。另外，行为还具有其他特点，例如自发性、因果性、主动性、持久性、可变性、可观察性、可测量性和目的性等。这些特点使得行为成为心理学、社会学等学科研究的重要对象，也为行为的理解和解释提供了更多的角度和方法。

5.1.3 影响行为的因素

时间因素、人群因素和空间因素是影响行为的重要因素，它们相互作用，共同塑造了人类在不同环境下的行为特征。规划者和设计师在城市景观规划和设计中，充分考虑这些因素，对于打造具有吸引力和活力的公共空间至关重要。

凯文·林奇的《城市意向》一书中关于影响人的行为的讨论见表5-1。

表 5-1　凯文·林奇的《城市意向》中的章节与内容

章　节	章节名称	小　节　内　容
第1章	环境的意象	可读性　营造意象　结构与个性　可意象性
第2章	三个城市	波士顿　泽西城　洛杉矶　共同主题
第3章	城市意象及其元素	道路　边界　区域　节点　标志物　元素的相互关系　变化的意象　意象特征

凯文·林奇的《城市意象》一书中，关于影响人的行为的讨论主要聚焦于城市空间如何被感知、组织，并进而影响人们在城市中的行为和认知。凯文·林奇将城市意象的构成归纳为五种元素：道路、边界、区域、节点和标志物。这些元素相互交织、重叠，共同构成了城市的整体意象。凯文·林奇认为，一个良好的城市意象需要具有足够的清晰度，即"可读性"。这意味着城市的各个部分应该容易被认知和理解，使人们能够轻松地分辨出从哪里来、到哪里去以及现在所处的位置。这种可读性不仅有助于减少迷路的可能性，还能增强人们对城市的归属感和安全感。城市意象中的元素不仅影响人们对城市的认知，还引导着人们的行为。例如，清晰的道路网络和易于识别的标志物可以引导人们快速到达目的地；而富有特色的区域和节点则能吸引人们停留和社交。此外，城市的整体意象还能影响人们的心理状态和行为模式，如宽敞明亮的街道可能鼓励人们外出活动，而狭窄灰暗的巷道则可能让人望而却步。城市意象不仅仅是物质

空间的反映，还融入了人们的情感和体验。不同的城市意象会激发人们不同的情感反应和体验感受。例如，一个充满历史和文化底蕴的城市意象可能会让人们感到自豪和归属；而一个杂乱无章、缺乏特色的城市意象则可能让人们感到厌烦和不安。这些情感和体验进一步影响人们在城市中的行为选择和生活方式。《城市意象》一书通过深入剖析城市意象的构成及其对行为的影响，为我们理解城市空间与人类行为之间的关系提供了宝贵的视角。它启示我们，在城市规划和设计中，应充分考虑人的需求和感受，通过创造具有可读性、特色性和情感性的城市意象来引导人们的行为和塑造城市的特色。同时，我们也应认识到城市意象是一个动态变化的过程，需要不断地进行更新和调整以适应城市的发展和变化。

实验：绘制环境空间意象地图。

可以围绕你所熟悉的空间，例如校园空间，所居住的小区空间，或者你所游玩过的空间等作为目标对象，在不限定表现方式的情况下，快速绘制出对应环境空间的空间意象地图。尝试通过绘制环境空间意象地图，让观者通过观看地图，了解你所描绘的空间对象的特征、特色与基础信息。

首先，从时间因素层面来看。在不同的时间段内，行为体系呈现出多样化的特征，而行为状态也随着时间的推移而发生变化，通常呈现出一定的规律性。个体的行为在不同时间段内会呈现出明显的特征。这种规律性体现在人们的作息时间上，形成了一种相对固定的活动模式。例如，上古先民顺应农时，通过观察天体运行，认知一岁中时令、气候、物候等变化规律，形成了"二十四节气"这一上古农耕文明的产物。二十四节气准确地反映了自然节律变化，在人们的日常生活中发挥了极为重要的作用。它不仅是指导农耕生产的时间体系，更是包含丰富民俗事象的民俗系统。这类行为的产生符合人们基本的日常需求，此类型的行为活动规律相对稳定，不容易受其他因素的干扰（表5-2）。

表 5-2　二十四节气的时间与阶段

季节	节气与时间		
春季	立春 2月3—5日	雨水 2月18—20日	惊蛰 3月5—7日
	春分 3月20—22日	清明 4月4—6日	谷雨 4月19—21日
夏季	立夏 5月5—7日	小满 5月20—22日	芒种 6月5—7日
	夏至 6月21—22日	小暑 7月6—8日	大暑 7月22—24日

续表

季节	节气与时间		
秋季	立秋 8月7—9日	处暑 8月22—24日	白露 9月7—9日
	秋分 9月22—24日	寒露 10月8—9日	霜降 10月23—24日
冬季	立冬 11月7—8日	小雪 11月22—23日	大雪 12月6—8日
	冬至 12月21—23日	小寒 1月5—7日	大寒 1月20—21日

因时间因素而引发的气候环境条件对行为产生着显著的影响，人们的行为会随着气候的变化而发生变动，这在一定的时间范围内呈现出一定的规律性。在中国，南北方地区人们对于室内外活动的时间和方式常根据地域气候、气温的差异而产生较大差别。例如，在寒冷的冬季，人们可能更倾向于选择室内活动，而在温暖的夏季则更愿意参与户外活动。这种时空规律性有助于理解人类行为的适应性与差异度，同时也有助于形成相匹配的配套设施。在特殊的时间段内，人们可能会出现一些具有随机性和自发性的行为，或者涉及特殊的社会性行为。在某些情境下，人们可能会在特殊的时间点表现出突发性的行为，这与个体的情感状态、外部刺激等因素密切相关。社会性行为在特殊时间段内也可能更加显著，例如，在特定的节假日或集体活动中，人们可能表现出一些非常规的社会行为。时间因素对行为的影响是多层次且复杂的，在特殊时间段内的行为则可能更具有变动性和随机性。在一些人为营造的空间里，如主题公园，其中的场景设置、角色互动与氛围烘托，打破了绝对意义上物理空间环境所赋予的常规行为模式。深入研究这些时间因素对行为的影响，有助于我们更全面地理解人类行为的本质，为社会科学和行为科学领域的研究提供有益的启示（图5-2）。

其次，人群作为活动的主体，其行为构成了整个环境空间内的行为体系。人群可以分为小群生态和群体生态两个层面。研究表明，当人们在公共空间中聚集时，除了有组织的会议和集会外，人际交流往往呈现出三两人群的模式，这是社会心理学中所谓的小群生态。在小群生态中，人们通常形成较小规模的聚集。小群生态的行为模式在空间关系上呈现出一定的规律性。在半公共、半私密的空间中，例如广场、街道或大型室内公共空间，更适合小群生态形成。如果局部空间适合小群活动，并且空间大小与人的密度相适应，这样的空间将显得生机勃勃，从而促使整个空间充满活力。小群生态的行为选择与空间关系在很大程度上取决于环境的特性。这种行为模式既强调个体之间的互动，

图 5-2　让人身临其境的主题乐园场景

也强调环境对小群形成和发展的影响。在小群生态中，人们的行为常受到空间结构和布局的引导，因此，在设计公共空间时，应考虑如何创造适合小群互动的环境。人群因素对行为有着深远的影响。

最后，从空间整体性的角度，行为体系在不同空间层次中呈现出多样的行为层面，可分为总体空间层次和局部空间层次。总体空间层次内的行为层面展示出整体的活动趋势和特征，但在局部空间领域内则表现出多种多样的行为层面。不同局部空间的行为可能呈现出较大差异，同时能够作为对主要行为活动的补充和支持，使整体行为活动更持久、稳定和活跃。然而，当失去支持或局部活动干扰过多时，总体空间将失去行为活动的机会，这是许多城市公共空间消极化的原因之一。因此，在局部空间之间存在着多种关系与关联，例如相互吸引的触发关系、相互排斥的干扰关系、相互平衡的相似关系等。这些关系的产生既伴随空间的属性、类型与受众而存在，也会伴随空间与时俱进的发展而发生关系间的转变。因此在空间的生长过程中，我们要关注居住空间的特点和人的需求，积极地去发现、梳理、组织整体空间的协调构建。

5.2 环境行为学相关研究成果

环境行为学强调环境对人类行为的影响，同时指出人的行为也会对环境产生影响并改变环境本身。环境行为即人在特定环境下，受到该环境刺激而产生的生理、心理反应以及行为的变化，包括外显的活动和内在的情感、态度、认知等多个方面。在日常观察中，我们经常能够看到，人们受到主观因素的驱使，产生在特定环境景观中完成一系列行为活动的动机。而这些环境景观则会反作用于行为的主体，不仅可能促进或抑制这些行为的发生，甚至还可能引发未曾预料的其他行为。因此，研究人员通过实验发现在不同环境景观中人与人群的行为心理和感知规律相呼应，了解不同人群在不同动机下行为发生所需要的特定环境，即特定的空间形式、要素布局和形象特征，这对于景观设计师开展更加科学而精准的环境景观建造而言至关重要。

环境行为是指个体在受到周围环境的影响时，展现出的一系列生理、心理和行为上的变化。这包括显性的外在活动，如步行、交流等，以及内在层面的情感、态度、认知等方面的调整。人们在不同环境中的反应是多方面、复杂而独特的，取决于环境的特征、个体的特质以及二者之间的相互作用。环境的刺激会引发身体、生理方面的反应，如心率、呼吸等变化，同时也影响到心理状态，包括情感的涌现、态度的形成以及认知水平的调整。这种环境引起的变化既可以是即时的、显著的，也可能是长期的、逐渐积累的。在不同的环境中，人们可能表现出积极的、愉悦的行为和情感，也可能呈现出消极的、压抑的反应。环境行为的研究有助于深入了解人类在不同背景下的适应性和互动模式，对于创造更适宜、更人性化的环境，提升人们生活质量具有重要的指导作用。

在特定的环境景观中人们常展现出丰富的行为动机，受到主观因素的驱使。环境景观不仅是静止的背景，更是具有深刻影响的动态因素，它们对个体行为产生着反馈，不仅能够促进或抑制特定行为的发生，甚至还能引发出许多意想不到的行为过程与结果。这种相互影响构成了环境与人行为之间复杂而精妙的互动关系。在不同的环境景观场所，研究人们的行为心理和感知规律成了理解不同人群在不同动机下行为发生所需环境的重要途径。这包括空间形式、要素布局和形象特征等方面的因素。景观设计师在环境景观设计中扮演着关键角色，通过精心构思和设计，为人们提供最符合其功能需求的适宜场所。这种设计不仅关注美感和艺术性，更注重提供实用性和符合人类需求的空间。

研究发现，人们在城市公共空间中的聚集趋势及基本行为与相关支持之间存在强烈的共性特征。这表明无论人们来自何种背景和文化，都可能在类似的空间中展现出相似的行为模式。这种共性特征可能是对基本的生活需求和社交欲望的一种普遍性回应，也可能受到了相似环境刺激的影响。人与环境之间的相互作用是一场复杂而细致的过程。通过深入研究不同环境中人们的行为，景观设计师能够更好地满足社会的多元需求，创造出更具吸引力和实用性的公共空间。这不仅提高了城市空间的品质，也有助于促进社会的互动与共融。城市开放空间的环境景观设计旨在打造人性化场所，为人们在工作、学习之余提供放松心情、减缓压力、增进交流的场所。在此类型空间中，人们通常处于一种返璞归真的放松状态，其反应和行为更多受到人类需求本能的驱使。环境行为学强调了人与环境之间相互影响的复杂关系。通过深入研究不同环境下的人类行为，设计者能够更好地满足人们的需求，创造出具有人性化、吸引力和实用性的公共空间。促进城市空间发展，提高人们对周围环境的舒适度和满意度。

5.2.1 马斯洛的需求层次理论

根据美国心理学家亚伯拉罕·马斯洛（Abraham Maslow）的研究，他于1943年发表的《人类动机理论》中首次提出了需求层次论。这一理论认为，人类的需求可以按照重要性和层次性进行分类，这些需求对个体的行为产生直接影响。马斯洛将需求分成了五个层次：生理需求、安全需求、爱与归属感需求、尊重需求以及自我实现需求（图5-3）。

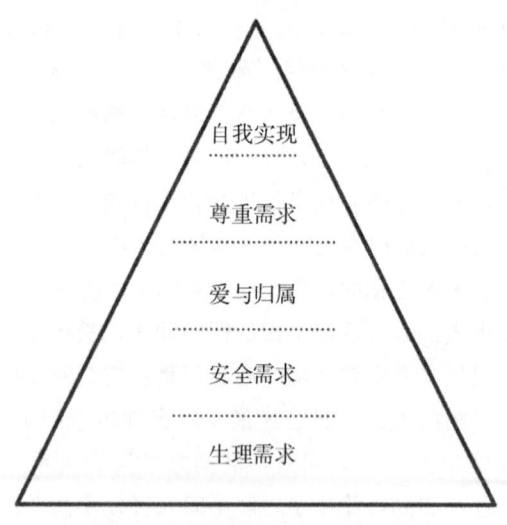

图5-3 马斯洛的需求层次论结构图

（1）生理需求。这些需求包括个体生存所必需的基本需求，如食物、饮水、住所和健康等。

（2）安全需求。这些需求包括心理上和物质上的安全保障，如避免自然灾害的侵害、防止盗窃和威胁、预防事故以及获得工作和职业上的稳定。

(3) 爱与归属感的需求。人是社会性动物，需要通过社交获得友谊、爱和在群体中的归属感。这种社交需要彼此之间的同情、互助和赞许，同时还包括人们对于熟悉的工作和生活地区的归属感和依恋。

(4) 尊重的需求。包括被他人尊重和对自我价值的内在认同。人们渴望被他人认可、重视和尊重，并且希望自己也能够确立自己的内在自尊心。

(5) 自我实现的需求。这个层次指的是通过个人努力实现对生活的期望，并深刻体验到生活和工作的意义。这一层次使一个人达到个人成长和个体全面发展的顶峰。马斯洛的需求层次论认为，人类的需求是内在的、天生的、下意识的存在，而且是按照一定顺序和优先级发展的。已经满足的需求不再是激励因素，只有当较低层次的需求得到满足后，人们才会追求更高层次的需求。

5.2.2 环境可供性理论

心理学家詹姆斯·吉布森（James Jerome Gibson）于20世纪70年代提出了环境可供性理论（affordance），该理论旨在研究人的行为与环境之间的关系。该理论的产生源于生态知觉理论，该理论为理解人类如何感知和理解环境提供了新的视角，特别是在心理学、认知科学和神经科学等领域产生了深远影响。吉布森认为，知觉是一个直接的过程，人们可以直接从环境中获取信息，而不需要依赖于先前的学习或经验。这与传统的知觉理论形成对比，后者往往强调知觉是基于内在的心理过程和认知结构的。他强调了环境中信息对于知觉的重要性。吉布森提出了"optic array"（光阵列）和"optic flow"（光流）的概念。光阵列指的是从某个视点看到的所有物体的视觉呈现，而光流则是指由于移动而产生的视觉变化。这些信息为人们提供了关于物体、表面、深度和运动等方面的线索。人们通过利用环境中的信息来指导行动。吉布森认为，这种利用信息的能力是先天具备的，不需要后天学习。例如，人们可以通过视觉信息来判断物体的距离和形状，从而进行有效的行动。生态知觉理论强调了知觉与环境的适应关系。知觉系统是进化过程中形成的，其目的是帮助生物体在特定环境中生存和繁衍。因此，知觉过程与生物体的生存需求紧密相关。吉布森提到，我们通过感知环境来行动，同时通过行动来感知环境，这揭示了感知和行为之间的紧密联系和相互作用。当我们感知到环境中的可供性时，我们会相应地采取行动。在行动的过程中，我们通过视觉、听觉、触觉、嗅觉和味觉等五官感触来感知环境，并在这个过程中发现新的可供性。多年以来，许多学者根据不同的分类标准对可供性进行了广泛的研究（图5-4）。

可供性水平可划分为三个层次，即被感知的可供性、被使用的可供性和被塑造的可供性。

被感知的可供性描述了物体如何"邀请"或"暗示"我们进行某种行为。这个概念强调了我们与环境的直接互动，以及这种互动如何基于我们对环境特性的直观理解。例

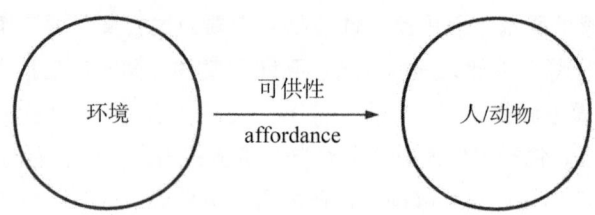

图 5-4　可供性关联图

如，当人走进一栋建筑，看到一扇关着的门，门上装有一个圆形金属门把手。这扇门的门把手的形状、大小、位置和材质，共同构成了一个清晰的可供性，即它可以被旋转或拉动以打开门。你不需要阅读任何说明或进行复杂的思考，仅凭视觉上的直观感知，就能理解这个门把手的用途。于是这一过程产生出你会自然地伸出手，握住门把手，然后根据门把手的旋转或拉动机制，打开这扇门。

被使用的可供性物体或环境在实际使用过程中，为个体提供的具体行动机会或能力。这些可供性是基于物体或环境的物理特性以及个体对这些特性的感知和理解。可以表示个体利用某物的能力，尤其是发现物体有益、实际用途的能力；例如当某人身处一栋建筑的内部，他需要前往更高的楼层。此时，你注意到前方有一段楼梯，楼梯由多个台阶组成，每个台阶都具有一定的宽度、深度和高度，且排列整齐，形成了通往楼上的通道。基于楼梯的物理特性，包括台阶的排列、宽度、深度和高度，共同构成了一个明显的可供性，即它们可以被用来行走和攀爬，以到达更高楼层的目标。这种可供性是直接可感知的，因为楼梯的设计和排列方式清晰地传达了它们的用途。因此基于这种可供性的感知，大多数人会自然地迈出步伐，踏上楼梯的第一个台阶，并按照台阶的排列顺序一步步向上攀爬，直到到达你想要去的楼层。

被塑造的可供性是指物体或环境在特定情境下，通过设计、改造或创新等方式，被赋予或创造出新的行动可能性或功能。这种可供性不仅基于物体或环境的物理特性，还涉及人为的干预和创造。允许个体在现有环境基础上为环境或其中的元素创造新形象或创新。环境中存在各种可供性，但并非所有都会被感知。对于不同个体而言，相同环境元素可能提供不同水平的可供性，未被感知的可供性称为潜在可供性。随着个体对某一环境的感知机会增加，他们将发现更多环境可供性。例如在公园设计中，长椅是常见的休息设施。传统上，长椅的主要功能是供游客休息和坐憩。然而，通过设计师的创意改造，公园长椅可以被塑造出更多的可供性。例如在一些公园里长椅被重新设计，除了基本的坐憩功能外，还融入了太阳能充电板、USB 充电接口和无线音响系统，满足了人们的更多需求可能。同时通过加入太阳能充电板，为公园内的游客提供绿色、可持续的充电方式，使他们在休息的同时可以为手机等电子设备充电。这一设计赋予了长椅新的功能可供性，即作为充电站使用，解决了都市人群经常因为手机没电而焦虑的常态。当然与此同时我们可以为椅子增加更多组合的功能。游客在公园内发现这样的长椅后，可能会选择在这里休息并同时为电子设备充电，或者连接音响系统享受音乐。这种改造后的长椅不仅满足了游客的基本休息需求，还为他们提供了更多样化的服务体验。因此我们会发现，通过这样的可供性的模式，我们不但优化了景观与人的关系，同时还进一步触发了关于景观设施、景观种植、景观服务等更多专业领域的多维思考与创新。

总体而言，环境可供性理论的运用，聚焦于环境的属性与行为者的行为能力两个方面。其中不论是从客观性还是主观性角度，可供性的分析存在多种多样的组合、可能与结果。因此基于可供性的主体关系逻辑，将形成更具环境与人共思视角下的设计讨论与创新（图5-5）。

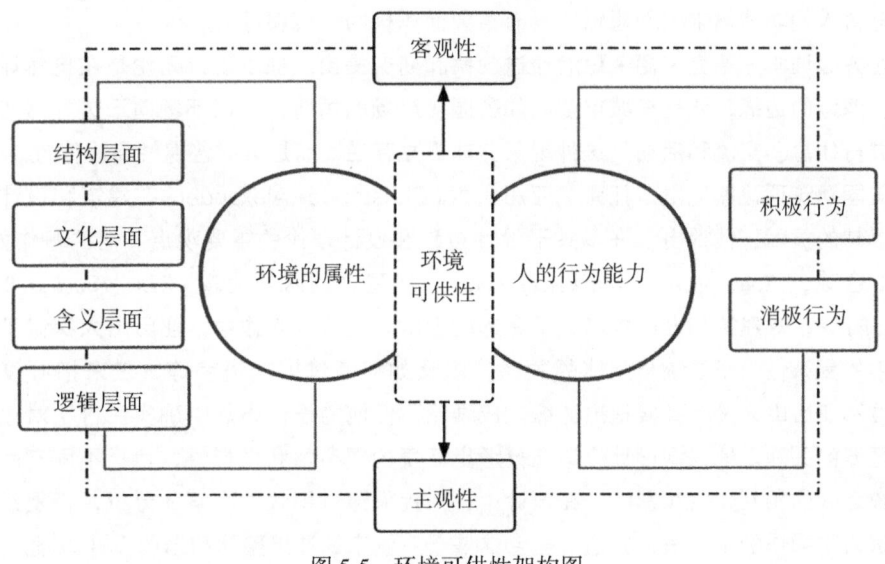

图 5-5　环境可供性架构图

> **思考：**
>
> 在我们身边的环境景观空间中，哪些设计成果具备了环境可供性理论的支撑？从我们每个人的生活经历和观察而言，你觉得有哪些是可以进行进一步的设计与创新的？

5.2.3　边缘效应理论

心理学家德克·德·琼治（Derk de Jonge）提出的边缘效应理论，主要关注的是人类在空间环境中的行为和心理倾向，尤其是在公共空间和社交场合中的行为模式。边缘效应理论指的是人们倾向于在空间的边缘区或过渡区进行公共活动和交往的现象。这种倾向源于人类对于安全、观察与交往距离的心理需求。边缘区域作为两个或多个不同空间的交界处，提供了独特的心理环境，既便于观察，又保持了适当的距离感。例如，人们在公共空间场合的偏好方面，如餐馆、公交车、火车、休息室等，普遍倾向于选择靠窗或边缘的位置。从人们选择的结果来看，边缘区域提供了良好的观察视角，同时保持了与他人的适当距离，满足了人们既想参与交往又希望保持个人空间的需求。在边缘区域，人们可以减少与他人的直接接触，降低冲突的可能性，从而获得安全感。同时，边缘位置也便于观察周围环境，保护个人隐私。从边缘效应理论的角度来看，一个吸引人的景观场所必然是一个充满活力的地方。研究表明，人们在某一场所聚集的行为具有显著的共性。深入了解这些吸引人群逗留的场所的共性特征以及相关的心理需求，对于打造最符合人们功能需求的理想场所具有重要而积极的价值和意义。

西方心理学家德克·德·琼治通过观察和研究提出。他发现，无论是在自然环境如森林、海滩的边缘，还是在城市空间如公园、广场的角落，人们都倾向于选择这些边缘区域进行休息、交流和活动。这种现象并非孤立存在，而是具有普遍性和规律性。

美国建筑理论家克里斯托弗·亚历山大（Christopher Alexander）在建筑和设计领域有着卓越的贡献，他提出了许多关于设计过程和设计理论的重要观点。他的著作如《论形式的合成》（Notes on the Synthesis of Form）和《建筑的永恒之道》（The Timeless Way of Building）等，对建筑和设计界产生了深远的影响。在这些著作中，亚历山大探讨了设计过程中的复杂性、子系统与整体的关系，以及如何通过模式语言等方法来指导设计实践。虽然亚历山大没有直接提出边缘效应理论，但他的设计思想中确实包含了对边缘和过渡区域的关注。他强调设计应该充分考虑环境的复杂性和多样性，包括不同空间、不同系统之间的相互作用和影响。在设计中，他提倡通过细致的观察和分析，将复杂的问题分解为可操作的子系统，并通过整合这些子系统来创造出整体和谐的设计方案。

城市环境景观设计的核心在于深入理解和满足人们多样化的活动需求与行为支持，从而提升公共空间的品质与活力。这一设计理念围绕"人"展开，旨在通过优化物质环境来促进必要性、自发性以及社会性活动的发生与持续。根据丹麦建筑师扬·盖尔（Jan Gehl）的户外空间理论，人的户外活动可以被划分为三种类型：必要性活动、自发性活动和社会性活动。这三种类型的活动对于物质环境的要求存在显著差异。必要性活动主要包括工作、上学、购物、等候等日常任务；自发性活动是指人们的娱乐、休闲、散步、驻足等，这类活动依赖于外部物质条件的支持；社会性活动则指在城市公共空间中依赖于他人参与的各种活动，如交谈、打招呼、进行游戏等，还包括仅通过视听来感知他人的被动式接触。研究发现，缺乏对行为的支持和良好的物质环境，会阻碍甚至扼杀潜在的各类活动；相反，充足的行为支持和良好的物质环境设计则有助于创造更广泛的活动条件。

如果散步路线因道路设计过于笔直或单一，就会使步行活动变得乏味。主要步行道应设计得平缓,适合人们步行,而其他小径可以采用适当粗糙质感的路面材料,并引入适度的高差变化。蜿蜒曲折、充满变化的散步道可以使步行更加有趣,让人感到愉悦。伊丽莎白·伯顿在其《包容性的城市设计》一书中就谈到在英国当地的社区中,因为街道设计过于笔直,以至于老年人常会担心被撞到,没有安全感。同时也因为道路工程设计缺少变化,过于相似,差异化不足,导致很多老人容易迷路(图5-6)。

图5-6　社区中老年人的生活空间

在调查中,伊丽莎白·伯顿团队通过询问老年人外出时是否有任何困难(表5-3),将他们所反馈的答案划分为五种不同的类别(按比例多少的降序排列)。

表5-3　老年人外出所遇困难调研[①]

困难	比例(%)
无困难	40
步行障碍	25
担心跌倒	23
穿越马路困难	10
担心走失	2

与此同时,在街道空间中,因街道尺度的设计,也直观带来了人们的生活习惯、活动方式与活动类型的差异。以芦原义信所撰写的《街道美学》中所描述的欧洲城市与亚洲

---

① 数据源自:伊丽莎白·伯顿,琳内·米切尔. 包容性的城市设计[M]. 北京:中国建筑工业出版社,2018.

城市的对比中，通过黑白反转分析了建筑与街道空间的占比关系，得出欧洲的街道相比亚洲的街道形式更加丰富，公共空间形式更加多样，其中包含了开敞空间、半开敞空间，大-中-小等不同类型的公共空间。以意大利为例，人们认为街道是"家"中客厅的延续，因此街道中常见公共休憩行为。这里包含了选择休息地点时有了更多的选择类型，在小尺度空间中创造了明确的休息场所，满足了人们对领域感的需求，同时为较长时间的逗留提供了显著的行为支持。在意大利街头，很多建筑不但有风雨廊可以满足人们不同季节的户外使用，同时还提供了小憩、交谈、聚餐的空间。在这一过程中，人们实现了交往和观看他人等活动，这些活动成了当地居民和游客在闲暇时刻迫切需要的社交元素，形成了备受青睐的环境空间(图5-7)。

A 美国纽约；B 德国柏林；C 中国上海；D 日本东京

图 5-7　城市街道空间平面构成

5.3　人在环境景观中的感知规律

在环境景观中，人们通过视觉、听觉、嗅觉、触觉、味觉等全方位的感知，综合产生对环境景观的整体感受和印象。美国心理学家詹姆斯·杰尔姆·吉布森(James Jerome Gibson)将感知分为五个系统：第一，视觉感知系统，是人体对环境主要的感知方式，受光的影响最为显著；第二，听觉感知系统，将人对空间的体验和理解连接起来，不同音效引发不同情绪，影响行为选择和对空间的理解；第三，嗅觉-味觉感知系统，通过气味传递给大脑，激发兴奋，加强个体对环境的关注和记忆；第四，触觉感知系统，可感知物体的重量、肌理、密度、温度等特性；第五，方位感知系统，依赖于其他感知系统的综合判断，明确方向和个人位置（图5-8）。

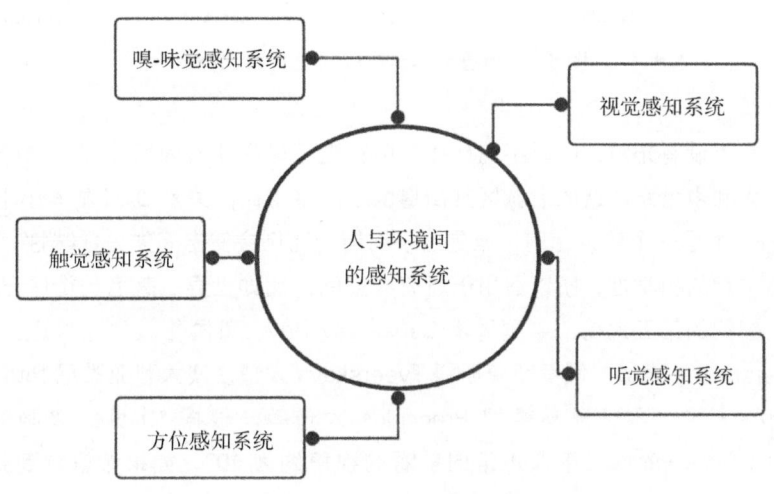

图 5-8　人与环境间的感知系统

有学者也提出另一观点，认为人对环境的体验可通过三种感知方式获取，包括对基于视知觉下形体环境的直观体验、时空感知在环境中运动的体验、逻辑感知对环境体验而产生的推理和联想。这三种方式相互交织、相辅相成。在探究环境景观设计中人体感知规律的过程时，不仅需要考虑尺度、速度、视距、视角、形态、轴线、色彩、材质等因素，还应充分体现多感官的综合作用，以全面了解人在环境中的感知体验。

5.3.1　人-建筑-街道空间

根据芦原义信在《街道美学》一书中所说，假设街道的宽度为 D，建筑外墙的高度为 H，那么一般情况下当 D/H>1 时随着比值的增大而会失去空间的聚合感觉，空间变得过于空旷而使得在其中的人感到一种迷离感和远离感，当然这样的感觉如果当比值扩大到一定的大小也就变成了一种宽阔感和气派的感觉，这种微妙的变化是很有趣的。通常情况下，设计者会在街道中间布置休憩空间或设置大型的广场等（图5-9），以缓解空间的离散性。

当 D/H<1 时会随着距离的缩小产生接近感和包容感，但是随之如果过小则会产生紧促感和压抑等不舒适感，这样的建筑距离不能满足日照的需求，常年阴湿，比如在意大利很多城市的房子大多是如此，如老城区内大多数的建筑都是处于街巷之中，街道的

图 5-9　街道与建筑空间尺度关系比例

宽度很窄，常年没有光照，所以不论是在其中行走还是在建筑内居住都会觉得有一点不舒适感，意大利中世纪建造的老城区其街道的空间平均比例关系 D/H 基本小于 0.5 或等于 0.5；D/H=1 是一个转折比例，但是过于均衡的比例会使空间失去趣味性，这样的比例关系具有一定的科学性，所以适用于所有的空间，比如世界上著名的街区巴黎的香榭丽舍大街、纽约的第五大街、中国香港 Causeway Bay、英国伦敦牛津大道、德国慕尼黑 Kaufingerstrasse 大道、俄罗斯莫斯科 Tveerskaya 大道、澳大利亚悉尼 Pitti 大道、日本东京 Ginza 大道、西班牙马德里 Preciados 大道等。根据 19 世纪德国建筑师 H. Martens 的见解，一般情况下人正常向前看的视角约为 40°，如果希望看到整个建筑，那么 D/H 的比值一般等于 2，也就是仰角大小在 27°左右，这样就能欣赏到建筑的整体，从图 5-10 中可以看出香榭丽舍大街的街道尺度与建筑的高度属于 D/H>2 的比例关系。所以在街道内部设置了大空间的广场，周边空间相对开阔，人们无论从近处还是远处都能很清楚地看到周边建筑的全景，而美国第五大街的空间比例则属于 D/H 小于 1 的情况，建筑体量较大，所以人在街道中基本没有办法完整地看到建筑的全部。在中国，城市的空间构成关系与地域性有着很大的联系，中国北方城市的街道空间一般都大于南部的城市，这是由区域纬度、温度和日照等原因导致的。其次，北方的城市因为地域的不同，建筑体量和建筑材料选用的不同，使得北方城市建筑形式比南方建筑更显得粗犷、高大。如北京的故宫、天安门广场。而南方城市的风格则以精致著称，如南京民国时期的砖墙建筑、苏州的古典园林建筑等。随着城市的快速发展，钢架混凝土建筑的大量建设使得城市之间的可识别性越来越小，如城市空间的尺度、大量的历史建筑被拆除，会使城市空间变得缩小。街道的宽度和建筑的高度比例在无形中形成一个城市特有的空间印象，既有城市的空间关系，也包括城市天际线的形成，当这个比例紊乱时，这个印象也就越来越模糊不清（图 5-10）。

从街道的宽度 D 与建筑外墙的高度 H 的比值变化所带来的感知变化，可以发现尺度在感知上扮演着至关重要的角色，影响着人们对环境的认知和体验。人类的视觉和听觉感知占据了绝大部分感官获取信息的比例，这也意味着我们对外界的了解主要依赖于视听。然而，我们的感知和行为受到一系列限制，比如感知范围的局限性以及行动能力的有限性，还有持续行走的距离。因此，尺度对于我们理解世界以及在其中行动至关重

(a) 香榭丽舍大街平面图　　(b) 香榭丽舍大街视点分析　　(c) 美国第五大街

图 5-10　世界著名街道与建筑空间尺度关系分析

要。研究发现，人类的感知在不同感官方面存在着特定的极限范围。比如，从嗅觉感知角度，嗅觉感知极限在 2~3 米内，而听觉感知在 7 米以内表现出较高的敏感性，超过这个范围则难以进行正常对话，演讲活动的极限距离为 35 米。从视觉感知角度，20~25 米的空间尺寸被认为是创造亲切感的尺度，110 米的尺寸涉及场所感，而 390 米的尺寸则用于形成领域感。从视觉感知角度，考虑到人眼的正常结构，在头部不转动的前提下，视域的垂直明视角为 26°~30°，水平明视角为 45°。当视角超出这一范围时，就需要转动头部或眼球来扩大视域。研究表明，同一景物在不同的观赏视距和视角下会传递给人不同的信息和感受。例如，当仰视角为 45°，即观赏视距为一倍景物高度时，只能看清景物的局部，但对景物的细部观察相对清晰；而当仰视角为 27°，即观赏视距为两倍景物高度时，基本能看清景物的整体；最后，当仰视角为 18°，即观赏视距为三倍景物高度时，可以清晰地看到景物的全貌以及其与周围环境的关系。此外，还存在一系列与人的生理参数相关的尺度，如个人距离、社交距离、公共距离和隔绝距离等，这些参数在景观规划中提供了有益的参考，有助于创造出符合人类感知特点的设计。视距、视角和感知在景观设计中具有关键意义。每个空间中的景物都有一个最佳的观赏面和观赏角度，因此景观设计需要适当的赏景视距和视角，以达到最佳的视觉效果。设计师可以合理地参考参数数据，以此为依据，根据预先构想的空间氛围提供相应尺度的空间围合物和主要景物，以建立良好的尺度感，创造出适宜的景观空间。

　　因此，在具体的设计中，如果要突出展示某一重要景物及其在环境中的位置、整体及细部，就应考虑在该景物高度的一至三倍距离处设置供人们逗留的空间。同时，可以考虑从不同的平面角度设置观赏点，以达到步移景异的艺术效果。这样的设计理念有助于观者能够在不同的角度和距离下全面感知景物，提升整体观赏体验。

　　实验：结合个人的空间体验，描述在不同环境距离与空间高度关系下的场景感受。可以选择图片进行对比说明，例如环境所带给我们的平静和舒适感、高大和宏伟感、崇高和威严感等。

5.3.2 形态-材质-感知

形态是指物体的全因素特征，它包含了有形的要素和无形的要素。有形的要素主要包括物体的形状、色彩、肌理、数量、尺度、方位、动静以及空间限定等；无形的要素主要包括情感、意义、机能构造等。

形式美法则是造型的组合形式和设计原理，在艺术创作中具有普遍的指导意义，任何造型设计都离不开对形式美法则的运用。形态的组合是构成学的基本任务，它体现了现代设计最普遍的原理。

形态要素是构成环境景观设计中的关键单位，主要包含了点、线、面等要素构成的景观空间和景物实体的二维或三维外轮廓形状和形态。形态不仅是物质的外在表象，更蕴含能够触动人心的意蕴和情感状态。通过对可感知的材质要素构建成富有情趣的形状，景观形态能够把握人们在外部公共空间活动中对景观形态的感知规律，从而创造出充满人性化的艺术空间，激发人们的愉悦感和美感。关于景观空间的形态研究，因其大部分以外部的开放空间为主，因此从整体平面的布局而言，设计师常对其二维平面形态进行规划，形成较为合理的空间布局。同时从纵向三维维度，竖向生成，配以符合设计主题和空间氛围的垂直要素，包括尺度、形态、色彩、材质的处理，以及局部顶面的设计，从而完成景观空间形态的构建工作。通过多种维度下构建、创造出丰富而引人入胜的环境景观空间，使人们在其中产生愉悦感和美感体验，这也形成了环境景观设计的核心。

在景观空间的形态研究的具体形式上，景观形态可分为几何形态和自然形态两大类。几何形态是由一系列直线、规则曲线等组合构成的二维或三维形态。这一类形态又可分为规则几何形态和不规则几何形态。规则几何形态包括正方形、三角形、圆形、六边形等，具有对称规律的二维或三维形态及其组合形态。相对于规则几何形态，不规则几何形态则呈现出不对称的特性，展现出更多的组合自由度。几何形态向人们传递了力量、坚定、强硬、导向等信息。自然形态则是大自然中常见的形态，呈现出不规则的线条组合，传递给人和谐、松弛、自然、神秘等感受。

在环境景观设计中，几何形态和自然形态的运用能够创造出独特的空间氛围，让人们在其中体验到不同的情感和意境。设计师应该根据景观场所的特点、所存在或可利用的环境景观要素设计主题和用户需求，灵活运用不同形态，并考虑形态的比例、尺度、布局、结构以及与周围环境的协调性，以达到景观设计的目标。同时，设计师还应该注重人们在环境中的感知和体验，通过形态的合理设计，引导人们的视线流动，营造出丰富而具有吸引力的空间体验。

在景观设计中，景观轴线是一系列景观要素聚集在某一线性要素两侧，形成强烈的线性空间，使各种景物呈现有组织、序列化的变化。景观轴线通常具有非常正式的形式感，常与对称手法结合使用，展示权力、等级、威严等元素，从而使景观场所的各要素产生紧密、服从和向心的感觉。景观轴线的端头通常设有对景物作为视觉焦点，轴线本身可以是有形的，例如林荫大道、视线通道等。在景观场所中，轴线连接着一系列最重要的景物，发挥着强烈的视觉引导作用，引导人们按照设计师的预期逐一体验时空的美妙（图5-11）。

图 5-11　意大利威尼斯广场的中轴线空间

基于形态与前期的构建基础，在环境景观设计中附加材质是至关重要的一环。材质不仅直接影响着景观空间的外观，更深层次地影响着人们对环境的感知和体验。通过对材质和色彩的合理运用，设计师能够塑造出具有独特氛围和情感体验的景观空间，从而创造出令人愉悦、舒适和富有美感的环境。首先材质是构成环境景观空间的物质基础，直接影响着人们的视觉和触觉感受，从而塑造出特定的空间氛围和情感体验。不同的材质具有不同的物理特性与质感感知，因此选择不同的材质会带来截然不同的感知效果。材质的属性涵盖了原始和人造、坚硬和温软、粗糙和光滑、流动和固态等方面，而这些属性与人们的感知和情感体验密切相关。人们会根据环境景观空间的主题需要匹配合适的材料。我们可以从材质的多种属性角度进行剖析（见表5-4）。

表 5-4　不同材料类型与其感知反馈

材料类型	相关感知与反馈
石材	坚硬耐用，纹理独特，自然美观，色彩丰富
木材	温润质感，纹理自然，轻质强韧，易于加工
金属	坚硬耐用，导电导热，可塑性强，光泽美观
混凝土	坚固耐用，可塑性高，抗压性强，成本效益好

续表

材料类型	相关感知与反馈
塑料	轻便耐用，可塑性强，防水防潮，成本低廉
玻璃	透明清澈，硬度高，耐腐蚀，隔热隔音
水	透明无形，流动不息，润万物，善变化，生命之源
草坪	绿色生态，柔软舒适，净化空气，美化环境
……	……

材质中的属性、色彩与感知三者紧密相连，共同塑造了我们的感官体验。不同的材质具有独特的物理和化学属性，如金属的坚硬与光泽、木材的温润与纹理、塑料的轻便与防水等，这些属性决定了材质的基本特性和应用范围。同时，材质的色彩也是其重要的表现方式之一，不同色彩能够引发不同的心理感受和情绪反应，如暖色调带来温馨与活力，冷色调则带来宁静与冷静。人们在接触和使用这些材质时，会通过视觉、触觉等多种感官渠道，感受到其独特的属性和色彩所带来的美感与舒适感，这种感知过程不仅丰富了我们的生活体验，也影响了我们对材质的评价和选择。在材质的世界中，色彩不仅是视觉的盛宴，更是情感与空间的桥梁。从岩石到水体，再到植物，每一种材质都以其独特的色彩与纹理，丰富了景观的层次与情感表达。岩石，作为地球表面的坚韧象征，其色彩多变，从土红的沉稳到灰白的清雅，与周围环境形成鲜明对比，为景观增添了几分野趣与力量感。在景观设计中，岩石的色彩与形态被巧妙地运用，与植被、水体的搭配相得益彰，共同营造出既自然又富有艺术感的空间氛围。水体，作为景观中的灵动元素，其色彩与倒影随着光线与环境的变化而展现出千变万化的美。蔚蓝的海洋、碧绿的湖泊，不仅展现了水体的纯净与深邃，更通过倒影将周围的景致融为一体，创造出一种梦幻般的视觉效果。在设计中，水体的色彩与灯光、植物等元素相结合，进一步强化了空间的层次感与和谐性。植物，作为景观中的生命之源，其色彩随着季节的更迭而展现出勃勃生机。从春的嫩绿到冬的素白，植物的色彩变化不仅反映了自然的韵律，更成了引导人们情感共鸣的重要媒介。在景观设计中，通过合理的植物配置与色彩搭配，可以营造出四季有景、步移景异的丰富景观效果。色彩是一种语言，能够直接触及人们的情感。不同的色彩会引发不同的情绪和情感共鸣，例如在色彩心理学中，我们常说红色可能会带来激情和活力，蓝色则可能带来宁静和安详；与此同时材质色彩的组织可以塑造空间氛围。色彩选择和运用直接影响着环境空间的氛围和气氛。暖色调可以营造温馨和热情的氛围，而冷色调则可以营造清新和宁静的氛围。在此过程中，通过在材质与材料选样中控制相关色彩的前、中、后景的搭配，强调空间层次和深度感，通过合理运用色彩的明度和饱和度，强调景观空间的层次和深度感，使人们在空间中产生视觉上的远近错觉。创造视觉焦点，吸引人们的注意力，引导人们的视线流动，从而实现景观设

计中的引导和导向功能(见表 5-5)。

表 5-5 色彩联想①

色别	青年(男)	青年(女)	老年(男)	老年(女)
白	清洁、神圣	清楚、纯洁	洁白、纯真	洁白、神秘
灰	阴郁、神圣	阴郁、忧郁	荒废、平凡	沉默、死亡
黑	死亡、刚健	悲哀、坚实	生命、严肃	阴郁、冷淡
红	热情、革命	热情、危险	热情、鄙俗	热情、幼稚
橙	焦躁、可怜	鄙俗、温情	甘美、明朗	喜欢、华美
褐	雅致、古朴	雅致、沉默	精致、坚实	古朴、素雅
黄	明快、泼辣	明快、希望	光明、明快	光明、明朗
黄绿	青春、和平	青春、新鲜	新鲜、联动	新鲜、希望
绿	永恒、新鲜	和平、理想	深远、和平	希望、公平
蓝	无限、理想	永恒、理智	冷淡、薄情	平静、悠久
紫	高尚、古朴	优雅、高贵	古朴、优美	高贵、消极

5.4 行为在空间中的秩序

空间秩序,作为建筑学与城市规划领域的核心概念,深刻影响着空间环境的构建。它描述的是在一个给定的空间领域内,各种元素(如建筑物、道路、景观、人等)如何以一种既合逻辑又条理清晰且和谐共存的方式相互关联与布局。这种秩序不仅体现在静态的物理布局上,还涵盖了动态的行为模式,即人们在空间中的移动、分布及其规律性表现。尽管每个个体在空间中的行为都是独一无二的,但集体行为却展现出一种可预测的秩序性。这种秩序性使得我们能够观察到在有限的空间范围内,尽管每个人的体验和行为路径都各不相同,但整体上却形成了一种可识别的行为模式或结构。这种结构是动态的,它随着时间和空间的变化而调整,但始终保持着一种内在的规律性和可辨识性。

因此,空间秩序不仅是对物理环境的一种组织方式,更是对人类行为模式的一种理解和反映。它帮助我们认识到,在特定的时空背景下,尽管人们的活动和运动看似杂乱

---

① 李平,丁莉. 色彩构成概念、应用与赏析[M]. 2 版. 北京:人民邮电出版社,2016.

无章,但实际上却遵循着一定的规律,这些规律为我们提供了理解和分析人类行为的重要线索。通过研究和利用这些规律,我们可以更加科学地规划和设计空间环境,以满足人类的需求,提升生活品质。

5.4.1 行为在空间中的流动与分布

在特定的时空背景下,个体行为呈现出在空间中流动与分布的特征。行为的流动指的是个体在不同点之间相对位置的变动,从一个点向另一个点的移动。对于这种流动,可以基于其特性将人群移动分为四种主要类型。另一方面,个体在空间中的位置被视为空间定位,受到特定空间构成因素的配置影响。这种影响在观察中表现得十分显著,因为每个位置都会受到周围空间结构的塑造,从而影响个体在该位置的行为表现。这种空间定位的影响是显而易见的,因为个体行为在不同空间点上展现出各异的特征。尽管每个位置都在空间中具有独特性,但整体上我们仍然能够观察到在特定时空条件下个体行为的整体趋势,这为我们对行为模式的理解和分析提供了有益的线索。

理解每个个体的空间位置,也就是理解人们在空间中的分布情况,是可以通过实地观察来实现的。通过对交通集散广场、售票处、旅馆大堂、游乐设施入口等地的等候和休息行为进行详细观察,我们能够获取关于这些行为的分布特征。这样的观察可以为我们提供以下图表中所示的信息:通过这样的实地观察和整理,我们可以更全面地了解人们在特定地点的行为模式和分布特征,为相关研究和决策提供有力的数据支持(图5-12、表5-6)。

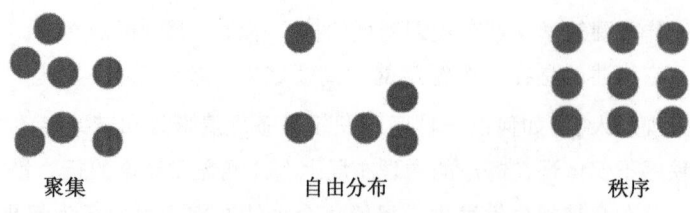

图 5-12 人在空间中的分布情况

表 5-6 人在不同空间中的行为特征

地点	等候行为分布特征	休息行为分布特征
交通集散广场	通过观察得知在广场的哪些区域人们更倾向于等候,是否存在热门等候区域	分析休息行为在广场上的分布,是否有人更喜欢在特定区域休息

续表

地点	等候行为分布特征	休息行为分布特征
售票处	了解在售票处附近人们通常选择哪个位置等候，是否有一些常见的等候点	观察休息行为是否受售票处周围环境的影响，人们是否更倾向于在售票处附近休息
旅馆大堂	观察大堂内等候的人们分布情况，是否有明显的等候区域或热门位置	掌握休息行为在旅馆大堂的分布，是否有人更倾向于在大堂内的某个区域休息
游乐设施入口	分析游乐设施入口附近的等候行为分布，是否存在人们更喜欢等候的具体区域	观察休息行为是否在游乐设施入口周围呈现出某种特定的分布趋势

5.4.2 环境空间的组织构成

环境空间的组织结构可以由凯文·林奇在他的著作《城市意象》中提出的五个要素来归纳，即通道、边缘、区域、节点和标志。这些要素构成了城市环境的基本组成部分，林奇的城市意象理论在城市规划和设计领域产生了深远的影响。通道是城市空间中的流动路径，边缘则是通道周围的边界，这两者共同定义了城市中的运动轨迹。区域代表城市中相对一致的空间片段，而节点则是不同区域相交的关键点。标志则是具有象征意义的空间元素，如广场、纪念碑等。凯文·林奇的城市意象理论不同寻常地将人的主观感受纳入了对城市形象的研究中，与传统只依赖客观标准的方法有所不同。这种创新性的观点使得环境-行为学研究得以重要改进，更科学地表达了人们对环境空间的主观感受。通过对这五个要素的深入研究，我们能够更全面地理解城市环境的结构和组织。林奇的贡献不仅在于提供了一种更综合、更人性化的城市规划方法，同时也为环境心理学等领域的发展开辟了新的研究方向。

5.4.2.1 通道

道路，作为人们常用、偶发或潜在的移动路径，可以包括汽车道、人行道、主要交通干道、隧道，甚至河流。在众多元素中，道路是城市意象中的主导因素。人们在行进过程中通过道路感知城市，其他城市环境也往往随着道路的走向而布局。在城市景观中，道路是观察者关注的焦点，因为人们在移动时依赖道路来感知和理解周围环境。城市的各种元素通常都依附在这些路径之上，呈现出一种有序的、沿着道路展开的结构。

道路不仅是交通的要道，更是城市生活的脉络。它可能是车流川流不息的城市大街，也可能是宁静的步行小径；是延绵的高速公路，也可能是深邃的地下隧道。不同类型的道路塑造了城市的面貌，直接影响着人们对城市的印象。通过对道路的研究，我们能够更深入地理解城市结构和布局。道路系统的规划不仅关系到城市交通的流畅性，还关系到城市形象的整体感知。因此，对道路的理解不仅是城市规划的基础，也是对城市意象形成机制的深入洞察。

5.4.2.2 边缘

边缘作为一种线性要素，不同于通道，它是两个部分之间的边界线，是连续过程中线性的中断，如海岸线、铁路线的分割，以及开发用地的边缘和围墙。这些边缘可能是栅栏，它们在一定程度上可以互相渗透，同时将不同区域明确划分开；或者是接缝，沿线的两个区域相互联系，无缝衔接在一起。对很多人而言，边缘在城市环境的组织中具有重要的作用，尤其是它能够连接一些普通区域，比如城市在水域边缘或城墙附近的轮廓线。边缘的特性使得它能够在城市结构中发挥独特的功能。一方面，边缘可以作为界定不同区域的物理边界，通过栅栏或围墙的设置，使得城市空间更加清晰地划分；另一方面，边缘也可以是城市区域之间的连接点，起到衔接的作用，使得城市的布局更加有机、协调。通过对边缘的深入研究，我们能够更好地理解城市空间的动态和结构。边缘不仅仅是城市的物理边界，更是城市环境中联系和过渡的要素，为城市的多样性和和谐性提供了重要的支持。

5.4.2.3 区域

在城市中，区域被定义为相对较大的二维平面区域，观察者在心理上会感到仿佛可以"进入"其中，因为这些区域具有一些共同的、容易识别的特征。这些特征通常不仅可以从区域内部确认，而且从外部也能够清晰地观察到，成为人们用来作为参照的标志。每个区域都形成了一个独特的空间范畴，拥有一系列共同的属性，这些属性可以在心理层面产生一种独特的"进入感"。观察者在进入某个区域时，会感受到与其他区域不同的氛围和特性，这为城市环境增添了多样性和趣味性。这些区域的特征不仅仅局限于内部，而且在外部也能够被观察到。这就意味着观察者不仅可以从内部体验到区域的独特性，而且在城市的整体结构中，这些区域作为可识别的标志，形成了一种有序的、可辨识的城市面貌。区域在城市环境中扮演了重要的角色，通过其独有的特征，丰富了城市的层次和体验。观察者通过对城市区域的感知，能够更好地理解城市的多样性，使城市成为一个具有个性和吸引力的空间。

5.4.2.4 节点

节点是城市中观察者能够进入的特殊而具有显著意义的地点，是人们往来行程的汇聚焦点。这些节点首先可能是路径的交汇点，如交通线路上的休息站、道路的交叉口或汇聚点，以及结构之间的过渡处。此外，节点也可能仅仅是人们聚集的地点，是特定功能或物质特征的集中体现，例如街头的繁华交叉口或被围合的广场。在城市结构中，一些集中节点成为某一区域的中心和象征，其影响从这里向外辐射。这些节点因此被赋予了核心的地位，成为整个区域的代表。它们不仅是城市生活的聚焦点，更是城市面貌的象征。节点的特殊性在于它们的功能和影响力，它们不仅仅是交汇点，更是城市的文化、社交和经济活动的中心。这些地点汇聚了人们的注意力，承载了城市的独特氛围和活力。因此，对城市规划和设计而言，节点的合理设置和发展是确保城市整体魅力和功能的重要方面。通过对这些节点的研究，我们能够更好地理解城市结构中的关键要素，为城市的可持续发展提供有益的参考。

5.4.2.5　标志

标志是一类点状的参照物，观察者通常位于其外部，而并未进入其中。标志往往是一些形状简单、易于辨识的有形物体，例如建筑物、标识、雕塑等，即在众多元素中选取的显著物。标志常被用来确定特定领域或提供结构线索，随着人们对环境的逐渐熟悉，对标志的依赖似乎也日益增加。这些标志作为城市环境的独特元素，起到了引导、标识和区分空间的重要作用。观察者在城市中定位自己时，常常依赖于这些醒目的标志来确认位置和方向。与节点不同，标志并不要求人们进入其中，而是通过其在空间中的显著性来提供重要的信息。

标志的种类丰富多样，可以是一座建筑的特殊外观、一个城市的标志性标识、一座雕塑的独特形状。这些元素在城市环境中充当了城市形象的突出代表，成为人们在城市中导航和定位的可靠依据。通过对标志的观察和理解，我们能够更好地把握城市的特色和空间结构，为城市设计提供有益的启示。标志的设置和规划需要考虑到其在城市形象中的独特性和可识别性，从而在城市中形成引人注目的地标。

5.5　行为的类别和具体内容

人类的行为涉及多个方面的因素，包括心理学、生理学、社会学、人体工效学以及环境科学等。行为的产生是一个复杂的过程，受到多种因素的综合影响。基本的行为，如坐、站、停留和交谈等，对外部环境有不同的要求。此外，不同年龄段的人在行为上表现出差异，而室外和室内行为也存在明显的区别。室外行为的发生还取决于外部条件，如风、雨、阳光等气象状况。即使其他条件适宜，不理想的天气也会显著降低户外行为的发生率。为了更深入地了解人类行为产生的原因，以及外部物质条件与行为之间的关系，有必要对外部空间行为的内容和影响因素进行深入讨论。不同的行为类别在特定环境条件下可能会受到不同的影响，例如天气、地形等。了解这些影响因素可以帮助我们更好地规划和设计城市空间，使其更符合人们的需求和行为特征。因此，研究外部空间行为的内容及其受影响的因素，有助于我们更全面地理解人群行为的动态和规律，为城市规划和设计提供科学依据。

5.5.1　行为活动的类别

5.5.1.1　行为活动的类别——室外行为与室内行为

行为活动的种类受到室内与室外环境的显著区分。室外活动与室内活动的划分建立在对室外和室内两种空间的基本概念上。建筑的外墙成了室外行为和室内行为的分界线，引导着人们在不同空间中展开截然不同的行为。室内与室外两者的空间特性差异造成了行为模式的多样性。最为明显的差异之一就是室内受到地板、墙壁、屋顶等多个限定要素的环绕，而室外的空间形成却较少同时受到这三个要素的约束。室内因限定要素众多而私密性强，而室外空间则显得开放，私密性相对较弱。这种私密性的不同使得人们在这两种环境中的行为产生明显的差异。室外空间拥有更大的容量，相对较宽广，而室内相对狭小，这也影响了两种空间中具体限定要素在大小、形状、材料、质感、颜色等方面的不同，从而在感知和行为上产生了各异的体验。室外与室内的行为模式也呈现出截然不同的特点。室外空间主要用于公共活动、群体活动，人们在其中体验到一种随机、自由的空间感受。相反，室内更适合进行个体活动，人们对于个人空间形式有着更为具体的要求，室内活动更倾向于展示个体生活方式的独特性和特色。行为活动的差异性在室内和室外空间的限定要素、空间特性和行为模式等方面体现得淋漓尽致。首先，我们可以考察室内和室外空间的界定方式。这种界定不仅仅体现在建筑的物理结构上，更涉及了人们对不同空间的心理认知。

在建筑环境中，外墙成了室内与室外的明显分界线，人们在穿越这个界限时，行为活动往往会发生明显的变化。我们应当关注室内外空间的差异性。这包括限定要素的多少、私密性的强度以及容量大小等方面的差异。室内由于地板、墙壁、屋顶等多个要素的限制，呈现出相对狭小而私密的特性；而室外空间则因受限要素减少，显得更为宽广和开放。这种空间特性的不同也影响了行为的进行。同时，我们还需理解室内外行为模式的差异。与之相对，室内活动更侧重于个体活动，个人对自己生活的空间形式有着更为具体的要求，室内空间更成为展示个体特色和生活方式的场所。总的来说，室内外行为活动的类别呈现出鲜明的差异。这种差异不仅表现在空间的限定要素、私密性和容量大小等方面，还展示在行为模式上的多样性。因此，在城市规划和设计中，我们需要充分考虑人们在室内外空间中的不同需求，以创造更为人性化、适宜的城市环境。

5.5.1.2 室外活动的三种类型

《交往与空间》一书中，扬·盖尔提出了对室外活动的独特分类，将其分为必要性活动、自发性活动和社会性活动三种类型。这种分类方法有助于更深入地理解行为与外部环境之间的相互关系，凸显了行为在不同环境条件下的多样需求。

必要性活动涵盖了人们日常生活中的基本需求和功能性行为。这包括生存所必需的行动，如进食、休息、工作等。这类活动通常受到生存和生活条件的影响，是人类生存的基石，因而对外部环境的需求较为迫切。自发性活动指的是由个体内在需求或欲望驱动的行为。这种类型的活动更加个体化，涉及休闲娱乐、锻炼运动等。自发性活动的发生受到个体心理和情感的引导，与外部环境的联系更多地体现为对心理和情感层面的满足。社会性活动强调人际互动和社会交往。这包括与他人的交往、集体活动、社交聚会等。社会性活动是人类社会生活中不可或缺的部分，对于形成社会联结和人际关系至关重要。因此，外部环境对于提供适宜的场所和条件以促进社会性活动的发生意义重大。这种对室外活动的三种分类方法为我们提供了一个全面理解行为与环境关系的视角。必要性、自发性和社会性活动三者间相辅相成，共同构建了人类行为的多元性。在城市规划和设计中，理解这种分类有助于创造更具人性化、满足不同需求的室外环境。

1. 必要性活动

必要性活动是人们每天必须参与、不可避免的活动，涵盖了日常工作、上学、购物、等车、等候、出差、递送邮件等方方面面。这些活动与步行紧密相关，由于其必然性，个体的主观意愿在行为决策中发挥主导作用，无论外部物质环境是好还是坏，这类行为都会发生。参与者在进行这些活动时，通常没有太多选择外部环境的余地，因此这种类型的行为在任何条件下都会发生。

2. 自发性活动

自发性活动构成了一类完全不同的行为，它们只有在个体有参与的愿望，并且在特定的时间和地点可能的情况下才会发生。这一类型的活动包括散步、停留、观望、晒太阳等。这些行为的发生更多地依赖于外部条件的适宜性，例如天气和场所是否具有吸引力。个体在这种情境下更能体现对外部环境物质条件的较大依赖性，因为这些行为通常在环境较好的情况下才会发生。

3. 社会性活动

社会性活动指的是在室外公共空间中需要他人参与的各种行为，涉及儿童游戏、相互交流聊天、下棋、打牌等各类公共活动，以及广泛的社交活动。这类活动强调人际互动和社会交往，依赖于他人的共同参与。这种互动性使得社会性活动成为人类社会生活中不可或缺的组成部分。这一类型的行为在很大程度上受到外部环境的影响，需要提供适宜的场所和条件，以促进人们的社会交往和活动。

这三种室外活动类型的划分，凸显了行为与外部环境之间的紧密关系。必要性活动在其不可避免性和日常性中表现出稳定性,自发性活动更强调个体愿望和外部环境的吸引力,而社会性活动则强调人际互动和社会参与。

在我们日常生活中,各种活动以一种复杂而交织的方式相互融合。人们在徜徉、小憩和交谈中,将功能性、消遣性和社会性的活动组合成丰富多样的生活体验。因此,研究户外活动时不能仅关注单一的有限活动范畴,而应该从几种基本的行为方式出发,了解它们如何相互作用、共同构建丰富多彩地公共空间生活。户外空间中人们几种核心的行为方式——行走、驻足停留与小坐,这些行为如同城市的脉络紧密相连并共同绘制了丰富多彩的城市生活图景。同时,每一种行为都承载着不同的生活需求与情感表达,行走是探索与连接的桥梁,驻足停留是感受与交流的瞬间,而小坐则是放松与沉思的港湾。它们相互交织、相互作用,共同构建了城市空间中的多元活动体验,使得城市不仅仅是一个物理空间,更是一个充满生命力的社会生态系统。在规划和设计城市公共空间时,深入理解这些行为方式的特性和需求,是创造更加活力、宜人和包容的城市环境的关键所在。

5.5.2 年龄差异引起的行为上的差异

在公共空间的规划与设计领域中,行为活动无疑是一个复杂而多维的议题,其中年龄作为一个核心要素,深刻影响着人们的交往模式与空间需求。

联合国年龄划分标准是指联合国世界卫生组织根据全球人体素质和平均寿命的测定,对人的年龄进行了划分,这一标准旨在为全球各国在制定相关政策时提供参考,以便更好地关注和照顾不同年龄段的人群。具体的年龄段的界定与划分见表5-7。

表5-7 不同年龄划分阶段的对象属性

年龄划分阶段	对 象 属 性
0~17岁	这个年龄段的人通常还在学校接受教育,处于身体发育和心理发展的关键时期
18~65岁	这个年龄段的人通常已经完成教育,开始在工作中发挥自己的能力,并逐渐进入家庭和社会的核心位置
66~79岁	这个年龄段的人已经积累了丰富的经验和技能,事业上相对稳定,但随着年龄的增长,身体逐渐出现一些衰退的迹象
80~99岁	老年人是年龄在80~99岁的人群。这个年龄段的人已经进入人生的晚期,可能需要更多的医疗照顾和社会支持,但他们也可能继续保持积极的生活态度和社会参与

从蹒跚学步的婴幼儿到白发苍苍的老年人,每一个生命阶段都展现出独特的行为模式与空间偏好,为公共空间的设计带来了丰富的挑战与机遇。婴幼儿时期,孩子们依赖大人的呵护与陪伴,他们渴望在一个充满安全感与归属感的环境中成长。因此,在公共空间的设计中,为婴幼儿专门打造温馨、亲密的交往区域显得尤为重要,这样的设计能够促进亲子间的紧密互动,满足他们最基本的情感需求。进入儿童阶段,孩子们的好奇心与探索欲望日益增强,尽管身体条件的限制使得他们的活动范围相对有限,但户外空间依然是他们释放天性、结交朋友的理想场所。设计时应注重创造趣味性、互动性强的空间元素,鼓励儿童积极参与户外活动,培养他们的社交能力与独立精神。而当个体步入青年及成年阶段,行为活动逐渐呈现出更加多样化的特点,个人空间的需求也随之增大。在这一时期,公共空间的设计应更加注重灵活性与包容性,既要满足成年人日常交往、休闲娱乐的需求,又要为他们提供足够的私密空间与自由度,以支持其丰富多彩的生活方式。年龄作为影响人们在公共空间中行为活动的重要因素,要求我们在设计与规划过程中充分考虑各年龄层的需求与特点,以创造出一个既充满活力又温馨宜人的城市环境。

老年阶段,由于感觉系统的变化,老年人在人际交流中更多依赖于表情和体态等方面的帮助。个人空间呈现出缩小的趋势,行为模式以面对面的方式为主。设计中应当考虑满足老年人特殊的行为需求,提供更易于面对面交流的环境。

5.5.2.1 老年人户外行为的特点及活动对空间的要求

老年人参与户外活动的行为特点及其对空间的要求呈现出多方面的维度。老年人在选择户外活动场所时表现出一定的规律性,倾向于选择熟悉的地方,这可能包括参加组织的街头活动或与朋友事先约定的地点。这种规律性使他们更喜欢相对固定的地点和空间环境,也减少了对气候和环境的过多关注。考虑到老年人的身体状况,他们更倾向于选择就近的户外活动场所。这些场所通常能够提供遮风避雨的条件,使老年人在活动中更为舒适。因此,老年人的户外活动场所在很多情况下都是室内或半室内半室外的空间环境。老年人的活动具有聚集性的特点,由于心理上的孤独和寂寞感,他们通过同龄人之间的交流和沟通来缓解这些负面情绪。这为老年人户外活动空间赋予了可交流性的重要性质,促使他们在这些空间中围坐、聚集,进行各种社交活动,如下棋、打牌、谈心等。最后,需要特别关注一部分身体状况不佳、失去生活自理能力的老年人。他们可能需要他人或外物的协助来完成行为活动。因此,在设计老年人户外活动的空间时,应特别注意无障碍空间的设计,以确保这一群体能够便利地参与各种活动。老年人的户外活动需求复杂多样,设计者需要综合考虑规律性、就近性、可交流性以及无障碍性等,以创造出既适应老年人特点又能够促进社交和活动的理想空间环境(图5-13、图5-14)。

图 5-13 老年人的日常生活

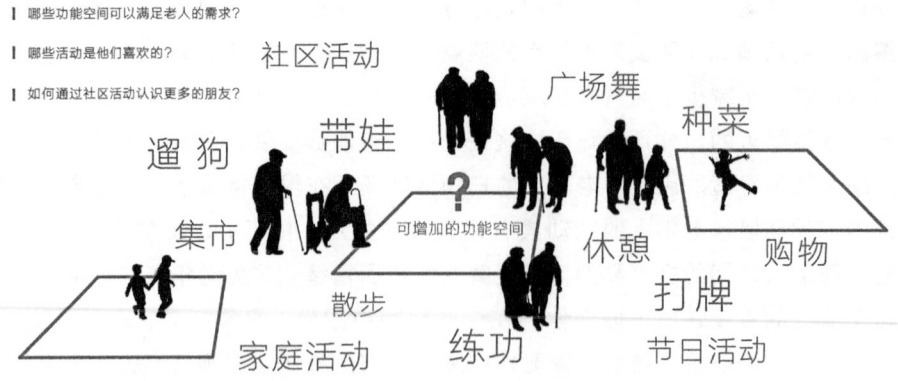

图 5-14 老年人的日常生活需求分析

5.5.2.2 儿童户外活动的特点及活动对空间的要求

儿童在户外倾向于进行各种剧烈活动，如奔跑、跳跃、攀爬等，以释放能量并满足天生的探索欲。他们喜欢通过身体接触和直接体验来感知和理解世界。户外环境为儿童提供了与同龄人交流互动的自然场所。他们通过游戏、合作与竞争，学习社交规则，发展人际关系，并培养团队协作精神。儿童对周围世界充满好奇，户外活动为他们提供了丰富的探索对象和场景。他们喜欢观察、触摸、尝试新事物，以满足对未知世界的好奇心。

　　结合儿童的户外活动对空间的要求，为了满足儿童活跃和探索的天性，户外活动空间需要具有足够的面积和开放度，以便他们进行自由奔跑、跳跃等活动，并探索不同的角落和区域。为了激发儿童的好奇心和创造力，户外活动空间应包含多样化的自然元素（如树木、花草、水系）和创意设施（如滑梯、秋千、沙坑等）。这些元素和设施不仅提供了丰富的探索对象，还能促进儿童的身心健康发展。为了培养儿童的社交能力和团队协作精神，户外活动空间应设计成易于促进儿童之间互动和交流的环境。例如，设置集体游戏区、角色扮演区等，让儿童在玩耍中自然地形成团队，共同完成任务。安全性是户外活动空间设计的首要考虑因素。空间应具备良好的物理安全条件（如防滑地面、安全护栏等），并减少视线遮挡，以便成人监护者能够及时发现和应对可能的危险情况。此外，还需关注心理安全，确保空间环境温馨友好，让儿童在自由玩耍的同时感受到被保护和关爱（图5-15）。

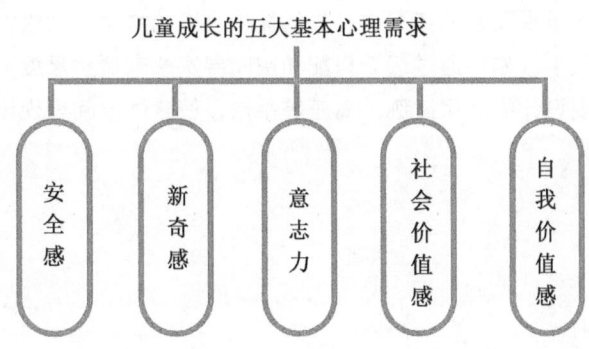

图5-15　儿童成长的五大心理需求

◎ 思考题

1.马斯洛的需求层次论在环境景观中的体现：

（1）如何通过景观设计来满足人们的生理需求，比如提供何种舒适的座椅、饮水设施等？

（2）在景观空间中如何确保人们的安全感，例如设置何种安全措施或应对怎样的紧急情况的设计?

  (3)如何通过环境景观创造社交平台,满足人们对社交的渴望?

  (4)在景观设计中如何强调对个体的尊重和认同,体现他们在社会中的地位?

  (5)如何通过景观元素激发个体的创造性和发展潜能,实现自我需求?

2.环境景观中支持人的基本行为:

  (1)在景观中如何设计合适的步行道路,以促进人们的行走和流动?

  (2)如何为人们提供良好的休息区域,使他们可以放松身心?

  (3)景观设计如何鼓励社交行为,创造有利于人们交流的环境?

  (4)如何通过景观设计来支持人们欣赏周围环境,提高生活品质?

  (5)在景观规划中如何考虑人们的活动需求,提供合适的场所?

3.视觉感知主要涉及的方面:

  (1)空间感知是如何通过视觉来感知环境的尺度和结构的?

  (2)对景物的识别是如何通过视觉来理解环境中的各种物体和景观元素的?

  (3)视觉感知中颜色的作用是如何影响人们的情绪和心理状态的?

  (4)在景观设计中如何考虑形状和轮廓,以影响人们对景物的整体印象?

4.在环境景观设计中处理尺度关系的实例:

  (1)如何通过合理的植物布局和结构设计来调整景观元素的尺度感?

  (2)在建筑物和景观要素的搭配中,如何保持尺度的协调一致性?

  (3)在大型景区中,如何通过远近搭配和空间层次感来调整尺度印象?

  (4)如何在景观设计中运用比例、高差等手法,使整体空间呈现出协调的尺度感?

第 6 章　环境景观种植设计

环境景观中的种植设计是通过植物选择、布局和管理，塑造和改善人类生活空间的设计手法与方式，在专业设计中也被称为植物造景设计、植物配置设计、园林景观种植设计等。在当代社会，人们对于环境品质和生活品位的追求日益增加，而环境景观种植设计作为一项集合艺术、生态、科学视域视角，可持续发展理论支撑的设计方法，为实现这一追求提供了重要的支持和指导。

环境景观种植设计的核心价值在于其对于人与自然之间的和谐共生关系的倡导。通过合理的植物布局和种植设计，可以营造出令人心旷神怡的自然环境，为人们提供舒适宜人的生活空间。这种与自然的亲密联系不仅能改善人们的生活质量，而且有助于提升人们对环境保护和可持续发展的认识。随着城市化进程的加速和城市人口的不断增长，城市绿地和景观设计的需求愈发迫切，对于城市规划和建筑设计的重要性也日益凸显。良好的景观种植设计不仅可以增加城市绿色空间的面积，改善城市生态环境，还可以提升城市形象、增强城市的文化底蕴和吸引力。环境景观种植设计承载着对于生物多样性保护和生态平衡维护的责任。在植物选择和种植设计过程中，需要充分考虑到当地的气候、土壤和生态环境特点，选择适合当地生长的植物，避免引入外来物种对生态系统造成破坏。通过保护和利用地方特有的植物资源，可以有效地维护当地生态平衡，促进生物多样性的保护。因此在本章节的学习中，可以更加关注环境景观种植设计在美学价值、生态价值、实践意义等方面的综合构建及对于人类社会可持续发展和生活质量的提升所具有的重要意义。未来，随着人们对于环境保护和生态平衡的重视程度不断加深，环境景观种植设计将发挥越来越重要的作用，为打造更加美好的人居环境作出积极的贡献。

6.1　环境景观种植设计的基本形式与类型

6.1.1　环境景观种植设计的基本形式

景观种植设计是指景观中作为观赏、组景、分隔空间、装饰、庇荫、防护、覆盖地面等用途的植物，包括木本植物和草本植物。

环境景观种植设计的基本形式

环境景观种植设计可以采用多种基本形式，每种形式都有其独特的特点和适用场景。目前对于环境景观种植设计的形式分类非常多样，主要取决于其所服务的景观空间类型与更加丰富的功能迭代，以下从两个类型层面进行诠释，其中从景观植物设计的基础形态组合层面，包含自然式、几何式、混合式；从景观植物设计所赋予的功能性层面可分为现代式、生态式、文化式。自然式设计，又称为风景式或不规则式设计，是环境景观种植设计中一种常见的形式。它与传统的几何式设计不同，没有明显的轴线和规律性，各植物的分布呈自由变化趋势，树木的种植没有固定的株行距，形态大不一，充分发挥树木自然生长的姿态，不追求人工造型。在自然式设计中，充分考虑植物的生态习性，设计师通常选择丰富多彩的植物种类，以自然植物生态群落为蓝本，创造出生动活泼、清幽典雅的自然植被景观。常见的自然式设计包括自然式丛林、疏林草地、自然式花境等（图6-1）。

图6-1 自然式环境景观种植设计

6.1.1.1 自然式

自然式种植设计常见于各种自然式的园林环境中，例如自然式庭院、综合性公园的安静休息区，以及自然式小游园居住区绿地。其核心特点在于模仿自然环境，通过选择本地植物、合理布局自然景观元素以及生态友好的管理方式，创造出与自然相似的景观，为人们提供了宁静、舒适的自然氛围，同时也促进了生态环境的保护和可持续发展。在自然式设计中，植物选择是至关重要的一环。设计师优先考虑选择本地植物，因为它们更适应当地的气候、土壤和生态环境，能够更好地融入周围的自然环境，降低对生态系统的影响。同时，设计师也会充分考虑植物的生长习性和季节特点，精心挑选植物，以保证景观的长期美观和稳定性。自然式设计是一种追求自然与人工融合的设计理念，它通过模仿自然、选择本地植物、合理布局自然景观元素以及生态友好的管理方式，创造出与自然相似的景观，为人们提供了舒适宜人的生活空间，同时也有助于保护和改善生态环境。

6.1.1.2 几何式

几何式设计是一种常见的环境景观种植设计形式,其特点在于以规则的几何形状和线条为特征,注重对空间进行精确的划分和组织。在几何式设计中,植物通常被精心布局,形成清晰的图案和对称的结构。这种设计形式常见于庭院、城市广场和商业中心等场所,其主要目的在于营造出整洁、规整的空间感,给人以秩序和美感。几何式设计包含于规则式设计的范畴内,规则式设计又称为整形式、几何式或图案式,其特点在于景观植物成行成列等距离排列种植,或采用规则的简单重复,或具有规整形状。具有整齐、严谨、庄重和人工美的艺术特色。

几何式设计一般分为规则对称式和规则不对称式两种形式。规则对称式指景观的布置具有明显的对称轴线或对称中心,树木形态一致或人工整形,花卉布置采用规则图案。这种设计常见于纪念性园林、大型建筑物环境和广场等规则式园林绿地中,具有庄严、雄伟、整齐、肃穆的艺术效果,但有时也显得压抑和呆板。而规则不对称式设计则没有明显的对称轴线和对称中心,景观布置虽有规律,但也有一定的变化,常用于街头绿地、庭园等场所,给人以灵动和活泼的感觉。综上所述,几何式设计作为一种常见的景观种植设计形式,其通过规则的几何形状和线条划分空间,营造整洁、规整的空间感,是适用于庭院、广场和商业中心等场所的常用设计手段。规则式设计则进一步细分为规则对称式和规则不对称式,各自具有不同的美学效果和应用场景,为不同环境提供了多样化的设计选择。

6.1.1.3 混合式

混合式植物景观设计是规则式与自然式相结合的一种形式,通常指群体植物景观的混合式植物种植设计。它吸取了规则式和自然式设计的优点,既展现了整洁清新、色彩明快的整体效果,又呈现出丰富多彩、变化无穷的自然景色,使景观不仅具备自然美,而且还融入了人工美的元素。在混合式植物景观设计中,根据规则式和自然式各占比例的不同,可以分为三种情形。

规则式和自然式设计的比例相对平衡,共同构成了景观的主体。整体景观既有规则性和整洁感,又融入了自然的随意和变化,呈现出一种既有秩序又有生机的美感。混合式植物景观设计的优势在于能够兼具规则式和自然式设计的特点,展现了人工美的精致和整洁,同时又保留了自然美的丰富和变化。这种设计形式常见于各种景观环境中,如公园、庭院、景区等,能够为人们提供舒适宜人的休闲空间,同时也丰富了城市景观的层次和多样性。通过巧妙地结合规则式和自然式设计的元素,混合式植物景观设计为人们带来了更加丰富、多彩的视觉享受,展现了景观设计的创新与魅力(图 6-2)。

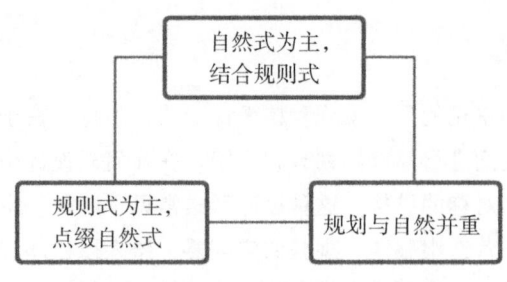

图 6-2 规则式和自然式的组合关联

6.1.2 功能形态组合层面

6.1.2.1 现代式设计

现代式植物景观设计在强调简约、时尚和功能性的基础上，更注重利用现代材料和技术手段进行创新，使植物景观与建筑、雕塑等元素相融合，呈现出富有层次和动态感的景观效果。现代式植物景观设计强调简约，通过简洁的线条和几何形状，营造出清晰明快的空间布局。植物在此类设计中常被精心布局，突出其形态的美感和功能性。利用现代科技手段，如自动灌溉系统和智能照明设施，不仅提高了植物的生长质量，还增加了景观的智能化管理。

现代式设计强调时尚，借鉴时尚设计元素，使景观更具艺术感和现代气息。植物种植常与现代建筑、雕塑等元素相结合，创造出独特的景观风貌。例如，在高端住宅小区，可以将植物景观与艺术雕塑相融合，形成别具一格的现代艺术氛围，提升了小区的品位和形象。同时，现代式设计注重功能性，植物景观的选择和布局通常考虑了其生态环境的改善和人们生活品质的提升。通过选择适合当地气候和土壤条件的植物，以及合理布置景观空间，不仅增加了绿色植被的覆盖率，还提升了环境的舒适度和美感。这种设计形式在现代公共空间、企业园区和高端住宅小区等场所尤为常见。在现代都市中，人们对于空间美学和生活品质的追求不断提升，因此现代式植物景观设计能够满足人们对于时尚、功能性和美感的需求。同时，它也能展现出城市发展的现代化水平和科技感，为城市景观增添新的亮点和魅力。现代式植物景观设计通过强调简约、时尚和功能性，利用现代材料和技术手段进行创新，与建筑、雕塑等元素相结合，创造出富有层次和动态感的景观效果，展现出时代气息和科技感。其在现代城市空间的应用，不仅提升了城市景观的美观性和舒适度，也彰显了城市的现代化水平和城市形象的时尚感(图6-3)。

图 6-3 现代式环境景观种植设计

6.1.2.2 生态式设计

生态式植物景观设计在强调生态环境的保护和可持续发展方面起着关键作用。这种设计形式注重选择本地植物和采用生态友好的设计手段,旨在促进植物与环境的和谐互动,以达到生态系统的良好平衡。生态式设计强调选择本地植物,这些植物通常更适应当地的气候、土壤和生态环境,能够更好地融入周围的自然环境,并且对于当地的生态系统具有重要的生态功能。通过选择本地植物,生态式设计能够有效地降低景观对外来植物带来的生态风险,促进当地生物多样性的保护。在生态式植物景观设计中应注重采用生态友好的设计手段,如自然地形塑造、雨水收集利用、生物多样性增加等。植物在生态式设计中通常与自然地形和水体相结合,形成生态系统的良好互动。例如,在湿地公园中,通过合理规划植被,可以为湿地生态系统提供良好的栖息地,促进水生植物的生长和繁衍,同时净化水质、维护水域生态平衡。此类型植物景观设计常见于生态公园、湿地公园和自然保护区等场所。在这些场所中,人们可以亲身感受到自然生态系统的奇妙之处,加深对生态环境的认识和尊重。通过生态式设计,景观不仅能够提升人们的休闲体验,还能够增强生态教育意识,激发人们保护环境的责任感和行动力。生态式植物景观设计通过强调生态环境的保护和可持续发展,选择本地植物和采用生态友好的设计手段,以促进植物与环境的和谐互动(图6-4)。

6.1.2.3 文化式设计

文化式植物景观设计是一种重视体现当地文化和历史特色的设计理念,其核心在于通过植物景观的布置和搭配,以及与传统建筑、雕塑等文化元素的结合,展现出丰富的文化底蕴和地方特色。文化式植物景观设计强调植物的文化意义和情感内涵。植物在不同的文化中常常具有特殊的象征意义和情感联结,例如,在中国,松树象征坚韧不拔的

图 6-4 生态式植物景观设计

品质,菊花代表高雅清正,梅花则寓意坚贞不屈。设计师在文化式植物景观设计中会注重选择具有当地文化意义的植物,以表达对传统文化的尊重和传承。文化式植物景观设计常将植物与传统建筑、雕塑等文化元素相融合,形成富有文化底蕴和地方特色的景观(图 6-5)。例如,在历史街区,可以通过植物景观的布置和建筑风格的搭配,再现当地传统的建筑风貌和生活场景,带领游客感受历史的沉淀和文化的传承。在旅游景点,植物景观的设计也常与当地的传统文化、民俗风情相结合,为游客呈现出具有独特魅力和情趣的景观体验。文化式植物景观设计常见于文化公园、历史街区和旅游景点等场所。在这些场所中,文化式设计不仅能够营造出具有浓厚历史氛围和文化底蕴的景观环境,还能够激发人们对当地文化传统的认同感和情感共鸣,增强文化自信心。同时,通过文化式植物景观的打造,还能够吸引游客,促进旅游业的发展,为地方经济和社会发展注入新的活力。文化式植物景观设计通过强调体现当地文化和历史特色,注重植物的文化

图 6-5 文化式植物景观设计

意义和情感内涵,以及与传统建筑、雕塑等文化元素的结合,为公共空间营造出具有丰富文化底蕴和地方特色的景观环境。这种设计形式不仅有助于传承和弘扬当地的文化传统,也为人们提供了丰富多彩的文化体验和观光旅游机会。

6.1.3 环境景观种植设计的基本类型

环境景观种植设计是指通过对植物的选择、布局和组合,以及与其他景观元素的结合,来营造出具有美学、功能和生态价值的景观环境。这种设计在实践中常根据不同的分类方式进行划分,主要包括景观植物的应用类型分类、景观的生境种植分类和应用空间的环境分类。

6.1.3.1 景观植物的应用类型分类

根据景观植物在设计中的应用类型,可以将环境景观种植设计分为以下四类:

1.装饰性景观植物设计

景观美化植物设计,作为一种创造性的艺术手法,旨在通过精选与配置植物,赋予环境以视觉上的享受与提升。这一设计过程中,设计师匠心独运,挑选出那些花朵绚烂、叶片雅致或形态独特的植物品种巧妙布置,使之成为景观中的点睛之笔(图6-6)。这些植物不仅为空间注入了鲜活的色彩与生命力,还创造了令人心旷神怡的视觉体验,有效提振了人们的情绪与精神状态。装饰性植物设计在公共空间如公园、私人花园及庭院等地广泛运用,展现出其多元化的应用价值。在公园中,设计师利用多彩多姿的植物素材,构建出引人入胜的花坛与花境,为访客提供了集观赏与休闲于一体的美好体验。

图 6-6 装饰性景观植物设计

而在花园与庭院里，通过精细的规划与植物配置，创造出独一无二的园林景观，极大地丰富了居住者的生活环境，增添了生活的雅趣与温馨。

除此之外，此类设计还蕴含着深远的生态与社会价值。它成为吸引昆虫如蝴蝶、蜜蜂的天然磁石，促进了生物多样性的繁荣，维护了自然界的平衡。同时，装饰性植物还具备遮阳降温、净化空气等环境改善功能，为公众提供了更加健康、舒适的户外休闲环境。更进一步，重视与发展装饰性景观植物设计，对于提升城市整体风貌、增强城市吸引力、促进旅游与经济发展等方面，均有着不可小觑的积极作用。

2.功能性景观植物设计

功能性植物景观设计作为景观设计领域的核心环节，聚焦于植物的实际效用与功能实现，通过精心挑选与布局植物，旨在满足景观空间多样化的功能需求。此类设计深刻考量植物的生长习性、速度、高度及密度等要素，确保其在不同气候与土壤条件下均能茁壮成长，进而达成既定的功能性目标。

在功能性植物景观设计的实践中，多种功能效益得以彰显。其一，遮阴功能显著，通过选用枝叶繁茂的树木或大型叶植物，为户外空间营造凉爽舒适的休憩环境，有效缓解夏日酷暑带来的不适，促进公众身心健康。其二，空间隔离与界定功能。利用密植树冠或适宜作为篱笆的灌木，巧妙划分空间，创造出既私密又独立的区域，增强空间的安全感与舒适度。其三，防风功能亦不容忽视。选择具有坚韧树干或茂密树冠的树种，有效削弱风力，提升环境宜居性，特别是在海滨或开阔地区表现尤为突出。植物作为城市生态系统中的"绿色卫士"，其在功能性景观设计中还承担着空气净化的重要角色。通过光合作用，植物不仅能够吸收二氧化碳、释放氧气，还能吸附空气中的有害物质与微粒，显著改善空气质量。特别是一些高效吸附性植物，例如石楠、女贞、楝树、构树、臭椿、榆树、柏树、银杏等植物，在室外景观设计中发挥了重要作用，为人居环境带来清新与健康。因此，功能性植物景观设计不仅是对视觉美感的追求，更是对生态环境与生活品质提升的重要贡献。

3.生态修复与保护设计

生态修复与保护设计是一种旨在通过植物种植来修复受损的生态系统、保护濒危物种以及维持生态平衡的设计理念。这种设计的核心目标是恢复和改善受损的生态环境，使其恢复原有的生态功能和生物多样性。在生态修复与保护设计中，植物的选择至关重要。设计师通常会优先选择本地特有的植物物种，因为这些植物更适应当地的气候、土壤和生态环境，能够更好地融入受损的生态系统中，提高生态系统的稳定性和复原力。此外，本地特有的植物对于当地的生物多样性和生态平衡也具有重要的意义，能够为当地的野生动植物提供合适的栖息地和食物资源。

生态修复与保护设计常见于湿地保护区、自然保护区等生态环境脆弱的地区。在这些地区，常受到人类活动、自然灾害等因素的影响，导致生态系统受损严重，生物多样性下降，生态平衡遭到破坏。通过植物种植，可以恢复和重建受损的生态系统，促进土壤的保持和改良、减少水土流失、提高水质和空气质量、增加野生动植物的栖息地，从而实现生态环境的可持续发展和保护。其设计实施不仅能够改善当地的生态环境，还能够为当地社区提供就业机会，促进当地经济的发展。通过开展植物种植、生态保护和生态旅游等活动，可以吸引更多的游客和投资，推动当地旅游业和生态产业的发展，实现经济效益和生态效益的双赢局面。

在未来的生态保护工作中，应进一步加强对生态修复与保护设计的研究和实践，推动生态文明建设，实现人与自然的和谐共生。

以土人景观的相关生态修复与保护设计为例，北京土人景观与建筑规划设计研究所设计的相关生态修复与保护案例见表6-1。

表6-1 项目基础信息

项目序号	项目名称	项目基础信息
1	金华燕尾洲公园	项目地点：中国 浙江省金华市 项目规模：26公顷 设计时间：2010年8月 建成时间：2014年5月 委托方：金华市规划局 所获奖项： 2018年中国建筑设计奖·园林景观专业奖一等奖，2015年世界建筑节年度最佳景观奖
2	南昌鱼尾洲湿地公园	项目地点：中国 江西省南昌市 项目规模：55.6公顷 设计时间：2017年6月 委托方：南昌高新置业投资有限公司 所获奖项： 2022年AZ Awards最佳景观奖，2022年AZ Awards人民的选择-环境领导力大奖，2022年建筑大师奖（AMP）年度设计大奖，2022年《财富》中国最佳设计榜
3	海口美舍河凤翔公园	项目地点：中国 海南省海口市 项目规模：78.5公顷 设计时间：2016年12月 所获奖项： 2021年世界标志性景观奖

续表

项目序号	项目名称	项目基础信息
4	秦皇岛汤河公园	项目地点：中国 河北省秦皇岛市 项目规模：20 公顷 设计时间：2005 年 10 月 建成时间：2006 年 委托方：秦皇岛市园林局 所获奖项： 2010 年世界城市滨水设计荣誉奖，2008 年世界建筑奖，2007 年美国景观设计师协会设计荣誉奖
5	中山岐江公园	项目地点：广东省中山市 项目规模：11 公顷 设计时间：2000 年 7 月 建成时间：2001 年 7 月 委托方：广东省中山市规划局 所获奖项： 2009 年 ULI 全球杰出奖，2009 年 ULI 亚太区杰出奖，2002 年美国景观设计师协会荣誉设计奖

4.主题式景观植物设计

主题式景观植物设计是一种以特定主题或文化内涵为基础，通过选择与主题相符的植物进行布置，从而营造出具有特定主题的景观效果的设计理念。这种设计不仅注重植物的观赏性，更强调其与主题的契合度，使景观更加富有表现力和艺术性。在主题式景观植物设计中，植物的选择和布置通常与季节、节日或特定主题密切相关。例如，在春季设计中，可以选择盛开的樱花、郁金香等花卉，营造出浪漫的春日氛围；在秋季设计中，可以选择色彩鲜艳的枫树、银杏等树木，营造出丰收和喜悦的氛围。而在节日或特定主题活动中，也可以根据不同的文化内涵选择相应的植物，如在圣诞节期间布置常绿植物和圣诞彩灯，营造出温馨、喜庆的节日氛围。

主题式景观植物设计常见于主题公园、文化广场、旅游景点等场所。在主题公园中，设计师常常根据公园的主题特点，选择与之相匹配的植物进行布置，使游客能够在游览中深刻感受到主题文化的魅力和内涵。在文化广场或旅游景点中，主题式景观植物设计也能够为景点增添特色和吸引力，吸引更多的游客和参观者。此类设计不仅能够丰富景观的层次和内涵，还能够激发人们的情感共鸣和文化认同感。通过与特定主题相关的植物选择和布置，可以为人们营造出独特的情感体验和文化氛围，让人们在欣赏景观的同时，深刻感受到主题所传达的情感和价值（图6-7）。

图6-7 主题式景观植物设计

1）植物的生境种植分类

根据植物的生境习性和生长条件，可以将环境景观种植设计分为不同的生境种植类型。

(1)水体景观植物种植设计：是对水体环境进行植物种植，涵盖了湖泊、溪流、河沼、池塘以及人工水池等各种水域。在这些水域中，水生植物的种植设计具有重要的美化和生态功能。水生植物虽然种类相对较少，但其独特的生长特性和美丽的景观效果吸引着园林设计师和景观规划者的关注与重视。水生植物的种植设计能够丰富水体景观，为水域环境增添生机与活力。通过选择不同类型的水生植物，如挺水植物、浮叶植物、沉水植物和漂浮植物，可以在水面上打造出多样化的景观效果。挺水植物如芦苇、香蒲等婆娑挺拔，可以形成一道独特的湿地风景线；浮叶植物如睡莲、荷花等绽放绚丽的花朵，给水面增添了色彩和层次感；沉水植物如水蕨、水葱等悠然生长在水下，增加了水下景观的神秘感；漂浮植物如凤眼莲、萍蓬等随水流飘动，为水面带来动感与活力。水生植物的种植设计还能够改善水体生态环境，促进水域生态平衡的形成和维护。水生植物在水体中生长，不仅能够吸收水中的营养物质，净化水质，还能够为水中的鱼类、昆虫等水生生物提供栖息地和食物来源。特别是对于一些受污染或生态系统受损的水体，通过种植适宜的水生植物，可以起到生物修复和生态恢复的作用，提高水体的水质和生态环境质量。水生植物的种植设计还具有一定的生态教育和观赏价值。人们在欣赏水生植物美丽景色的同时，也能够了解到不同类型水生植物的生长习性、生态功能以及对水体生态系统的重要作用，增强环保意识和生态保护意识。因此，在公园、景区等人流较多的场所，适宜开展水生植物观赏活动和生态教育推广，引导人们积极参与生态环境保护与建设（图6-8）。

(2)陆地景观植物种植设计：内容极为丰富，通常包括山地、坡地和平地三种不同

图 6-8　水体景观植物种植设计

地形的植物景观设计。每种地形都有其独特的特点和适宜种植的植物类型，为景观带来丰富多彩的变化和表现力。对于山地地形，乔木造林是一种常见的景观植物种植设计。由于山地地形较为陡峭，适宜选择乔木类植物进行种植，如松树、柏树、栎树等。这些乔木不仅能够稳固土壤，防止水土流失，还能够为山地景观增添层次感和立体感。通过合理的植物配置和布局，可以营造出宁静、壮观的山地风光，为人们提供了探险和休闲的场所。

对于坡地地形，多种植灌木是一种常见的景观植物种植设计。坡地地形具有一定的倾斜度，不适宜种植大型树木，但适宜选择生长较为矮小且根系发达的灌木类植物，如灌木丛、灌木地被等。这些植物不仅能够有效防止水土流失，还能够美化坡地景观，增强其生态效益和观赏性。通过精心设计和种植，可以打造出具有层次感和立体感的坡地景观，为人们提供了欣赏和游览的场所。

对于平地地形，各类植物造景都是常见的景观植物种植设计。平地地形开阔平坦，适宜进行各类植物造景，如花坛、草坪、花境、树丛、树林等。通过合理的布局和组合，可以打造出不同风格和主题的植物景观，如欧式花园、中式庭院、现代主义园林等。这些植物景观不仅能够提升景观的美感和观赏性，还能够为人们提供休闲、娱乐和社交的场所。通过合理的植物选择和布局，打造出丰富多彩、形态各异的植物景观，为人们创造出美丽、舒适的自然环境，丰富人们的生活体验。

2）景观植物应用类型分类

（1）草本类植物景观设计：是景观设计中的重要组成部分，其主要元素是各种草本植物，常见于草坪、草地、花坛等场所。草本植物以其丰富的形态和颜色，为景观增添了丰富多彩的效果，同时还具有覆土固土、减少水土流失等重要功能。

草本花卉种植是草本类植物景观设计中的重要内容，主要着重于表现草花的群体色彩美和图案装饰美，以创造出独特的花卉景观效果。在具体的景观设计中，常见的造景类型包括花坛、花境、花台、花池、花丛、花群、花箱、纹花带、花柱、花钵、花球吊盆等。通过合理的布局和植物选择，可以打造出丰富多彩、形态各异的草本植物景观，为人们带来视觉和心灵上的愉悦。

草本植物景观设计不仅能够美化环境，还能够提升景观的整体氛围和特色。它的生长周期较短，易于更新和更换，因此在景观设计中具有较大的灵活性和可塑性。此外，草本植物具有一定的生态功能，能够吸收二氧化碳、释放氧气，为周围环境提供清新的空气，促进生态平衡的形成和维护。应该说草本类植物景观设计是景观设计中的重要内容之一，其丰富多彩的花卉景观效果以及生态功能使其在公园、庭院、城市绿化等场所得到了广泛的应用。通过合理的设计和管理，草本植物景观不仅能够为人们创造出美丽、舒适的自然环境、丰富人们的生活体验，而且也有助于提升周围环境的生态品质和可持续性。

（2）木本类植物景观设计：木本类植物涵盖了各种景观树木的种植与布局。根据树木的生长特性和景观形态，树木种植设计可以分为多种形式，如孤植树、对植树、树丛、树群、树林、绿篱及整形树等不同类型的景观设计。

孤植树是一种常见的木本类种植设计形式，通常将单个树木独立种植在空旷的场地或园林中，以突出其个体特征和观赏效果。对植树则是将两棵或多棵树木相对或对称地种植在一起，以增强景观的平衡和美感。树丛是指多个树木紧密组成的集合，常用于边界围栏或绿化带的种植。树群和树林则是将大量树木集中种植形成的树木群落，可以营造出浓郁的森林氛围和生态环境。

绿篱是由多个乔木或灌木组成的长条形植物带，常用于界定空间边界或分隔景观区域。整形树则是通过修剪和造型将树木打造成各种几何形状或装饰形态，常用于花园和庭院的装饰。这些形式多样的树木种植设计，不仅能够丰富景观的层次和表现力，还能够满足不同场地和环境的需求。

在树木类植物景观设计中，乔木和灌木是主要的植物类型，它们不仅具有观赏价值，还能够达到遮阴、防风、净化空气等效果。在公园、林地和庭院等场所，树木种植设计应用广泛。通过合理选择和布局树木，不仅能够美化环境，还能够改善生态环境，提升人们的生活品质和健康水平。因此，树木种植设计在景观设计中扮演着重要的角色，为人们创造出美丽、舒适的自然环境，丰富人们的生活体验。

（3）蕨类与苔藓类植物景观设计：蕨类与苔藓类植物在景观设计中的应用日益广泛，它们各自以其独特的形态、生态习性和美学价值，为景观空间增添了丰富的自然元素和生态氛围。

从美学特性而言，蕨类植物株形独特，蕨类植物的茎不显著，叶的分布和伸展方向构成独特的株形，有的小巧玲珑，有的端重素雅，有的轻盈飘逸，有的高大挺拔，是线条美的典范。蕨类植物的叶色多样，从翠绿到墨绿，不少叶面还具有金黄色、银白色、红色条纹或斑点，为园林景观增添了丰富的视觉效果。其幼叶在展开前呈拳状卷缩，称为"拳芽"，随着生长进程的推进，拳芽逐渐伸展，层层展开，为观赏者带来了动态的美感。蕨类植物在景观设计中扮演着重要的角色。它们的叶片纤细，姿态多变，常常能够为景观增添一种轻盈、优雅的感觉。常见的蕨类植物包括贯众、凤尾蕨、波士顿蕨等，它们在林下的阴凉环境中生长茂盛，能够有效地利用光线和水分，形成茂密的绿色植被，为景观增添一份生机和清新感。

从生态功能而言，蕨类植物能吸收空气中的二氧化碳、甲醛、甲醇等有害气体，并释放氧气，从而净化空气，改善室内或室外环境质量。部分蕨类植物如肾蕨、波士顿蕨、铁线蕨等，能通过蒸腾作用增加空气中的湿度，营造更加舒适的环境。

蕨类植物适合作为书桌、茶几或客厅的装饰植物，增添自然气息和恬静氛围，提升空间的品质感。蕨类植物也经常被用在山石盆景中，如翠云草、松叶蕨、凤丫蕨等，其独特的形态和青翠的绿叶为盆景增添生机。在园林绿化中，蕨类植物可以与其他植物搭配种植，形成丰富的植物群落，提升景观的多样性和观赏性。

苔藓类植物从美学特性角度而言更加精致小巧。苔藓植物是结构最简单的高等植物，其精致小巧的特性使其成为庭院造景和微景观的新形式。苔藓植物四季常绿，成型后保养简易，无需修剪、翻栽，是各大盆景花卉的黄金配角。常给人带来自然清新的感觉，无论是地栽还是盆栽，都能为环境增添一份绿意与氛围。常见的苔藓植物有肾蕨、翠云草、铁线蕨等，它们在林下或湿润的环境中生长良好，常被用来装饰岩石、树木或庭院的地面，营造出一种原始、清幽、静谧氛围的景观空间。

从生态功能角度而言，苔藓植物吸水保水力强，能减少水分蒸发，保持土壤或基质湿度，防止土壤硬化板结。苔藓植物适应性强，能在多种环境下生长，对于生态修复和土壤改良具有积极作用。

苔藓植物会用在很多场景和庭院造景中，苔藓植物适合用于庭院造景，通过合理的地形经营、水体规划和植物配置，可以营造出禅意、恬静的自然氛围。苔藓微景观是在微景观的基础上再进行缩小，用苔藓、蕨类、网纹草等耐阴植物配合砂石、摆件等以现代的装饰造型在不同形状的透明玻璃容器中创造的微缩植物景观。这种景观具有非常高的观赏价值，能够模拟自然界的树木和草地，创造出清新自然的山林场景或温馨甜蜜的庭院场景。

3) 应用空间的环境分类

(1) 城市绿化设计：是在城市环境背景下进行的一种景观设计，其核心目标是通过植物的选择和布置，为城市增添绿色景观，改善城市的生态环境质量，提升居民的生活品质。城市绿化设计通常包括公园、广场、街道、居民区等城市空间的绿化规划和植物布置。在公园和广场中，设计师通常会选择各种乔木、灌木、草本植物等进行布置，打造出丰富多彩的景观效果，并设置休息、娱乐、健身等功能区，为市民提供了休闲娱乐的场所。在街道和居民区，绿化设计则主要以路灯、路边绿化带、绿化隔离带等形式展现，通过在城市道路两旁种植树木、花草，营造出清新的空气和美丽的景观，增加城市的生态美感。

城市绿化设计的植物选择通常考虑到其适应性、观赏性以及生态功能。设计师倾向于选择适应城市环境的植物，如耐污染、耐干旱、耐盐碱等品种，以保证植物的生长健康。同时，也注重植物的观赏价值，选择颜色鲜艳、形态优美的植物，增加景观的视觉吸引力。此外，考虑到植物在生态系统中的作用，设计师还会选择具有净化空气、保护土壤、调节气候等功能的植物，以提升城市生态环境的质量。

城市绿化设计是城市规划与景观设计中不可或缺的一部分，它不仅美化了城市环境，还改善了城市的生态环境质量，提升了居民的生活品质。通过合理的植物布置和景观规划，城市绿化设计为城市居民提供了一个休闲、健康、舒适的生活空间，为城市的可持续发展作出了积极的贡献。

（2）园林景观设计：是一种专注于创造美丽、实用和功能性的户外空间的景观设计形式。它结合了艺术、生态学和工程学等多个领域的知识，旨在为人们提供一个宜人、舒适的环境，同时体现文化、历史和社会特征。园林设计的内容十分丰富，涉及景观布局、植物配置、景观构造、水景设计等方面。在景观布局方面，设计师根据不同的需求和场所特点，规划出各种功能区域，如休闲区、娱乐区、游憩区等，通过道路、步道、座椅等元素的合理设置，形成丰富多样的空间组合。植物配置则是园林设计中的重要内容之一，根据植物的生态习性、观赏特点和功能需求，选择适合的植物进行搭配和布置，营造出丰富的植物景观。景观构造包括各种园林建筑、雕塑、装饰品等元素的设计和设置，用以增加景观的层次和立体感。水景设计则是园林设计中的重要组成部分，通过水体的设置和水景的布置，增加景观的动态效果和舒适感。

园林设计的应用范围广泛，常见于公园、庭院、大型景区、城市绿地等各类场所。在公共园林中，园林设计可以为市民提供休闲娱乐的场所，丰富城市居民的文化生活；在庭院和私人花园中，园林设计可以打造出私密、舒适的生活空间，满足居民的个性化需求；在景区和旅游景点中，园林设计则可以为游客提供优美的环境，增加旅游的乐趣和吸引力。园林设计涵盖了多种不同场景的种植设计，具体包括户外绿地种植设计、室内庭园种植设计和屋顶种植设计。户外绿地种植设计是园林设计的主要类型之一，常见于公园、绿地、社区等大面积的户外场所。这些区域通常面积较大，植物种类丰富，直接受到土壤、气候等自然环境的影响。在设计时，除了考虑人工环境因素外，还应注重运用自然条件和规律，创造稳定持久的植物生态群落景观。这种设计能够为城市增添绿色空间，提供人们休闲、娱乐的场所，同时改善城市的生态环境。

室内庭园种植设计常用于大型公共建筑的室内环境布置中。与户外绿地相比，室内庭园的设计方法有所不同。设计师必须考虑到空间、土壤、阳光、空气等环境因素对植物景观的限制，同时也应注重植物对室内环境的装饰作用。通过精心设计，室内庭园可以为建筑物内部空间增添自然元素，提升居住和办公环境的舒适度和美感。

屋顶种植设计则是一种创新的形式，常见于建筑物的屋顶上，包括平房屋顶和楼房屋顶。屋顶种植设计可以分为非游憩性绿化种植和屋顶花园种植两种形式。通过在建筑物屋顶铺填培养土进行植物种植，不仅可以美化建筑外观，还可以提供额外的生态空间和城市绿化面积，有效利用城市空间资源，改善城市的生态环境。

6.2 环境景观种植设计的基本原则

植物作为园林要素的核心，赋予园林空间生命的活力和丰富的变化，强调通过植物材料，如乔木、灌木、藤本植物和草本植物，结合艺术手法和生态因素，创造出与周围环境相协调、富有意境和功能性的艺术空间供人们欣赏。环境景观种植设计并非孤立存在，它与时代背景和生态园林建设的深入发展密切相关。随着景观生态学、全球生态学等学科的引入，环境景观种植设计的内涵不断扩展。现代植物景观设计不仅关注视觉艺术效果，还关注生态和文化层面。

因此，环境景观种植设计的基本原则涵盖了生态适应性、多样性和生物丰富性、景观结构和层次、季节性变化、水资源管理、土壤保护和改良、人文因素考虑、管理和维护便利性、安全性以及景观的功能性等方面。这些原则共同构成了植物景观设计的基石，旨在创造出美观、可持续、与周围环境相协调并充满生命力的园林空间。

6.2.1 以人为本原则

景观是为人所设计的，而真正的以人为本不仅是追求美的享受，更重要的是要满足人作为使用者的最根本需求。在植物景观设计中，设计者必须深刻理解人们的生活和行为规律，确保设计能够真正满足人的感受和需求，实现其为人服务的基本功能。

6.2.1.1 关注人的生理和心理需求

这包括提供充足的绿色空间和自然光线，以及为人们提供舒适、安全的休憩和活动场所。植物的布局和选择应该考虑到人们的视觉需求，创造出令人愉悦的视觉效果，增强人们对自然的亲近感和满足感，同时植物景观设计需要关注人们的行为和感知。

6.2.1.2 考虑季节和天气条件下的活动习惯以及人对于景观环境的感知和体验

合理选择植物种类和布局方式，可以创造出各种不同的场景和氛围，满足人们对于不同体验和情感表达的需求。可是在实践中，有些决策者为了追求独特性和新颖性，却忽视了人们的真实需求，导致了景观设计与人的关系脱节。例如，一些大规模草坪或地毯式广场缺乏阴凉和私密空间，无法满足人们在高温天气下的需求，反而成为人们避之不及的地方。这种情况下，景观设计就偏离了以人为本的原则，失去了对人的关怀和关注。

6.2.2 科学性原则

环境景观种植设计必须尊重科学,特别要考虑其科学性在环境、生态情境中的体现。对于环境景观种植而言需处理好植物个体、个体间、群体、群体间、个体-群体-群落间的多重关系,充分考量环境景观种植设计中植物在各阶段、空间内所能发挥的作用,并形成更加有效的生态系统。

科学性原则要求设计者深入了解植物、个体和群体与其周围环境的相互关系。植物作为有生命力的有机体,其在生态环境中的作用十分重要。设计者应该根据植物的生态特性和环境条件,合理选择植物种类和布局方式,以最大限度地发挥植物在景观中的作用,创造出各种适宜的植物群落景观。

6.2.2.1 以乡土植物为主、外来树种为辅

科学性原则要求以乡土树种为主、外来树种为辅。乡土植物是在本地长期生存并保留下来的植物,对周围环境具有高度的适应性。因此,选择乡土植物作为景观设计的主要素材,不仅能够满足植物的生态需求,还能够体现当地的地域特色,是城市绿化的主要来源。

6.2.2.2 细化环境分析,因地制宜选择

因地制宜是科学性原则的重要体现之一。在景观设计过程中,设计者需要根据设计场地的生态环境特点,选择适宜的植物种类。这要求设计者对设计场地的环境条件进行综合分析和勘测,确保植物的生态习性与栽植地点的环境条件基本一致,从而实现设计方案的顺利实施。例如,在受到严重 SO_2 污染的工业区,应选择具有抗污染能力的树种;而在土壤盐碱化严重的地区,则应选用耐盐碱植物。

6.2.2.3 考虑四季景色,多感官感知

植物的景色随着季节的更替而有所变化,因此种植设计应该顾及四季景色,通过合理搭配不同季节的植物,使园林环境在每一个季节都能呈现出代表性的或特色景观。这种设计方法使得园林在时间的推移和季节的交替中呈现出变化丰富的优美景色,展现大自然赋予绿地空间的无穷魅力。设计者可以考虑四季景色的变化,将景观植物分区分段配置,使每个分区或地段突出一个季节的植物景观主题,在统一中求变化。尤其是在游人集中的地方,应该确保四季皆有景可赏,即使以一个季节的景观为主,也应该点缀其他季节的植物,以免过了一个季节后出现单调的情况。同时全面考虑植物在观形、赏色、闻味、听声上的效果。园林植物的形态各异,观赏特性也各不相同。有的人欣赏高大奇特的树形,有的人喜欢观赏春秋彩色的树叶,还有的人喜欢听植物的声音。因此,

在设计过程中，必须全面考虑植物的观赏特性，科学、合理地配置景观植物，充分发挥它们在视觉、嗅觉、听觉等方面的价值。

6.2.2.4 师法自然，永续发展

师法自然是科学性原则的重要内容之一。植物景观设计中，栽培群落的设计必须遵循自然群落的发展规律，从自然群落中借鉴、保持多样性和稳定性，以此获得成功。自然群落内植物之间的关系复杂多样，包括寄生关系、共生关系、附生关系等，考虑这些关系有利于提高景观效果和生态效益。通过科学合理地选择和布局植物，遵循自然规律，才能够创造出和谐、稳定的生态景观，实现植物与环境的良性互动，为人们提供美好的自然体验。

6.2.3 艺术性原则

在环境景观种植设计的基本原则中，科学性原则被视为其中之一，其核心理念在于尊重科学、遵循规律。在植物景观设计中，科学性原则的贯彻是确保设计方案的成功和可持续性的重要保证。这一原则体现了对植物生态系统的尊重和理解，旨在通过科学合理地利用植物，创造出和谐、稳定的生态景观。

完美的植物景观必须具备科学性与艺术性的高度统一，既要满足植物与环境在生态适应上的统一，还要通过艺术构图原理体现出植物个体及群体的形式美，以及人们欣赏时所产生的意境美。植物景观中的艺术性创造是非常细腻复杂的，需要巧妙地利用植物的形态、线条、色彩和质地进行构图，并通过植物的季相变化来创造瑰丽的景观，表现其独特的艺术魅力。

1.形式美法则

植物景观设计同样遵循着绘画艺术和景观设计艺术的基本原则，即统一、调和、均衡和韵律。植物的形式美是植物及其"景"的形式，在人的心理上产生愉悦感反应。通过对植物间色彩、形态、大小的巧妙设计和布局，形成富于统一变化的景观构图，以吸引游人，供人们欣赏。

2.统一的原则

统一的原则也称为变化与统一的原则，要求在设计中色彩、线条及比例都有一定的差异和变化，显示多样性，但又要使它们之间保持一定相似性，形成统一感。这样既生动活泼，又和谐统一。要掌握在统一中求变化，在变化中求统一的原则。

3.调和的原则

要注意相互联系与配合，体现调和的原则，形成柔和、平静、舒适和愉悦的美感。通过形象、体量、色彩、虚实、开闭、高低、质地的对比与调和等手法，可以使植物景观更加协调、和谐。

4.时空发展的规律

园林艺术讲究动态序列景观和静态空间景观的组织，而植物的生长变化则造就了植物景观的时序变化，丰富了景观的季相构图，形成三时有花、四季有景的景观效果。合理配置速生和慢生树种，考虑规划区域在若干年后的景观效果，即时空发展规律原则的体现。

5.意境美的境界

意境美是环境景观种植设计中的高级境界。通过植物的形、色、香、声、韵之美，表现人的思想、品格、意志，创造出寄情于景和触景生情的意境，赋予植物人格化。意境美是对植物景观的一种精神追求，能够让人们在园林中感受到清新隽永的诗情画意，达到"天人合一"的境界。

6.2.4　景观生态性原则

植物景观不仅为人们提供了赏心悦目的观景环境，更重要的是创造出适合人类生存的生态环境。它具有吸音除尘、降解毒物、调节温湿度及防灾等生态效应。因此，如何使这些生态效应充分发挥成为植物景观设计的关键。

6.2.4.1　从景观生态学的角度出发

需结合区域景观规划，对设计地区的景观特征进行综合分析。通过对环境的全面认知，确保设计方案按原规划实施。同时要注重生态系统的稳定性和生物多样性。在选择植物种类和布局时，应考虑到不同植物对生态系统的影响，避免过度依赖某一种植物，从而导致生态平衡的破坏。针对这样的问题，需要合理搭配适合当地环境的不同植物种类，增加景观的生物多样性，提升生态环境的稳定性。

6.2.4.2　从植物、土壤、水资源的角度出发

选择适合当地土壤和水资源条件的植物种类，并合理配置它们的种植位置，提高植物的生长适应性，减少浪费和污染，保护土壤和水资源的生态环境。在当前的相关研究中，植物景观设计还对当地野生动植物产生深刻的影响。在选择引进植物种类时，需要评估其可能对当地野生动植物种群和生态系统的影响，避免引起不良生态效应，保护当地生物多样性。

6.2.5　历史文化延续性原则

植物景观不仅是城市的绿化装饰，更是城市风情、文脉和特色的重要组成部分。这一原则要求设计者深入理解和尊重当地的历史文化，将其融入景观设计中，使植物景观

具有明显的地域性和文化性特征,从而产生可识别性和特色性。

6.2.5.1 理清历史文脉的主流

需要深入了解当地的历史文化,包括民俗风情、传统文化、宗教信仰以及历史文物等。通过对历史文化的主要特征进行梳理和分析,设计者可以更好地将这些元素融入植物景观中,形成具有地域特色和文化内涵的景观。

6.2.5.2 重视景观资源的继承、保护和利用

要保护和继承已有的历史文化景观资源,如古老的园林、传统的植物种植形式等,并在设计中加以合理利用。通过保护和传承历史文化景观资源,可以实现植物景观的延续性,并让人们在欣赏景观的同时感受到历史的沉淀和文化的传承。植物景观设计应以自然生态条件和地带性植被为基础。这意味着要根据当地的自然环境和气候条件选择适宜的植物种类,并将其融入景观设计中。通过借助地表植被,可以增强景观的地域性和自然性,使人们在欣赏景观的同时感受到与自然的亲近和融合。

6.2.5.3 体现历史文化的特色和内涵

借助特定的植物种类或植物组合来呈现当地的传统节日、民俗活动或历史事件,以此来强化景观的文化内涵和地域特色。同时,也可以通过植物的布局和造型来展现特定历史文化的符号和标志,从而使景观具有更加深刻的历史意义和文化内涵。

6.2.6 经济性原则

经济性原则在植物景观设计中扮演着至关重要的角色。尽管植物景观的主要目的是创造生态效益和社会效益,但在设计过程中必须考虑经济性,以确保在有限的资源条件下取得最佳的效益。这一原则要求在节约成本和便于管理的基础上,以最少的投入获取最大的生态效益和社会效益,从而为改善城市环境、提高居民生活环境质量提供服务。

6.2.6.1 考虑植物寿命、生长速度和管理成本等因素

优先选择寿命长、生长速度适中、耐粗放管理和修剪的植物,这样可以减少后期的维护成本和管理费用。例如,选择耐旱、耐寒、抗病虫害的植物品种,可以降低植物的死亡率和疾病防治的成本,同时减少对水资源和农药的使用,符合经济性原则的要求。

6.2.6.2 注重合理利用有限的土地资源

通过合理规划和设计,可以最大限度地利用现有的土地空间,降低土地利用成本,

并确保景观布局的合理性和美观性。例如，在城市绿化设计中，可以采用垂直绿化、屋顶绿化等方式，充分利用城市的立面和屋顶空间，增加绿化覆盖率，提高城市的生态效益，同时减少对土地资源的占用和开发成本。

6.2.6.3　注重节约成本和资源利用效率

通过合理选择植物种类和配置方式，可以降低种植成本、减少浪费，并确保景观效果的达到。例如，可以选择当地适应性强的植物种类，减少对外来植物的引入和培育成本；同时，可以采用密植和分层配置的方式，充分利用空间，提高景观的密度和立体感，减少种植面积和数量，从而节约成本。

植物景观设计的提出标志着生态园林建设、经济可持续发展以及生物多样性保护等方面迈出了重要的一步。这一领域的快速发展不仅使得植物景观在城市环境中得以广泛应用，还推动了乡土植物的驯化、引种，丰富了园林植物的种类。此外，植物配置理论的发展使得植物不再仅仅是景观的装饰品，而是成了空间和画面的主要构成要素。随着植物景观设计的不断发展，园林绿化的研究也从过去简单的二维绿量(绿化覆盖)转向了更为综合和立体的三维绿量(绿色量)。这一变化不仅注重了植物在地面上的覆盖，还着眼于建立更加丰富多样的立体绿化体系，提升城市生态环境的品质。植物景观设计的发展还推动了多个学科之间的交叉融合。除了园林规划设计领域，植物景观设计现在涉及了土壤学、气象学、植物生理学、花卉学、树木学、植物生态学、城市生态学、景观生态学、植物保护学、遥感与地理信息系统等学科领域。这种多领域的交叉性研究使得植物景观设计更加全面、深入，为城市绿化和生态环境的改善提供了更为科学和有效的方法。在植物景观设计的实践中，生态性原则均是不可或缺的。通过合理选择植物种类、配置植物布局、考虑生态系统的平衡和稳定等手段，可以最大限度地发挥植物景观在生态系统中的作用，提升城市生态环境的质量。此外，经济性原则也是植物景观设计中需要考虑的重要原则。在有限的资源条件下，通过节约成本、优化管理，实现植物景观的经济效益和社会效益的最大化。

6.3　环境景观种植设计的基本方法

环境景观种植设计是园林规划与设计中至关重要的一环，其任务是通过精心挑选、巧妙布局和精细管理各类植物，以营造出符合特定需求和愿景的环境。这一过程不仅是将植物种植于特定区域，更是一项艺术和科学相结合的复杂工程。在这个过程中，设计师需要综合考虑地理、气候、土壤、生态等因素，以及使用者的需求和审美感受，从而打造出具有美观、实用和生态友好特点的景观环境。

6.3.1 目标分析

目标分析是环境景观种植设计中至关重要的一步,它为后续的设计工作奠定了基础。在进行目标分析时,设计师需要全面考虑多方面因素,以确保最终的设计方案能够满足使用者的需求、适应当地的环境条件,并且具有良好的可持续性。

6.3.1.1 明确设计的目标和需求

这包括对景观类型的界定,例如,为公园、住宅区、商业区还是其他类型的场所进行的设计。不同类型的场所有着不同的功能和氛围要求,因此设计的重点和侧重点也会有所不同。例如,公园景观设计可能更注重自然、休闲和游憩的功能,而商业区的景观设计可能更注重商业氛围的营造和人流的引导。

6.3.1.2 重点考虑气候条件的影响

不同的气候条件会对植物的选择和管理提出特定的要求。例如,在炎热干燥的气候中,需要选择耐旱、耐热的植物;而在寒冷潮湿的气候中,则需要选择耐寒、耐湿的植物。同时,气候条件还会影响植物的生长周期和季节性变化,因此在设计过程中需要考虑植物的季节性特点,以保证景观在不同季节都能展现出相应的景象。

6.3.1.3 推演土壤类型和地形地貌的分析

不同的土壤类型对植物的生长有着直接影响,因此需要选择适合特定土壤条件的植物,或者进行土壤改良以满足植物的生长需求。地形地貌的差异也会影响到景观设计的布局和构造。例如,在山地地形中可能需要考虑坡地的稳定性和水土流失问题,而在平原地区则可以更灵活地设计水体和绿化带。

6.3.1.4 了解使用者的偏好和需求

通过与使用者的沟通和调研,设计者可以了解到使用者对景观的期望和偏好,例如,喜欢自然风格还是现代风格的景观,以及是否需要融入特定的主题或意义等。同时,还需要考虑使用者对植物的维护需求,例如是否需要低维护的植物、是否需要考虑季节性变化等。这些信息有助于设计团队制定出更加符合使用者需求的景观设计方案,提升景观的可接受性和满意度。

6.3.2 植物选择

在环境景观种植设计中,植物选择是至关重要的一环。合理选择植物种类不仅能够美化环境，还可以实现各种功能，如遮阴、净化空气、吸引野生动物等。在进行植物选择时，需要考虑设计目标、环境条件以及植物的功能和生态特性等因素。

6.3.2.1 设计目标和环境条件

不同的场所和环境条件需要选择不同类型的植物进行种植。例如，在气候炎热干燥的地区，应选择耐旱、耐热的植物，如仙人掌、龙舌兰等；在潮湿多雨的地区，可以选择耐阴、耐湿的植物，如蕨类植物、雨林植物等。同时，还要考虑到植物的高度、形态、生长速度、生命周期等特性，以确保其与设计目标和环境条件相匹配。

6.3.2.2 植物的功能

不同的植物具有不同的功能，可以满足景观设计中的各种需求。例如，一些高大乔木可以用于遮阴，为人们提供凉爽的休息空间；一些具有芳香气味的植物可以用于改善空气质量，增加景观的宜人度；一些多花多果实的植物可以吸引野生动物，增加生态多样性。因此，在进行植物选择时，设计师需要综合考虑景观设计的功能需求，选择具有相应功能的植物。

6.3.2.3 植物的生态特性

选择本地物种可以有效地保护当地生态环境，减少对外来物种的依赖，同时也有利于维护生态平衡。本地物种通常对当地的气候、土壤和生态条件更为适应，生长更加健康稳定。此外，还需要考虑植物是否易于管理，如对病虫害的抵抗力、对水肥的需求等，以确保景观的长期健康。在进行植物选择时，还需要综合考虑不同植物之间的相互关系。合理的植物组合可以营造出丰富多彩、层次分明的景观效果，增加景观的美感和趣味性。设计师可以根据植物的形态、颜色、花期等特点进行组合搭配，创造出具有独特魅力的景观效果。

在环境景观设计中，植物种植特征是至关重要的一环。以植物类型中的树木为例，可以从其特性、色彩、树形、纹理、突出部分、尺度、序列、平衡、空间构成要素等方面展开设计，能够为环境增添丰富的层次和魅力。

（1）特征：选择适合的树种是植栽设计的基础，不同树种的大小、形状、质感、季节性变化等都会影响到整体景观效果。因此，在设计中需要考虑树种的特性，并灵活运用在不同的季节里。

（2）色彩：树叶的颜色在景观设计中起着重要作用，不仅能够为空间增添生机和变化，还能够影响人们的情绪和感知。在设计中，可以通过选择不同颜色的树种和植物，合理搭配基础色调、突出色调和混合色调，营造出丰富多彩的景观效果。

（3）树形：树木的树形也是影响景观效果的重要因素之一。不同形状的树木可以带来不同的视觉效果，如圆形、圆柱、圆锥等。在设计中，可以根据空间的需要和设计目标选择合适的树形,以达到最佳的景观效果。

(4)纹理:树叶的质地和形状影响着景观的质感和层次感。粗疏的树叶适合近观,细密的树叶适合远观。在设计中,可以通过合理搭配不同质地和形状的植物,来丰富空间的质感和层次感。

(5)焦点:在设计中通过强调某些位置的植物,来突出空间的重点和焦点。这些植物的选择和搭配需要与周围环境相协调,并考虑到观赏空间的大小和视觉效果。

(6)尺度:根据空间的大小和建筑物的高度,选择合适尺寸的植物。大型建筑物旁边适合种植高大的树木,而小型庭院则适合种植矮小的植物,以保持空间的相对平衡。

(7)序列:移动路线与树木的关系需要精心设计,根据动线的特点和空间的需要选择合适的树木种植方式,以形成统一的格调和视觉效果。

(8)平衡:在布局设计中,需要考虑空间的平衡和协调,避免过于单一或杂乱无章。通过合理选择植物种类、布局方式和数量,来达到整体空间的平衡和协调。

植物不仅是景观设计的元素,还是空间的构成要素之一。植物选择是环境景观种植设计中的关键步骤,通过综合考虑设计目标、环境条件、植物功能和生态特性等因素,选择适合的植物进行种植,可以实现景观设计的美化、功能实现和生态保护等多重目标,为人们营造出宜人的生活环境。通过精心组合不同的植物要素,可以丰富空间的层次和变化,营造出丰富多样的景观效果。结合植物种植特征在环境景观设计中的作用,设计师需要充分考虑植物的选择、搭配和布局,以创造出更富有层次和魅力的景观空间。

6.3.3 布局设计

布局设计是环境景观种植设计中至关重要的一环,它涉及植物在空间中的布置、分布和组合,直接影响景观的整体效果和观赏价值。在进行布局设计时,设计师需要考虑植物的种类、形态、生长特性、生态需求,以及场地的特点和使用者的需求。

(1)需要根据景观设计图纸确定植物的布局和分布。在绘制景观设计图纸时,设计师通常会考虑场地的整体形态、尺度、方向、地形地貌等因素,将植物的位置和种类标注在图纸上,形成植物布局的基本框架。布局设计不仅包括树木、灌木、地被植物等的位置和密度,还包括其他景观元素如水体、石材等的布置,以及人行道、座椅等的设置,使得各个元素之间能够相互配合,形成和谐统一的景观效果。

(2)需要考虑植物之间的空间关系,避免过于拥挤或稀疏。植物之间的空间关系直接影响到景观的通透性、层次感和立体感。设计师需要根据植物的生长特性和成熟尺寸,合理安排植物之间的距离和位置,避免在植物成熟后产生过度拥挤的情况,也避免过于稀疏造成景观单调的情况。同时,还需要考虑植物之间的竞争关系和相互影响,避免出现植物之间的互相阻挡和抢夺养分的情况,以保证各种植物能够健康生长。

(3) 需要根据植物的生长特性和需求进行合理的组合。不同的植物具有不同的生长特性和生态需求，例如耐阴植物、耐旱植物、喜阴植物等，设计师需要根据这些特性将不同类型的植物进行合理的组合，形成多样、层次分明的景观效果。例如，在树木的庇荫下可以种植一些喜阴的灌木和地被植物，从而充分利用空间资源，实现景观的立体效果；在充足阳光照射的区域可以种植一些喜阳的植物，提升景观的亮度和活力。

(4) 考虑景观的整体氛围和功能需求。不同类型的场所和不同的使用需求可能会对植物布局提出特别要求。例如，公园景观设计可能更注重开阔、自然、通透的布局，注重景观的整体观赏性和游憩性；而商业区景观设计可能更注重活力、独特性和商业氛围的营造，注重景观的品牌形象和商业价值。设计师需要根据具体情况和需求，灵活调整植物布局，以实现景观设计的最佳效果。

在环境景观设计中，布局设计是至关重要的一环，它不仅影响着空间的利用效率，还直接影响着人们的感知和行为。通过植物的围合与覆盖形成不同形式下的场域空间。这种空间不仅是人们聚集的场所，还能够在视觉上创造出一种连贯性和统一性。在设计中，可以通过合理配置树木的种植位置和密度来调整场域形状和强度。例如，植物的密集度越高，场域的强度就越大，吸引力也就越强烈。

(1) 指示方向：通过植物的种植和间隔等手段来引导人们的行动路线和视线，从而控制他们的行动。等距离连续种植可以形成城市的轴线，明确指示行人的路线则可以通过灌木绿篱等植被来实现。

(2) 遮挡边缘：利用植被来遮挡建筑物等，使视线得到引导。这可以通过在纵面上使用绿色植被来覆盖背景，或者在平面上使用绿色植被来圈起周围的棱角来实现。这样的设计不仅可以使建筑物更加引人注目，还能消除直线感的墙壁边缘，增加空间的柔和度。

(3) 接合要素：通过植栽将各个独立的建筑有机地连接在一起，形成统一的空间。例如，可以通过人工连接建筑物的中庭或列植的侧柏来实现建筑与中庭之间的连接，或者通过花草来连接不同的移动路线，使空间更加连贯。

(4) 相对尺度：通过配置不同规模的植物来改变空间中物体的相对规模。在中庭中栽种大型或中等大小的树木群，可以使空间看起来更加宏大；而在住宅群中配置高大的树木，则可以改变整个空间的尺度感。

(5) 引导行为：通过空间布局来引导步行者的行为。通过产生逐渐向内缩小的空间、连续性的变化以及日照的明暗变化等手段，可以引导步行者朝着特定方向前进。例如，向内缩小的广场会让人想要向前走，而种植在园路旁的林荫树则可以引导人们通往小丘的另一侧。

(6) 层次分割：通过改变地面的形态或造型来切割空间，形成不同风格的小空间。这可以通过整形切割获得空间，将平面分成几个"房间"或者利用饰边分割的地面植被来实现。这样的设计不仅能够丰富空间的层次感，还能够满足不同功能和需求的空间分隔。

布局设计是环境景观种植设计中至关重要的一环,通过合理的植物布局和组合,可以实现景观设计的美化、功能实现和生态保护等目标,为人们营造出宜人的生活环境。设计师需要综合考虑植物的生长特性、空间关系、生态需求,以及场地特点和使用者需求等因素,制定出符合景观设计目标的最佳布局方案。

6.3.4 生态平衡

生态平衡在环境景观种植设计中扮演着至关重要的角色。确保植物的选择和布局有利于当地生态系统的平衡是设计师应该关注的核心问题之一。通过考虑植物的生态功能,例如提供栖息地和食物给当地野生动物,保持土壤稳定和水资源保护等,设计师可以创造出更加健康、可持续和生态友好的景观环境。

(1) 影响生态平衡的关键因素之一。选择适应当地气候和土壤条件的本地植物种类,有助于维护当地生态系统的平衡。本地植物与当地生态系统相协调,更容易适应当地的气候、土壤和生态环境,有助于减少外来物种对当地生态系统的影响,降低生态风险。此外,选择适合的植物种类还可以提供丰富的食物和栖息地给当地野生动植物,促进生物多样性的维护和发展。

(2) 在设计过程中需充分考虑植物的生态功能。不同类型的植物具有不同的生态功能,例如一些草本植物具有较强的根系系统,可以帮助稳定土壤、防止水土流失;一些耐阴植物可以在森林下层提供栖息地和食物给野生动物;一些具有气根的湿地植物可以净化水质,改善水域环境等。设计师可以根据植物的生态功能特点,有针对性地选择植物种类,使其能够在景观中发挥最大的生态效益,促进生态平衡的形成和维护。

(3) 植物的布局和密度也会影响生态平衡的实现。合理的植物布局可以提供丰富的生态空间,为野生动植物提供栖息地和食物。设计师可以通过合理安排植物的位置和间距,创造出多样丰富的生态环境,促进生物多样性的维护和发展。此外,还可以通过多层次的植物布局,例如在地面层、灌木层和乔木层分别种植不同类型的植物,提供丰富的生态空间和资源,增加生态系统的复杂性和稳定性。

(4) 植物选择和布局还需要考虑到对水资源的保护和利用。选择耐旱、耐盐的植物种类,合理配置植物的水分需求和供给,有助于减少水资源的浪费和污染,保护当地水资源的生态功能和供给。同时,合理利用雨水和灌溉系统,改善土壤保水能力,可以促进植物生长,提高景观的可持续性和生态效益。

生态平衡在环境景观种植设计中具有重要意义。通过选择适应当地环境的植物种类,考虑植物的生态功能和布局特点,合理配置植物的位置和密度,以及保护和利用水资源等措施,可以实现景观设计与生态平衡的有机结合,为人们创造出更加健康、可持续和生态友好的生活环境。

6.3.5　季节性变化

季节性变化是环境景观种植设计中不可忽视的重要因素之一。通过考虑植物在不同季节的变化，设计出具有季节性景观美感的种植方案，以及选择具有四季景观特色的植物，可以确保景观在整个年份都具有吸引力和变化的魅力。

（1）考虑植物在不同季节的变化，是环境景观种植设计中至关重要的一环。不同季节的气候和光照条件会直接影响植物的生长和表现形态，因此设计师需要充分考虑这些因素，选择适合不同季节的植物，并合理安排它们的布局和组合，以实现景观在不同季节都能展现出美丽的景色。例如，在春季，可以选择一些早春开花的植物，如樱花、杜鹃等，以增加春季景观的色彩和生机；在夏季，可以选择一些喜阳耐热的植物，如向日葵、百合等，以营造夏日清爽的景象；在秋季，可以选择一些变色叶植物，如枫树、银杏等，以增加秋日景观的丰富多彩；在冬季，可以选择一些具有枝干、果实等特色的植物，如红柳、冬青等，以增加冬季景观的层次和质感。通过合理选择和搭配不同季节的植物，可以使景观在整个年份都保持变化和美感。

（2）选择具有四季景观特色的植物，是实现季节性景观美感的关键之一。这些植物具有较长的观赏期和强烈的季节性变化特点，能够在不同季节展现出独特的魅力，为景观增添色彩和活力。在进行植物选择时，设计师需要特别注意选择这些具有四季景观特色的植物，以确保景观在整个年份都具有吸引力和变化的魅力。例如，可以选择一些常绿植物，如松树、柏树等，作为景观的基础植物，以保持景观在冬季的绿色和生机；同时，在其周围搭配一些具有春夏秋季节性特点的植物，以增加景观的丰富性和层次感。此外，还可以选择一些具有鲜艳花朵、丰富果实、变色叶等特点的植物，以丰富景观的色彩和形态，使其在不同季节都具有吸引力和变化的魅力。

通过合理选择和搭配不同季节的植物，设计师可以实现景观在整个年份都保持变化和美感，为人们营造出丰富多彩、层次分明的生活环境。因此，在进行环境景观种植设计时，设计师应该充分考虑这些因素，以确保景观在不同季节都能展现出最佳的美感和魅力。

6.3.6　管理与维护

管理与维护是环境景观种植设计的基本方法之一，其重要性不言而喻。一个好的管理与维护计划可以确保植物在整个生长周期内健康成长，让景观始终保持整洁美观。以下对管理与维护在环境景观种植设计中的重要性和拓展描述进行详细阐述：

（1）制订合理的管理计划。管理计划应该包括浇水、修剪、施肥、除草、病虫害防治等内容，以确保植物得到必要的养分和保护。浇水是植物生长所必需的，但过度或不足的浇水都可能对植物造成伤害。因此，需要根据植物的需水量和季节变化，制定合理的浇水计划。修剪是保持植物健康和形态美观的重要手段，通过定期修剪可以控制植物的生长方向和形态，防止过度生长和杂乱无章。施肥可以补充土壤中的养分，提高植物的生长速度和抗病能力。除草和病虫害防治则是保持植物健康的必要措施，定期清除杂草和处理病虫害，可以有效减少病害传播和植物损伤，保护景观的整体效果。

（2）考虑到植物的生长速度和空间需求，定期进行植物管理是保持景观整洁和美观的关键。不同类型的植物具有不同的生长速度和生长习性，一些快速生长的植物可能会在短时间内迅速占据空间，造成景观过于拥挤和杂乱。因此，设计师需要根据植物的生长特性，定期进行植物管理，控制植物的生长速度和方向，保持景观的整洁和美观。这包括定期修剪、整形和移植植物，以及适时更新老化或损坏的植物，使景观始终保持优雅和有序。

（3）确保管理人员了解植物的需求和管理技术。管理人员是保障景观健康和美观的重要保障，他们需要具备一定的植物学知识和管理技能，能够有效地进行植物管理和维护工作。因此，设计师需要为管理人员提供相关的培训和指导，使他们了解植物的生长特性、需水量、施肥时间、病虫害防治方法等，掌握正确的管理技术和操作方法，保障植物的生长质量和景观的持续美观性。

环境景观种植设计是一门综合性的设计领域，它融合了植物选择和布局、生态平衡、季节性变化以及管理与维护等多种方法，旨在创造出舒适、健康、美观的生活环境。在实践中，设计师需要全面考虑各方面因素，并注重它们之间的相互关系，以达到最佳的设计效果。

◎ 思考题

1. 简述景观植物基本形式。
2. 描述你所了解的 2~3 种不同类型的植物，并概述它们在具体景观环境中的应用。
3. 谈一谈环境景观种植设计中生态平衡的重要性。

第 7 章 环境景观设计的流程与方法

7.1 环境景观设计的流程

环境景观设计是一项综合性工程，涉及多方合作推进的系统性工作。其设计流程主要可分为初期、中期和终期三个阶段。

(1) 初期阶段：讨论预判，初步方案。在环境景观设计的初期阶段，首先基于设计任务书的要求，与业主方进行充分的沟通与讨论。设计师需要了解业主方的需求、偏好、预算等方面的情况，并与他们共同确定项目的目标和范围。在与业主方的交流中，设计师通过展示初步的设计概念和构想，将自己的想法以设计图纸的形式呈现出来。这些设计图纸可能包括草图、概念图、示意图等，以帮助业主方更好地理解设计的方向和意图。经过反复的交流和讨论，最终确定一个初步的设计方案，为后续的深入设计奠定基础。

(2) 中期阶段：深入方案，精化细节。设计团队将会深入挖掘和细化设计方案，完善设计图纸，并将其中的设计理念和要求更加具体化。在这个阶段，设计团队将会根据实际情况和业主方的反馈，对设计方案进行调整和优化，以确保方案的可行性和实施性。同时，设计团队还将会选择合适的材料和设备，并对施工工艺进行细致的规划和设计，以保证施工过程的顺利进行和最终效果的实现。

(3) 终期阶段：深化施工。设计团队将会提供详细的施工图纸和说明，包括工程施工图、设备安装图、材料清单等，以指导施工人员进行实际的施工工作。施工人员将按照设计图纸和说明，按计划进程和标准化要求，推进并完成环境景观的建造。同时，设计团队将会对施工过程进行监督和管理，确保施工工程按照设计要求和标准完成，并及时解决施工中的问题和难题。

环境景观设计是一个过程性设计，是一个由易到难、由浅入深的过程。作为设计者应秉持专业化的职业精神，对于设计项目的基地环境进行全面且综合的调研，其中包含对外部环境、内部环境，以及物质环境与相关的文化环境进行调研。同时基于设计师的专业素养、设计经历与经验，对于设计项目作出准确的判断与分析。并通过研判拿出合理的方案，并完成设计。这种先调查分析，后展开综合的设计过程也可以系统地划分为五个阶段，即任务书阶段、基地调研和分析阶段、总体方案设计阶段、详细设计阶段、施工图阶段(图 7-1、表 7-1)。

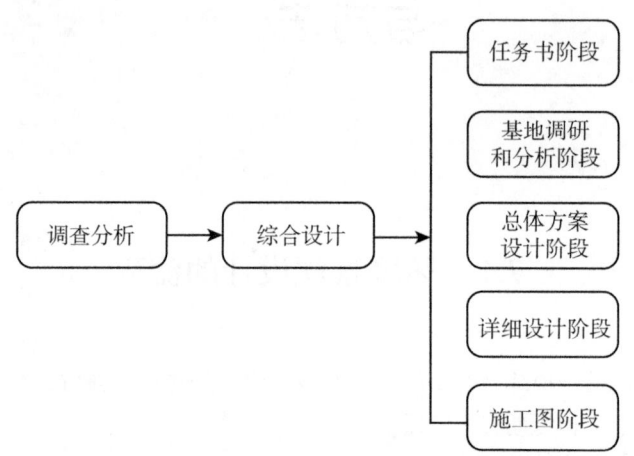

图 7-1　设计项目的系统阶段图

表 7-1　设计周期计划

序号	设计阶段	设计天数(天：指工作日)
方案设计	概念、方案设计	现场调研后_____天完成
	方案深化、调整设计	收到甲方书面修改意见后_____天完成
初步设计	初步设计图纸制作	_____天内完成
	提交正式初步设计文件成果	收到甲方书面修改意见后_____天完成
施工图设计	施工图制作	_____天内完成
	提交正式施工图文件成果	收到甲方书面修改意见后_____天完成
后期服务	施工配合	从提供正式施工图到工程竣工验收的技术服务(不包括竣工图制作)

根据具体项目面积及时间周期要求再做具体调整。

7.1.1 任务书阶段

任务书阶段是环境景观设计的起点，它为整个设计过程奠定了基础，为设计团队提供了项目的基本信息和指导方针。在这个阶段，设计团队与业主方进行充分的沟通和了解，以确保设计方案能够符合业主的需求和期望。任务书作为设计人员充分了解业主的具体要求，在任务书阶段，设计团队需要与业主方进行详细的会议或讨论，以了解项目的目标、范围、预算和时间等方面的要求。设计团队要收集和整理好业主方提供的资料和信息，包括项目的背景资料、土地情况、地形地貌、气候条件、文化特色等，以便为后续的设计工作提供基础数据。

设计团队对项目基地要进行实地考察和调研，了解其具体情况和特点。通过现场勘察和测量，设计团队收集好地形地貌、植被分布、土壤状况等相关信息，以便为设计方案的制定和实施提供依据。在了解了项目的需求和基地情况后，设计团队将开始进行市场调研和竞品分析，以了解行业的发展趋势和最新设计理念。通过对市场的调研和竞品的分析，设计团队可以了解行业的最新动态和发展方向，为设计方案的创新和差异化提供参考。

在任务书阶段，设计团队要制定好项目的设计目标和策略，并确定设计方案的总体思路和方向。设计团队将根据业主方的需求和基地情况，提出创新性的设计理念和解决方案，以满足项目的功能要求和美学需求。同时，设计团队还应制定项目的工作计划和时间表，以确保设计工作的顺利进行和按时完成。任务书阶段为整个设计过程提供了基本信息和指导方针，为设计团队的工作提供了清晰的方向和目标。通过充分的沟通和了解，设计团队能够准确把握项目的需求和基地情况，提出创新性的设计方案，并制定有效的工作计划和时间表，以确保设计工作的顺利进行和最终实现客户的需求和期望。

7.1.2 基地调研与分析阶段

基地调研与分析阶段

在设计工作进入基地调研与分析阶段后，设计团队将积极投入实地考察与资料搜集的工作。设计师将结合任务书阶段所获得的项目要求和业主提供的基地图纸，明确设计区域的具体范围，即红线范围。这一范围确定了设计的边界，是设计团队展开后续工作的重要依据。设计团队将进行实地考察，走访调研场地现状及场地周边的具体情况，深入了解其地形地貌、自然环境、植被状况等情况。通过实地考察，设计师可以直观感受到基地的氛围和特色，掌握到一些难以通过图纸了解的实际情况。同时，设计师还将对基地周边的环境进行观察和记录，包括周边的交通状况、人口密度、文化背景等，以全面了解基地所处的环境和背景。在实地考察的基础上,设计团队将收集的有关项目基地的各种资料和信息,包括历史文化资料、地理环境资料、土地利用规划、土地所有权情况等进行搜集整理和数据分析。通过收集和整理这些资料,设计团队可以为后续的设计工作提供必要的参考和依据。同时,设计团队还应对这些资料进行深入分析和评估,发现其中的问题和矛盾,为设计方案的制定提供指导和支持。综合考虑基地的各种因素和要求后,设计团队还应制定项目的设计策略和方向,并提出创新性的设计理念和解决方案。他们将根据基地的特点和需求,确定设计方案的总体框架和主题,以满足项目的功能要求和美学需求。同时,设计团队还应提出具体的设计建议和措施,解决基地存在的问题和挑战,为设计方案的实施提供指导和支持。在整个基地调研与分析阶段中,设计团队应全力以赴,确保对项目基地的充分了解和深入分析,为后续的设计工作提供充分的基础和指导,以确保设计方案的科学性、实用性和创新性。

7.1.2.1 实地考察和勘察

实地考察和勘察是环境景观设计中至关重要的一环,它不仅提供了设计团队直接感受和了解项目基地的机会,也为后续的设计工作积累了必要的基础数据和实践经验,更加能够深入了解项目基地的地形地貌。通过实地考察,设计师可以亲身体验基地的地形起伏、地势变化等特点,了解土地的高低起伏、坡度情况等。这对于后续的景观规划和地形设计至关重要,设计团队可以根据基地的地形特点,合理布局景观元素,打造出更具层次感和美观性的景观空间。实地考察和勘察有助于设计团队深入了解基地的自然环境。设计师可以观察基地周围的植被类型、生长情况,了解当地的气候条件、水文特征等。这些信息对于植物选择、景观布局以及水体设计等方面都有着重要的指导作用,有助于设计团队在设计方案中充分考虑自然环境因素,实现与自然和谐相融的景观效果。另外,实地考察和勘察还涉及对基地周边环境的调查和收集,这包括交通状况、人口密度、周边建筑物的类型和分布等。这些信息对于了解基地所处的社会环境和文化背景具有重要意义,有助于设计团队在设计方案中考虑到基地周边环境的影响和作用,从而更好地满足项目的实际需求和客户的期望。

1.收集相关技术与人文资料

在环境景观设计的初期阶段,收集相关技术与人文资料是设计团队为了全面了解项目基地的现状和背景而采取的重要步骤。这些资料包括基地的现状图、地形图、管网图、水利与气象资源图等技术资料,以及与基地相关的历史、文化、社会信息等人文资料。收集相关技术资料对于理解基地的地理环境和基础设施状况至关重要。通过获取现状图、地形图和管网图等技术资料,设计团队可以详细了解基地的地貌特征、地形起伏、水系分布、道路交通等情况,为后续的景观设计和规划提供了基础数据和依据。同时,获取水利与气象资源图等资料可以帮助设计团队分析基地的水文气象条件,为水体设计和绿化规划提供参考。收集人文资料对于了解基地周边的历史、文化、社会背景具有重要意义。通过研究基地及其周边地区的历史文化信息，设计团队可以了解当地的文化传统、历史沿革、地域特色等，从而在设计中融入当地的文化元素，增强景观的地方特色和人文氛围。另外，收集社会信息也有助于了解基地周边的人口密度、社会结构、居民需求等，为设计团队制定符合当地实际情况的设计方案提供参考依据。在收集相关技术与人文资料的过程中，设计团队可以通过多种途径获取。技术资料一般可以从任务书和业主提供的相关文件中获得，也可以通过向当地相关部门申请获取。而人文资料则需要从历史文献、地方志、民间故事等资料中搜集和整理来获取，也可以通过实地调查和采访当地居民来获取相关信息。通过收集上述技术资料和人文资料，设计团队可以更好地把握项目的特点和需求，实现设计的科学性、实用性和创新性。

2.田野调研与实地勘测

田野调研和实地勘测要求设计师亲临项目基地现场，通过实地观察和勘测，了解基地的实际情况和周围环境条件。设计师可以利用此机会核对和补充之前收集到的图纸和资料，确保设计的准确性和完整性。另外，通过实地勘测，设计团队可以更加深入地了解基地的地形地貌、植被状况、周边建筑物分布等关键信息，为后续的设计工作提供重要参考。设计师在现场行走和观察的过程中，可以拍摄一定数量的环境现状照片，记录基地的景观特征、自然条件和周边环境，以备后续设计时参考和使用。同时，现代技术的发展也使得航拍工具成为常用的调研手段之一，通过航拍可以获取更广阔、更全面的视角和信息，为设计团队提供更多的数据支持和设计灵感。通过田野调研和实地勘测，设计团队可以更准确地把握项目基地的特点和需求，为设计方案的制定提供重要的参考和支持。

7.1.2.2 资料搜集和文献查阅

通过系统收集各种资料和信息，设计团队能够更全面地了解项目基地的情况，并为设计工作提供必要的参考和依据。这一过程包括收集历史文化资料、地理环境资料、土地利用规划、土地所有权情况等方面的信息，以及案例分析和成功案例的研究。对于历史文化资料的搜集与查阅是为了了解项目基地的文化底蕴和历史背景。通过研究当地的历史文献、古籍、地方志等资料，设计团队可以了解基地周边的历史沿革、文化传统、重要事件等，从而在设计中融入当地的文化元素，增强景观的地方特色和历史文化内涵。收集地理环境资料是为了全面了解项目基地的地理条件和自然环境。设计团队需要获取基地的地形地貌图、气候气象资料、植被分布图等信息，以便分析基地的地形特征、气候条件、植被类型等，为景观设计和规划提供科学依据和技术支持。收集土地利用规划和土地所有权情况等资料是为了了解项目基地的土地利用现状和规划方向。设计团队需要获取基地的土地利用规划图、土地所有权证明等文件，了解基地的规划用途、土地使用权归属等情况，以便设计与规划方案与当地法规和政策相符合，确保设计的可行性和合法性。收集相关的案例分析和成功案例也是设计团队的重要任务。通过研究其他类似项目的设计案例和成功经验,设计团队可以借鉴其他项目的设计理念、技术手法和管理经验,从中吸取经验教训,为自己的设计工作提供借鉴和启示,提升设计方案的质量和创新性。

7.1.2.3 分析和问题诊断

对基地的特点和存在的问题进行深入分析和评估。通过数据分析,设计团队可以了解基地的优势和不足之处,发现存在的问题和矛盾,为设计方案的制定提供依据和思路。设计团队应综合考虑基地的自然环境、人文环境、社会经济等因素,分析其对设计的影响和挑战,以确保设计方案的科学性和实用性。在客观调查和主观评价基础上,对基地及其环境各要素作出综合性的分析和评价,从而充分地发挥基地的潜力环境作用。设计团队应通过数据分析和实地考察对基地进行全面的评估,如可以利用现代技术和工具,收集和分析基地的地形地貌、气候气象、植被分布等数据,以了解基地的自然条件和环境特点。同时,设计团队还应进行实地考察,感受基地的实际情况和氛围,发现基地存在的问题和挑战,从多个维度来审视基地,包括地形地貌、水文地理、文化历史、社会文化等方面,以全面了解基地的背景和特点。

通过对基地各要素的分析,设计团队可以识别出存在的问题和矛盾,并提出相应的解决方案,对基地及其环境各要素作出综合性的评价,为设计方案的制定提供参考和指导。在环境景观设计中,人文分析涉及对场所中人们的生活、习惯、历史特征以及目标人群的年龄、爱好等方面所进行的深入研究和分析。这包括对当地居民的日常生活方式、工作习惯、社交活动等进行调查和观察。通过了解居民的生活方式,设计团队可以更好地把握场所的文化氛围和人文特征,为设计方案的制定提供参考和指导,另外,针对场所的文化和历史特征。设计团队需要了解场所的历史沿革、文化传统、重要事件等,以及场所的社会结构和分化情况。通过对场所历史特征的分析,设计团队可以发现场所的独特之处,从而为设计方案的创新提供灵感和借鉴。

人文分析需要对项目所针对的主要目标人群进行分析。这包括对目标人群的年龄、职业、教育程度、家庭状况、爱好等方面进行调查和统计。通过对目标人群的分析,设计团队可以了解他们的需求和偏好,为设计方案的定位和功能设置提供依据。与此同时人文分析还需要考虑场地和气候等外部条件对目标人群的影响。设计团队需要了解场地的地理位置、气候条件等外部环境因素,以及这些因素对目标人群活动的影响。通过对外部条件的分析,设计团队可以优化设计方案,提供舒适和便利的使用环境。通过对场所人文特征、目标人群需求和外部环境因素的深入分析,设计团队可以为设计方案的制定提供科学依据和指导,确保设计方案符合用户的需求和期望。

7.1.2.4 制定设计任务和方向

提出创新性的设计理念和解决方案。将所收集的资料,经过分析、研究确定其具体的设计目标与原则,编制出设计的要求和说明。在具体制定设计任务时要通过资料与分析的结果,更加科学、精准地进行判断,尽量在设计中采用表格、图解、注释的方式进行表达。聚焦问题,锚定方向,系统地提出解决思路与方案。

7.1.3 总体方案的设计阶段

环境景观设计的总体方案承载着整个设计过程的核心内容和主要任务。在这个阶段,设计团队需要结合基地情况和需求,提出创新性的设计理念,将概念转化为具体的设计方案。

7.1.3.1 创意与概念构想

在理解基地情况和用户需求的基础上,设计团队应提出设计理念和概念构想。通过创意的发挥和思维的碰撞,提出具有独特性和创新性的设计方案。这些设计理念和概念将成为后续设计工作的指导方针和灵感源泉。

7.1.3.2 空间布局与形式表达

根据设计理念和功能规划,确定项目的空间布局和景观元素。设计团队应选择合适的植物、材料、雕塑等景观元素,为设计方案增添美感和趣味性。同时,还应考虑景观元素之间的搭配和组合,打造一个丰富多彩、具有个性特色的景观环境。设计团队还需要对设计方案进行形式表达和效果展示。利用手绘、平面图、立体模型、虚拟仿真等方式,将设计方案呈现给业主。通过形式表达和效果展示,设计团队可以与业主方进行充分沟通和交流,确保设计方案得到认可和支持。

7.1.3.3 方案调整与完善

根据业主和利益相关方的反馈意见,设计团队应对设计方案进行调整和完善。同时,结合实际情况和需求,优化方案的细节和内容,权衡利弊确定一个较好的集成方案,确保设计方案符合项目的定位和要求。

7.1.3.4 最终方案确定

经过多轮反复修改和完善,设计团队将确定最终的设计方案。这个方案将成为后续设计和施工工作的基础,为项目的顺利实施提供可行性和指导性的依据。通过功能分区,结合基地条件、空间及视觉构图,确定各种使用区域的平面布局,其中包括交通网络的布置与分级、广场和停车场的安排、建筑及出入口的确定等内容。总体方案设计需要完成主要部分的平面图、功能与流线分析图、概念构思与总体规划平面图,在此基础上撰写设计说明,阐述设计构思,凝练创意点。

具体的设计要点内容归纳如下:

(1) 场地区域的方位、占地面积与场地现状;

(2) 设计项目的类型及相关设计原则;

(3) 设计规划与功能分区;

(4) 设计内容部分;

(5) 管线设置构想与说明;

(6) 工程估算。

总体方案设计阶段,设计师常会使用草图方式展开初期的头脑风暴。可尝试运用拷贝纸拷贝地图,并在拷贝纸上进行勾画、推敲,直至达到业主的要求。初期方案的设计非常考验设计师的基本功、审美力与经验度,这里包含从平面角度与空间速写表现两个维度。因此应尽可能通过初期设计表达出对于场地任务的理解,最终与业主达成共识,并通过专业软件将草图逐步进行更加精准化的转化与表现。

7.1.4 详细设计阶段

详细设计阶段内容涵盖广泛,从概念的具体化到技术的实施都必须在这一阶段得到充分的考虑和规划。当方案设计完成时,应与委托方共同商议,并根据商讨结果对方案进行修改和调整。然后,需要对整个方案进行各方面详细的设计,利用造型、空间、色彩以及材料表现等手段,形成更具体的内容。详细设计阶段除了平面的深化和细化之外,还需要设计大部分立面图和剖面图,以表现竖向空间的变化。特别是在处理坡地时,立面和剖面的设计显得尤为重要。同时,详细设计阶段还包括水、电、结构等方面的内容。在这个阶段,设计师需要与不同的工程师进行协商,共同探讨各种手段的协调。完成详细设计阶段后,文件将提交给业主进行磋商,待获得认同后再进入施工图阶段。详细设计阶段需要完成的图纸主要包括各局部详细的平面图、剖面图、样图、透视图以及表现整体设计的鸟瞰图等。

方案深化阶段主要涉及以下几个方面:总体规划效果图,局部效果及剖、立面图,意向分析图,规划功能分区图,景观视线分析图,交通系统分析图。

按业主同意敲定后的设计方案,确定以下细化内容。详细设计阶段需要对场地进行深入的分析和评估,具体内容常表现在设计文本与设计展板中。

(1) 概念细化和确认。在详细设计阶段,首先需要对前期概念设计进行进一步的细化和确认。这包括确定景观风格、主题、功能要求等,以确保设计的一致性和完整性。

(2) 场地分析与评估。包括地形、土壤、水文、气候等方面的考量,以及对周边环境、社会文化因素的调查研究,为后续设计提供基础数据和依据。

(3)植物选择与配置。根据场地特点和设计目标，进行植物的选择和配置。这包括树木、灌木、花卉等的种类、数量、布局等，还需考虑到它们的生长习性、景观效果和生态环境的要求。

(4)硬质景观与元素设计。硬质景观元素不仅包括路径、平台、座椅、雕塑等的设计，还要考虑材料选择、形式设计、尺寸规划等方面，以满足使用功能和美学需求。

(5)水景设计。若设计涉及水体，需要进行水景设计，不仅包括喷泉、池塘、溪流等的设计与构造，还应考虑到水体的运动方式、水质管理、生态保护等问题。

(6)照明设计。照明设计是景观设计中不可或缺的一部分，需要考虑到夜间景观效果、安全性以及节能环保等方面的要求，设计合理的照明方案。

(7)辅助设施设计。辅助设施包括围墙、栏杆、标识牌、废物箱等，需要根据场地功能和使用需求进行设计，保证其功能性和美观性。

(8)施工技术方案。在详细设计阶段，需要制定施工技术方案，包括施工顺序、工艺方法、材料选用等，以保证设计方案的顺利实施。

(9)成本估算。对设计方案进行成本估算，如材料费用、施工费用、维护费用等，确保设计方案在可控范围内。

(10)效果图和模型制作。利用计算机辅助设计软件制作效果图和模型，直观地展现出设计方案的整体效果和细节。

(11)审批与修改。将详细设计方案提交相关部门审批，根据审批意见进行必要的修改和调整，确保设计方案符合法律法规和相关标准。

(12)最终方案输出。完成所有审批和修改后，将最终的详细设计方案输出为施工图纸和施工说明书，为后续的施工和验收提供依据。

基于以上的详细设计阶段内容，可以确保环境景观设计方案在实施过程中顺利进行，达到预期的设计效果和使用功能，同时也保证了设计方案的可行性、合法性和经济性。

7.1.5 施工图阶段

施工图阶段是设计与施工连接起来的关键环节。根据设计方案以及各工种的要求，需要分别绘制出能够清晰、准确地表达施工内容的相关图纸。这些图纸应明确显示设计内容的尺寸、位置、形状、材料、种类、数量、色彩以及构造和结构等。景观施工图主要分为水电施工图、环境施工图和植物施工图三大类。水电施工图包括系统图、主材表、水电平面图等内容；环境施工图则主要包含施工图说明、分段定位图、大样图、节点图等；而植物施工图则主要分为平面图、分段平面图、乔木施工图和灌木施工图。

7.2 环境景观设计管理的操作流程

环境景观设计管理的操作流程是指在规划、设计、建设和维护环境景观项目时所采取的一系列有组织的步骤和方法。这一流程旨在确保环境景观项目能够在各个阶段得到有效的管理和执行,以实现设计目标并满足相关利益相关者的需求。在环境景观设计管理的操作流程中,规划阶段是至关重要的。在这一阶段,项目团队应与利益相关者合作,确定项目的愿景、目标和范围。这包括对项目地点进行调研和评估,分析土地特征、生态系统、社区需求等因素,并制定适当的规划方案。规划阶段的关键是确保项目的可行性和可持续性,以及与当地法规和政策的符合性。设计阶段是环境景观项目的核心。在这一阶段,设计团队应根据规划阶段确定的目标和范围,制定详细的设计方案。这包括景观布局、植被选择、材料选用、景观元素设计等内容。设计阶段的关键是要确保设计方案能够实现规划阶段所确定的目标,并满足项目的美学、功能和可持续性要求。在建设阶段,项目团队将负责监督施工过程,确保按照设计方案进行施工,并且质量得到保证。这包括与承包商、供应商和其他相关方的合作,解决施工中的问题和挑战,并及时调整计划以确保项目按时完成。为了确保环境景观项目持续运行和保持良好状态,在维护阶段,项目团队将负责定期检查和维护项目,确保植被健康、设施完好,并及时处理任何问题和修复工作。这包括制定维护计划、培训维护人员、监测项目运行情况等。通过严格执行这一流程,可以确保环境景观项目能够达到预期的效果,并持续发挥其功能和美学价值,同时最大程度地满足利益相关者的需求和期望见表 7-2。

表 7-2 环境景观设计管理的操作流程与工作要求

	流程	责任岗位	工 作 要 求
1	招标委托技术要求会审	1.责任单位:区域公司规划技术及精装管理单位; 2.配合单位:工程管理部、成本管理部	区域公司规划技术及精装管理单位联合工程、成本部门,详细填写《招标技术要求会审单》,并发起会审流程,同时提交《景观方案及施工图设计任务书》作为附件。重点把控事项:依据最终审核意见精准技术要求,确保每条要求清晰无歧义。加强部门间沟通协调,严格把控质量要求,持续优化工作流程,提升团队专业能力
2	设计单位招标委托	1.责任单位:区域公司规划技术及精装管理单位; 2.配合单位:成本管理部、招采管理部	区域公司规划技术及精装管理单位负责发起招标委托,将《招标技术要求会审单》《景观方案及施工图设计任务书》及签批意见以 PDF 格式作为附件提交。 在招标前,务必提前核实并确认是否具备相应的成本指标及完善的合约规划,以确保招标工作的顺利进行及后续项目的成本控制与合同管理

续表

流程	责任岗位	工 作 要 求
3　方案设计启动	1.责任单位：区域公司规划技术及精装管理单位； 2.配合单位：方案设计单位	中标通知书完成后，区域公司规划技术及精装管理单位需在规定天数内，以书面形式向方案设计单位正式移交包括策划方案、示范区总平图、报建总平图等在内的关键资料。随后，组织设计单位进行现场踏勘，全面了解场地内外的建筑物、构筑物、管线布局、植被分布及地形地貌等细节，并详细交代需重点关注的各种事项。在此过程中，重点把控事项包括明确移交资料的具体时间节点及设计工作的详细要求，以确保后续设计与施工工作的顺利进行
4　概念方案内审	1.责任单位：区域公司规划技术及精装管理单位； 2.配合单位：方案设计单位	区域公司规划技术及精装管理单位在接收概念方案设计成果后，将进行全面审核，涉及跨专业的部分将协同相关人员核实确认。审核意见汇总后，以书面形式反馈设计单位，并紧密跟进修改进程。在此过程中，重点把控设计方案的策划定位符合性、成本可控性、设计深度及模型提资风险；同时，确保产品配置标准切实可行，无法实施项需清晰标注
5　概念方案评审会（景观概念方案）	1.责任单位：区域公司规划技术及精装管理单位； 2.配合单位：建筑、营销（策划）、CRM（住宅项目）；建筑、营销（策划）、客服、商业策划、经营（商业项目）	区域公司规划技术及精装管理单位在接收设计成果后，首先进行内部审核，随后组织评审会，明确评审结论并编制会议纪要。若评审结论为"同意通过"，则汇总修改意见反馈设计公司；若为"需修改再评"，则直接发起会议纪要并跟进设计单位修订。根据评审结果，在规定时间内附加相应文件发起会议纪要，并确保景观设计师在评审结束后20个工作日内，将评审纪要、修改后概念方案、产品配置标准及模型提供CAD电子版发至总部存档。在此过程中，重点把控策划定位符合性、成本可控性、设计深度、模型提资风险及产品配置标准的实施性，确保所有环节均符合项目要求
6　方案内审	1.责任单位：区域公司规划技术及精装管理单位； 2.配合单位：方案设计单位	区域公司规划技术及精装管理单位接收方案设计成果后，会进行全面的审核流程。若设计涉及多专业交叉，将协调相关专业人员进行核实确认，确保设计方案的全面性和准确性。随后，将审核意见汇总并书面反馈给设计单位，紧密跟进其修改过程。在此过程中，重点把控设计与策划定位的契合度、成本可控性、设计深度达标情况及产品配置标准的可行性，确保所有设计元素均符合项目要求，并清晰标注无法实施的项目细节，以保障后续工作的顺利进行

续表

流程	责任岗位	工作要求
7 方案评审会（景观深化方案）	1.责任单位：区域公司规划技术及精装管理单位；2.配合单位：建筑、营销（策划）、CRM、成本、物管、建筑、商业策划、成本、经营	区域公司规划技术及精装管理单位在接收设计成果后，首先进行内部审核，确保设计质量。通过审核后，组织评审会明确评审结论，并详细记录于会议纪要中。若评审结论为"同意该方案，通过评审"，则整理修改意见反馈设计公司，并在15个工作日内附带修改后的景观方案、审图要点及产品配置标准发起会议纪要。若评审结论为"不同意该方案，修改后再次评审"，则立即以当前方案及审图要点、产品配置标准作为附件，3个工作日内发起会议纪要，并督促设计公司修订后再次评审。评审完成后，景观设计师需在20个工作日内将会议纪要、修改后的方案及产品配置标准的电子版提交至总部存档，以备后续查阅。在此过程中，重点把控设计与策划定位的契合度、设计深度、成本可控性及产品配置标准的实施性，确保所有设计元素均符合项目要求
8 扩初图内审	1.责任单位：区域公司规划技术及精装管理单位；2.配合单位：方案设计单位	区域公司规划技术及精装管理单位在接收扩初设计成果后，立即开展审核工作，必要时协调多个专家进行确认。审核完成后，将意见汇总书面反馈给设计单位，并跟踪修改进度。在此过程中，重点把控设计成果的符合性、设计深度、成本可控性及物料清单的完整性，确保扩初设计满足项目需求，为后续工作奠定坚实基础
9 施工图内审	1.责任单位：区域公司规划技术及精装管理单位；2.配合单位：建筑、营销（策划）、CRM、成本、物管	设计单位在完成景观施工图设计后，需提交一系列关键文件，包括施工图白图、材料实物样品、各类清单（如景观投资估算表、苗木清单、灯具清单、物料清单）及材料（设备）样品信息样表。随后，区域公司规划技术及精装管理单位组织跨部门团队进行内部审核，提前3天分发图纸以便参会人员准备有效意见，并填写《景观施工图审核表》。审核意见汇总后书面反馈给设计单位，要求其据此修改。修改完成后，区域公司再次核对图纸，确认无误后通过工作联系单形式提交成本管理单位进行成本测算。若成本超标，则书面通知设计单位进行优化，直至审核通过。通过成本测算后，区域公司下发施工图蓝图，提供材料实物样品及封样清单，遵循既定管理流程操作。在图纸会审前，区域公司还需将纸质蓝图与施工图电子档同步备案至总部规划创意管理单位。在此过程中，重点把控事项包括：内审阶段，需集合景观、建筑、结构、水电等多专业及工程管理、成本管理单位的力量，同步审核，确保技术可行性与经济合理性，并及时整合意见反馈。景观设计师需强化成本管理意识，结合成本指标审核设计成果，优选当地建材作为主材，减少不必要的成本浪费，力求在成本测算前将成本控制在指标范围内。对于重大技术方案中的景观要点，需遵循既定权责上报流程，确保决策的科学性与高效性

7.3　图纸类型与相关内容

环境景观设计中，图纸的表达是进一步落实设计工作的重要环节，是整体规划的一部分。环境景观设计图纸应按国际通行标准、国家规范标准进行绘制，对环境景观设计中的整体与细节部分通过平面图、立面图、剖面图、节点详图等方面进行标准化绘制。设计人员及行业技术人员可以共同根据识图规范进行图纸的交流与具体的实施，以保证设计精准实现，从而最大化地达到业主需求与设计师设计创意与内涵的完整体现。

7.3.1　图纸内容

(1) 设计地段区位图；
(2) 区域功能分析图；
(3) 总平面图；
(4) 综合现状图，主要包括用地现状、植被现状、建筑物与环境景观现状等方面的综合情况；
(5) 道路系统设计图；
(6) 景观系统设计图；
(7) 绿地系统设计图；
(8) 灯光系统设计图；
(9) 竖向设计图；
(10) 主要断面图；
(11) 重点区域的平面大样图、立面图以及剖面图；
(12) 效果图。

7.3.2　施工图阶段的图纸内容

环境景观设计施工图阶段的图纸内容应标明平面位置尺寸、竖向、放线依据、工程做法，植物种类、规格、数量、位置，综合管线的路由、管径及设备选型，能进行工程预算。

(1) 环境施工图。包括设计说明、总平面图、放线定位图、分段(分区)平面图、施工节点大样图等。
(2) 水电施工图。包括设计说明、系统图、大样图、节点图等。
(3) 植物施工图。包括设计说明、乔木施工图、灌木施工图和植物配置表。景观施工图设计的主要图纸包括：图纸目录、物料表、总平面图、定位平面图、竖向及排水平面图、道路铺装及做法详图索引图、详图、建筑、构筑物详图，以及种植设计图、园林设备图、园林电气图。

景观施工图规范是指根据景观设计方案编制的施工图纸的规范要求，以确保景观施工的准确性、高效性和安全性。

（1）施工图的基础要求。施工图应根据设计方案的要求规定图纸的尺寸、比例和放大倍率，确保图纸的清晰度和精度。图纸应标明工程名称、编制单位、图号、比例尺、绘图日期等重要信息。

（2）施工图的布局要求。布局应合理、清晰明了，施工图分为主图和配图两部分。主图包括平面图、剖面图和立面图，配图包括局部放大图和详图。主图和配图图纸都应有图题和图例说明，以便工程施工人员理解和操作。

（3）施工图的内容要求。施工图应包括景观构件的位置、尺寸、材料、施工方法、施工要求等各项内容。其中，景观构件的位置和尺寸应准确无误，材料应与设计方案一致，并注明规格、品种和数量。施工方法和施工要求应详细描述，以确保施工的标准化和一致性。

（4）施工图的标注要求。施工图应标注景观施工的控制点、水平、垂直线、定位点和测量点，以便工程施工人员准确定位和操作。标注应使用明确统一的符号和标记，在图纸上清晰、规范地注明。

（5）施工图的检查要求。施工图应经过专业人员的检查和审查，确保图纸的正确性和合理性。检查包括对图纸的工程量、尺寸、材料、施工方法和施工要求等方面的审查，发现问题及时予以解决和修正。

（6）施工图的归档要求。施工图应在施工前进行归档，记录保存至少 5 年。归档资料应完整、清晰，并配备图纸目录和索引，以便后续的查阅和管理。

7.3.3　环境景观设计平面图表达

环境景观设计的图纸包含多种类型的平面图部分，例如总平面图和局部平面图，其中平面图是平面-立面-剖面、平面-透视-鸟瞰等视图中最关键的内容，由平面图可以索引出相关细化内容。在初期设计阶段，平面图可以反映出设计师对于空间的解决手法与概念内涵。在深入细化阶段，平面图可索引出具体设计的节点，并通过立面图、剖面图、局部节点详图更加深入地理解整体设计。平面图表现出了整体环境景观设计的布局与结构及相关元素间的关联性。环境景观设计平面图可以清晰地表达出环境景观设计中设计区域的红线范围，整体空间中建筑与绿化率的面积与占比情况、道路-绿化-水体间的位置及组合类型、环境小品与地面铺装等。基于环境景观设计平面图可以展开更加具体的研究与分析，例如功能分区、流线分析、视线分析、景点分布等（图 7-2～图 7-4）。

7.3 图纸类型与相关内容 | 181

图 7-2 总平面图标注

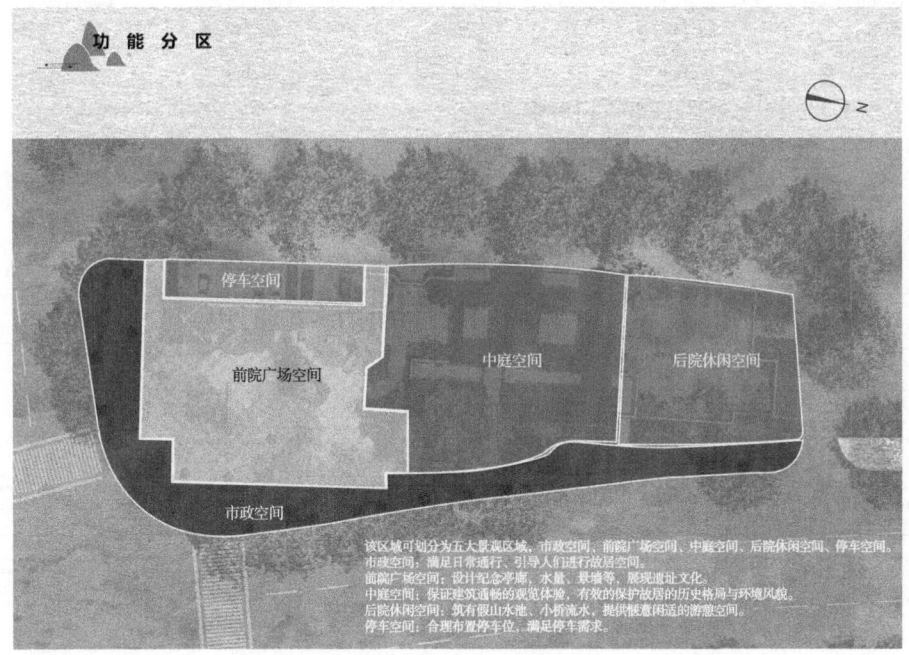

图 7-3 功能分区图

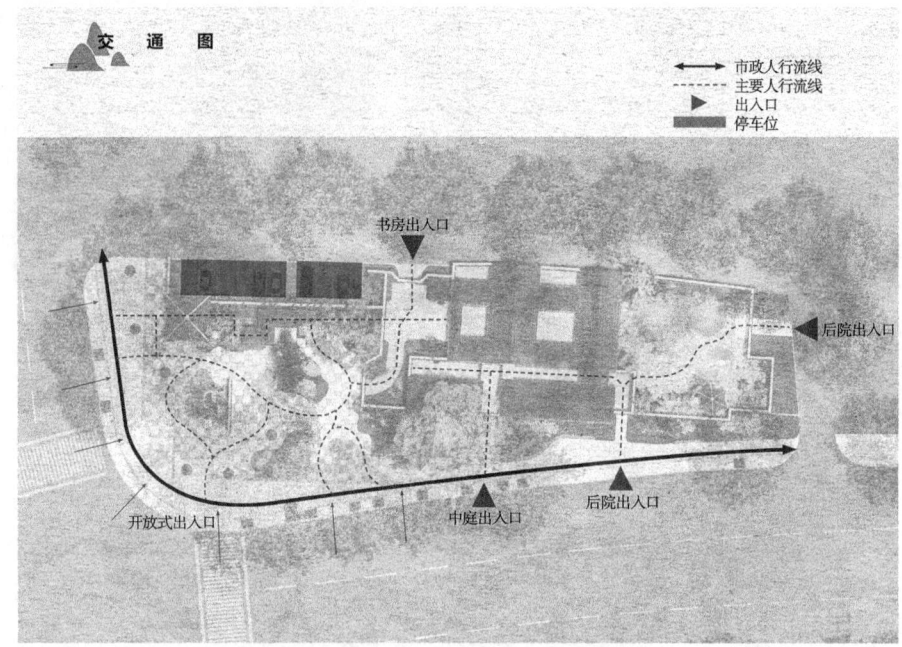

图 7-4 交通图分析图

平面图除了设计图之外,还应包含比例尺、指北针、图纸标题、设计说明及相关的辅助说明信息。

7.3.3.1 图纸幅面(简称图幅)

国家标准图纸幅面及图框尺寸见表 7-3。

表 7-3 国家标准图纸幅面及图框尺寸

尺寸代号	幅面代号				
	A0	A1	A2	A3	A4
B×L	841×1189	594×841	420×594	297×420	210×297
C	10			5	
A	25				

注:表中尺寸单位为毫米(mm)。加长图幅为标准图框,根据图纸内容需要在长向(L 边)加长 L/4 的整数倍,A4 图一般无加长图幅。

考虑到施工过程中翻阅图纸的方便,除总图部分采用 A2~A0 图幅(视图纸内容需要,同套图纸统一)外,其他详图采用 A3 图幅。根据图纸数量可分册装订。

7.3.3.2 图纸标题栏

1. 图标内容

公司名称：中文公司名称；

业主、工程名称：填写业主名称和工程名称；

图纸签发参考：填写图纸签发的序号、说明、日期；

版权：中英文署名的版式权归属；

设计阶段：填写本套标准所涉及的设计阶段。

签名区：包括项目主持：由项目设计主持人签字；设计：由本张图的设计者签字；制图：由本张图的绘制者签字；校核：由本张图纸的校对者签字；审核：由本张图的审核者签字。

2. 标准图标示例

标准图标示例如图 7-5 所示。

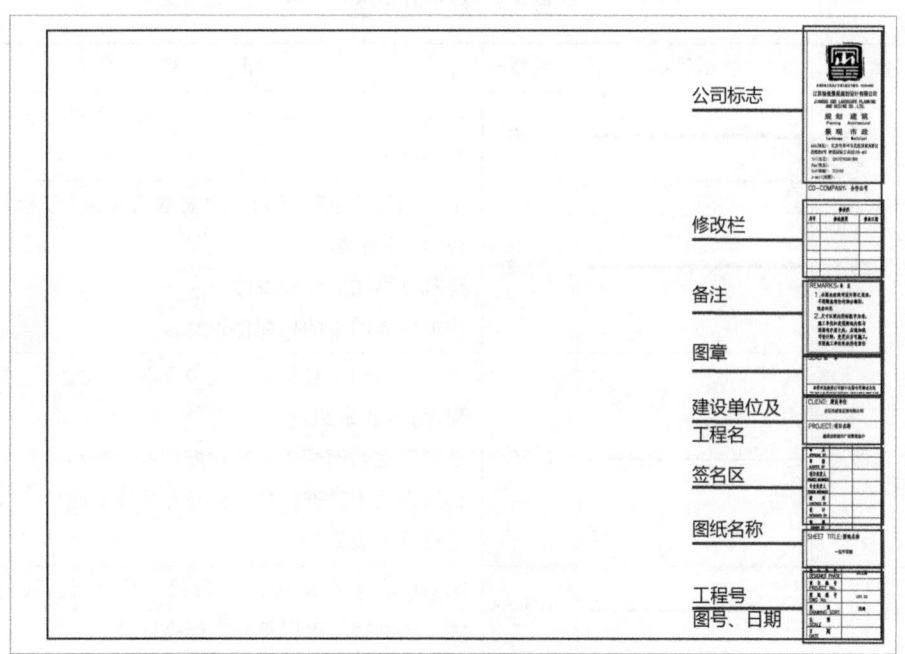

图 7-5 标准图标示例

7.3.3.3 绘图比例

选定图幅后，根据本张图纸要表达的内容选定绘图比例（表 7-4）。

表7-4　绘图比例

常用比例	1∶1,1∶2,1∶5,1∶10,1∶20,1∶50,1∶100,1∶200,1∶500,1∶1000, 1∶2000,1∶5000,1∶10000,1∶20000,1∶50000,1∶100000,1∶200000
可用比例	1∶3,1∶15,1∶25,1∶30,1∶40,1∶60,1∶150,1∶250,1∶300,1∶400, 1∶600,1∶1500,1∶2500,1∶3000,1∶4000,1∶6000,1∶15000,1∶30000

7.3.3.4　图形线

根据图纸内容及其复杂程度选用合适的线型及线宽来区分图纸内容的主次（表7-5）。

为统一整套图纸的风格，图中所使用的线宽规定：特粗线：0.70mm；粗线：0.50mm；中线：0.25mm；细线：0.18mm。

表7-5　线型及用途

名称	线型	线宽	用途
特粗实线	———	0.70	建筑剖面、立面中的地坪线，大比例断面图中的剖切线
粗实线	———	0.50	平、剖面图中被剖切的主要建筑构造（包括构配件）的轮廓线； 建筑立面图的外轮廓线； 构配件详图中的构配件轮廓线
中实线	———	0.25	平、剖面图中被剖切到的次要建筑构造（包括构配件）的轮廓线； 建筑平立剖面图中建筑构配件的轮廓线； 构造详图中被剖切的主要部分的轮廓线； 植物外轮廓线
细实线	———	0.18	图中应小于中实线的图形线、尺寸线、尺寸界线、图例线、索引符号、标高符号
中虚线	- - - - -	0.25	建筑构造及建筑构配件不可见的轮廓线
细虚线	- - - - -	0.18	图例线，应小于中虚线的不可见轮廓线
点划线	-·-·-·-	0.18	中心线、对称线

续表

名称	线型	线宽	用途
折断线	—–∿—–	0.18	断开界线
波浪线	～	0.18	断开界线

7.3.3.5 字体

图纸上需书写的文字、数字、符号等,均应笔画清晰、字体端正、排列整齐。图及说明的汉字、拉丁字母、阿拉伯数字和罗马数字应采用楷体_GB2312,其高度(h)与宽度(w)的关系应符合:w/h=1。

文字字高选择:

(1)尺寸标注数字、标注文字、图内文字选用字高为 3.5mm;

(2)说明文字、比例标注选用字高为 4.8mm;

(3)图名标注文字选用字高为 6mm,比例标注选用字高为 4.8mm;

(4)图表栏内须填写的部分均选用字高为 2.5mm。

7.3.3.6 符号标注

在总平面图中应画出工程所在地地区风玫瑰图,用以指定方向及指明地区主导风向。地区风玫瑰图可查阅相关资料或由设计委托方提供。

在总图部分的其他平面图上应画出指北针,所指方向应与总平面图中风玫瑰的指北针方向一致。指北针用细实线绘制,圆的直径为 24mm,指针尾宽为 3mm,在指针尖端处注"N"字,字高 5mm(图 7-6)。

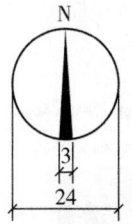

图 7-6 指北针示例

7.3.4 环境景观设计立面图表达

环境景观设计的立面图提供了对空间竖向面细节的具体分析和表现，同时承载了设计风格、比例尺度、色彩搭配、材质选择以及内在构造关系等重要信息。在环境景观设计中，立面图的绘制不仅为了展示建筑物的外观，更是为了呈现出设计理念与意图，以及环境与人的互动关系。立面图在表达环境景观设计的风格样式时，通过线条、形状、图案等元素的运用，展现出设计师所选择的风格特征，如传统、现代、自然主义等。这些特征在立面图中能够清晰地呈现出来，从而使观者能够更直观地理解设计的主题与风格。通过正确的比例尺度，可以确保设计的尺度关系与实际场地相符合，使观者能够更好地感知空间的大小、高度和比例关系。这对于环境景观设计的可视化效果至关重要，能够帮助客户和利益相关者更好地理解设计方案。色彩的选择是进一步塑造景观的整体视觉效果，传达设计的氛围和情感。通过立面图中的色彩表达，可清晰展现出设计师的色彩理念和设计意图，使整个景观更具生动感和魅力。环境景观设计立面图也是展示环境景观设计中材质选择的重要方式之一。通过立面图可以清晰地展示出不同材质的质感、纹理和光影效果，帮助观者更好地理解设计方案中材质的选择与搭配，以及它们与环境的融合程度。同时，立面图还能够反映出环境景观设计中场地的高差、走势与结构。通过立面图的绘制，设计师可以清晰地展示出地形起伏、植被分布、建筑物布局等场地特征，从而帮助观者更好地理解设计方案与场地的关系，以及设计在环境中的呈现方式。对于植物配置、景观构筑物、景观小品、建筑物等的比例下的相对表达，能够更好地营造出空间尺度关系与风貌效果，使观者能够更加直观地感受到设计方案的整体氛围与特点（图7-7~图7-9）。

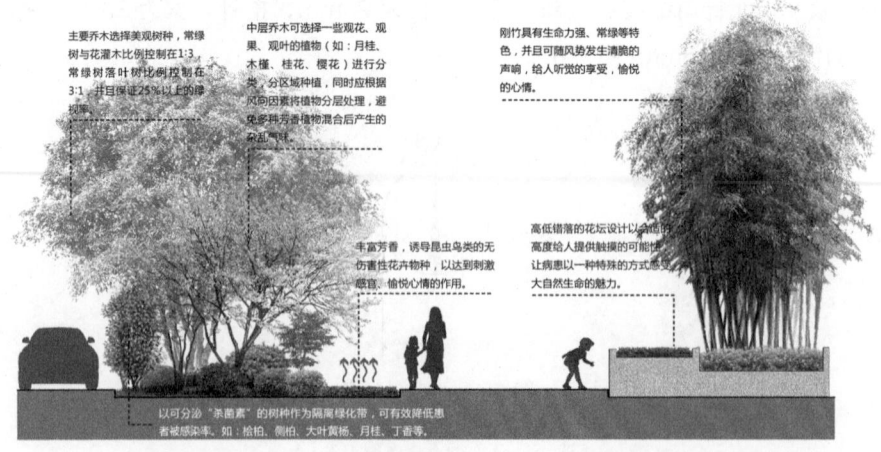

图7-7 人性化景观措施——感官愉悦准则（江苏玺俊景观规划设计有限公司）

7.3 图纸类型与相关内容 | 187

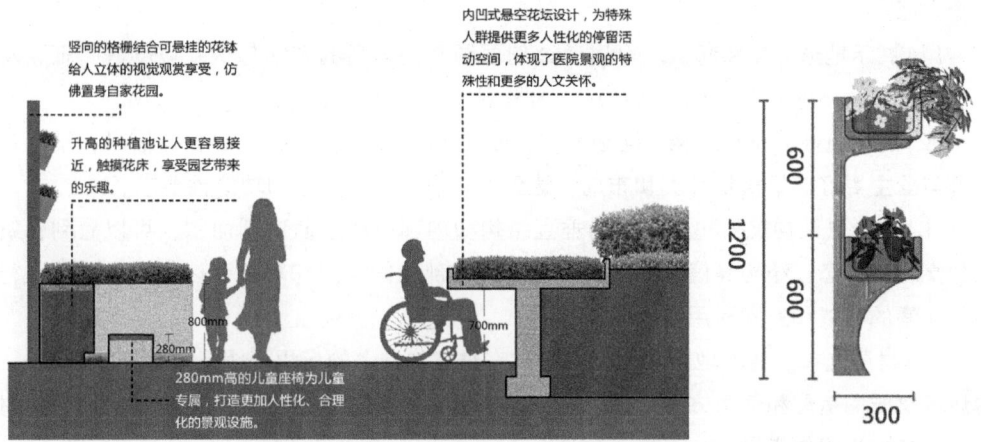

图7-8 人性化景观措施——功能优先准则(江苏玺俊景观规划设计有限公司)

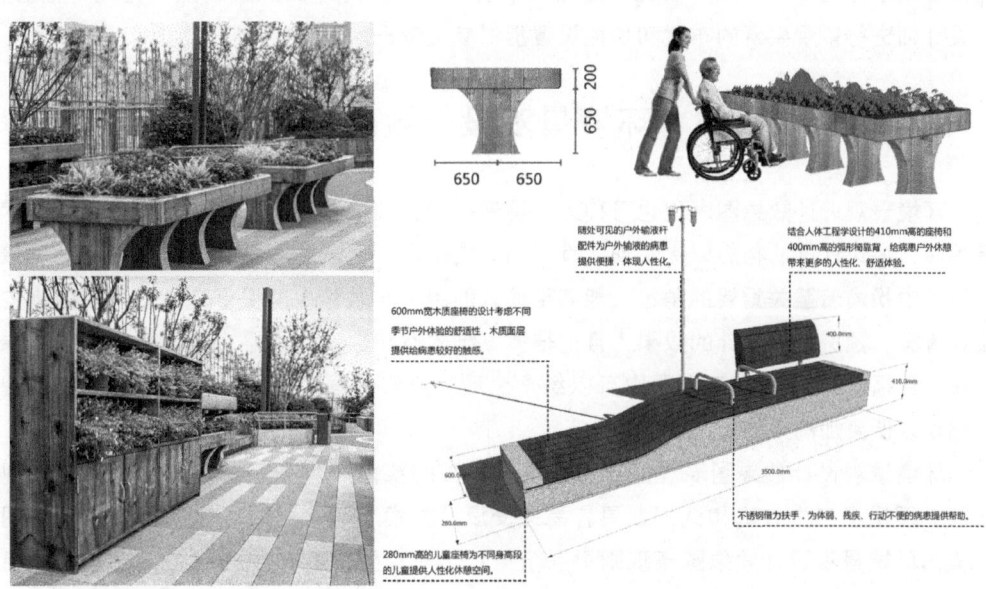

图7-9 人性化景观措施——友好尺度准则(江苏玺俊景观规划设计有限公司)

7.3.5 环境景观设计剖面图表达

环境景观设计剖面图是一种展示环境景观设计方案立体结构和内部细节的视图。与平面图和立面图相比,环境景观设计中的剖面图更加注重展示空间垂直方向的特征和变化,以及地形、植被、建筑物等元素在垂直方向上的分布和关系。大体可以罗列为以下几个方面：

(1)展示地形变化和起伏。可以通过剖面图看到地面的高低起伏、坡度等特征，从而更好地理解场地的地形与地貌特点，为景观设计提供重要参考。

(2)展示植被分布和结构。可以看到植被的树冠形态、高度、密度等信息，辅助设计师与业主更好选择植物种类和布局，达到景观设计的美观性和功能性要求。

(3)展示景观构筑物和建筑物的垂直结构和内部组成。通过剖面图，可以看到构筑物的高度、形态、结构等信息，以及建筑物的内部空间布局和功能分区，为设计师进行景观元素的布置和空间利用提供参考依据。

(4)材质选择。清晰地展示出不同材质在垂直方向上的应用和组合，如石材、木材、金属等材质的搭配和使用方式，以及它们与自然环境的融合程度，从而为景观设计的材质选择和施工提供指导。

(5)展示出水体、道路、灯光等景观要素在垂直方向上的布置和变化。通过剖面图，可以看到水体的水位、流动情况，道路的坡度和宽度，灯光的位置和照明范围等信息，为设计师进行景观要素的布置和功能设置提供参考依据。

7.3.6　环境景观设计效果图表达

环境景观设计效果图表现也可称为环境景观设计技法，通过图像、绘画或数字技术等手段，将设计师的构想以更生动、直观的方式呈现给客户和利益相关者。它在环境景观设计中扮演着至关重要的角色，能够帮助人们用第一人称视角更好地理解环境景观的设计方案，预览景观设计的效果，目前很多三维软件和数字孪生平台均实施渲染的效果生成，包括目前的AI人工出图均可以给予生动、真实的画面感为设计师做出决策或提出建议以便更加高效地反馈效果内容。

环境景观设计效果图表现能够着重展示方案的整体风貌和氛围，使观者能够在视觉与心理层面产生共鸣和认同，更容易接受设计方案。与此同时，相比立面与剖面图而言，环境景观设计效果图表现则更易于呈现出景观元素的布局和组合，尤其可以更加立体地看到植被、景观构筑物、道路、水体等元素在场地中的位置、形态和比例关系，帮助观者更好地理解设计方案的空间布局和功能设置。同时场景中的季节和时间段的景观变化。可通过多画幅或三维动态效果图的表达，模拟出春夏秋冬不同季节的景观景色，以及白天和夜晚的景观氛围，帮助观者更全面地了解设计方案的变化和特点。

在景观设计效果图的表达中，色彩的运用至关重要，可以凸显出设计的风格，如在观看电影时，通过风格滤镜的设定可引发场地设计的风格与概念；通过色彩的搭配和运用，可增强图像的视觉效果和表现力，使景观更具生动和更具吸引力，从而更好地吸引观者的注意力并产生共鸣。

7.4 相关环境景观设计案例展示

环境景观设计是一项复杂而多样化的综合性工程,旨在创造和改善人类生活环境的质量和美感。它涉及多个领域,如建筑设计、城市规划、园林设计、生态学等,通过整合各种自然和人造元素,为人们提供一个舒适、美观、功能齐全的生活空间。在环境景观设计的实践中,设计师需要考虑环境的自然条件、文化背景、社会需求等方面因素,以达到最佳的设计效果。设计师不仅需要具备创意和审美的能力,还需要了解土地利用、植物学、土壤科学等专业知识,以确保设计的可行性和实用性。此外,环境景观设计的对象多样,涵盖了城市公园、景观广场、居民小区、商业街区等不同类型的场所,因此设计师需要根据具体项目的要求进行有针对性的设计。在环境景观设计的过程中,设计师通常会遵循一系列的规范和标准,以保证设计的质量和可持续性。例如,设计师需要考虑到环境保护、资源利用、节能减排等方面的要求,以确保设计方案符合当地法律法规和行业标准。此外,设计师还需要考虑到场地的自然条件,如地形、气候、水文等因素,以及社会文化因素,如历史遗迹、文化传承等,以确保设计方案与周围环境和谐共存。

为了更好地便于大家理解环境景观设计工作的过程与要点,本节采用环境景观设计相关设计案例展示的方式作为环境景观设计的具体参考。

7.4.1 城市口袋公园游园品质提升工程

2020年,江苏玺俊景观规划设计有限公司承接并成功实施了"城市口袋公园——2020年梁溪区五个游园品质提升工程",该项目旨在针对无锡市梁溪区老旧小区普遍存在的市政设施破损、公共服务及配套设施缺乏、原设计标准低且维护不到位等问题,通过科学、生态的设计理念与因地制宜的改造策略,为当地居民提供一个集休闲、娱乐、观赏于一体的功能性绿地空间,极大地提升了居民的生活品质与幸福感。该项目不仅赢得了广泛的社会赞誉,还在2022年荣获了常州市城乡建设系统优秀勘察设计二等奖,充分展现了其设计创新与实践价值。

在项目背景方面,梁溪区作为无锡市的中心城区,拥有大量的老旧小区,这些小区由于建设年代较早,普遍存在规划不合理、基础设施落后、公共空间匮乏等问题。随着城市化的快速发展和人民生活水平的不断提高,居民对于美好生活的需求日益增强,对于居住环境的要求也越来越高。因此,梁溪区政府决定启动游园品质提升工程,以改善老旧小区的环境面貌,提升居民的生活品质。

在改造策略上，江苏玺俊景观规划设计有限公司充分考虑了旧城区的原有空间结构和社会网络，因地制宜地采取了重建、整建和维护等多种更新模式和手段。设计团队深入调研了当地的历史文化、风土人情和居民需求，力求在保护城市传统历史风貌的同时，融入现代设计理念，打造具有地方特色的功能性绿地。在游园的设计中，设计团队注重科学性和生态性，通过引进多重技术力量，如雨水收集利用、生态植被恢复等，实现了游园的可持续发展。

(1) 梁溪区区政府东侧游园占地面积约 3660 平方米，采用了传统的江南园林风格，结合旱溪营造山水意象，形成了洄游式的空间布局。步入游园，游客可以感受到移步异景、开合虚实的变化，仿佛置身于一幅充满诗意的画卷之中。游园内设置了丰富的休闲设施，如座椅、凉亭、步道等，为居民提供了舒适的休闲空间。同时，游园内还种植了大量的绿色植物和花卉，不仅美化了环境，还起到了净化空气、调节气候的作用。

在项目实施过程中，设计团队与施工单位紧密合作，克服了诸多技术难题和施工困难，确保了项目的顺利进行。同时，项目还得到了梁溪区政府和相关部门的大力支持，为项目的成功实施提供了有力保障。项目完成后，五个游园的品质得到了显著提升，不仅改善了老旧小区的环境面貌，还提升了居民的生活品质。游园的建成不仅为居民提供了休闲娱乐的好去处，还促进了邻里之间的交流与互动，增强了社区的凝聚力和归属感。此外，游园的建成还带动了周边商业的发展，为当地经济注入了新的活力（图7-10～图7-12）。

图7-10　梁溪区区政府东侧游园总平面图（江苏玺俊景观规划设计有限公司）

7.4 相关环境景观设计案例展示 | 191

图 7-11 梁溪区区政府东侧游园改造图(江苏玺俊景观规划设计有限公司)

图 7-12 梁溪区区政府东侧游园实景照片(江苏玺俊景观规划设计有限公司)

(2)人民东路游园,一处为人民东路与上马墩路交叉节点,改造面积约600m², 一处为紫金门,改造面积约为3500m²。游园节点铺设塑胶场地,添置游乐设施,周边设置休息长椅,增添游园的参与性和可停留空间(图7-13~图7-15)。

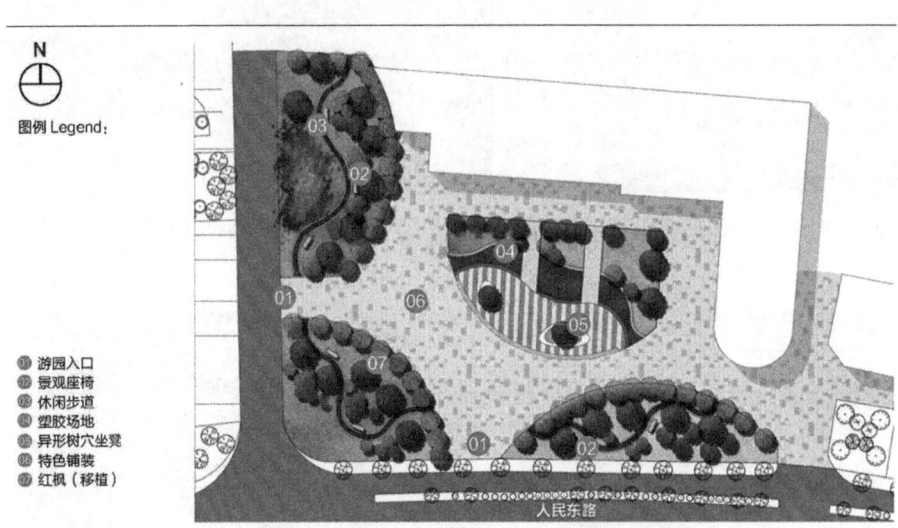

图7-13 人民东路游园平面图(江苏玺俊景观规划设计有限公司)

图7-14 人民东路游园节点图(江苏玺俊景观规划设计有限公司)

7.4 相关环境景观设计案例展示 | 193

图7-15 人民东路游园实景图(江苏玺俊景观规划设计有限公司)

(3)清扬新村小区内游园,一处为清怡园,改造面积约为4500m²,一处为儿童乐园,改造面积约为3700m²。为保障居民的生活,因地制宜,遵循自然,打造四季有景的活力现代化社区(图7-16、图7-17)。

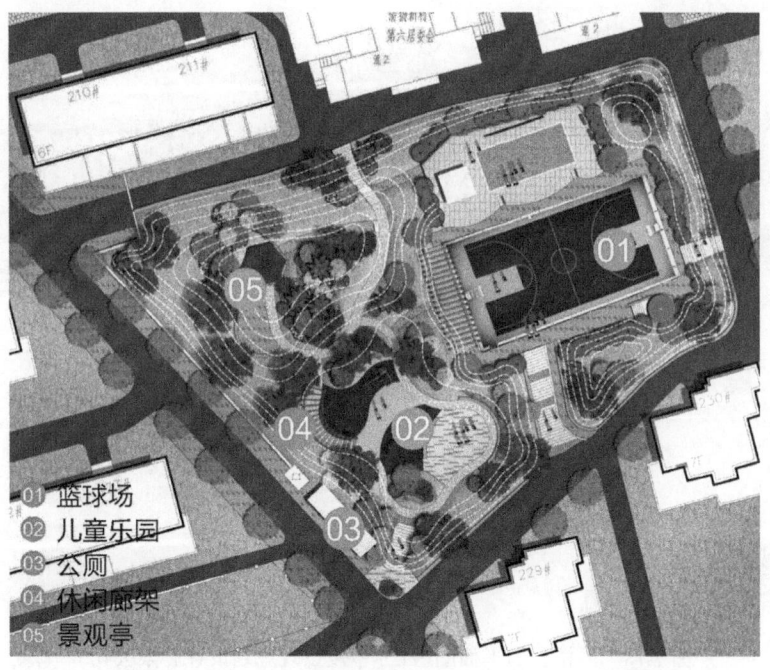

图7-16 清扬新村小区内游园平面图(江苏玺俊景观规划设计有限公司)

图 7-17 清扬新村小区内游园实景照片(江苏玺俊景观规划设计有限公司)

(4)吴桥公园,改造面积约为 6600m²。地块位于高架下。为了合理利用"灰色空间",将场地分为 3 种空间形式:大众趣味活动开放式活动场地,综合性体育活动半封闭式管理场地和对外引导空间,同时对这三种空间进行文化融合,科技介入,打造文化性的交流场地(图 7-18~图 7-20)。

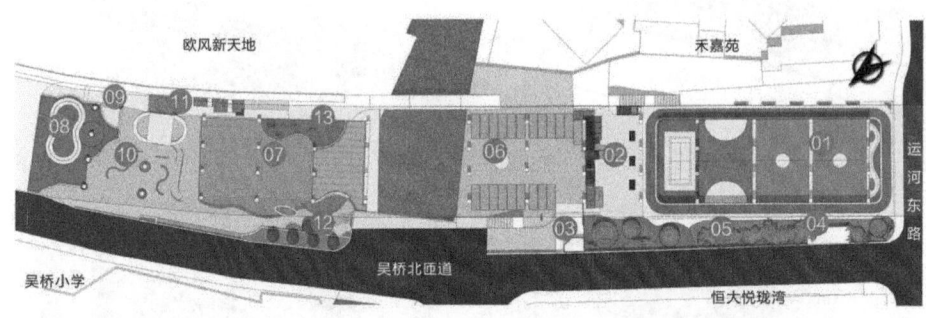

① 综合性活动场地
② 文化运动街区
③ 管理用房
④ 公共厕所
⑤ 林下空间
⑥ 停车场
⑦ 活动广场
⑧ 儿童多地形活动场地
⑨ 涂鸦攀岩墙
⑩ 入口文化沙龙广场
⑪ C极青少年极限运动区
⑫ 文化剧场
⑬ 健身器材区

图 7-18 吴桥公园平面图(江苏玺俊景观规划设计有限公司)

7.4 相关环境景观设计案例展示 | 195

图 7-19　吴桥公园改造前(江苏玺俊景观规划设计有限公司)

图 7-20　吴桥公园改造后(江苏玺俊景观规划设计有限公司)

(5)五河游园位于江海西路和青石西路,改造面积约为21684m^2,青石西路中分带改造面积约为3190m^2。地块整体采用动静分离的设计方式,用植物进行软隔离,既能保障儿童活动的安全性,又能给居民提供相对静谧的游园环境(图7-21~图7-23)。

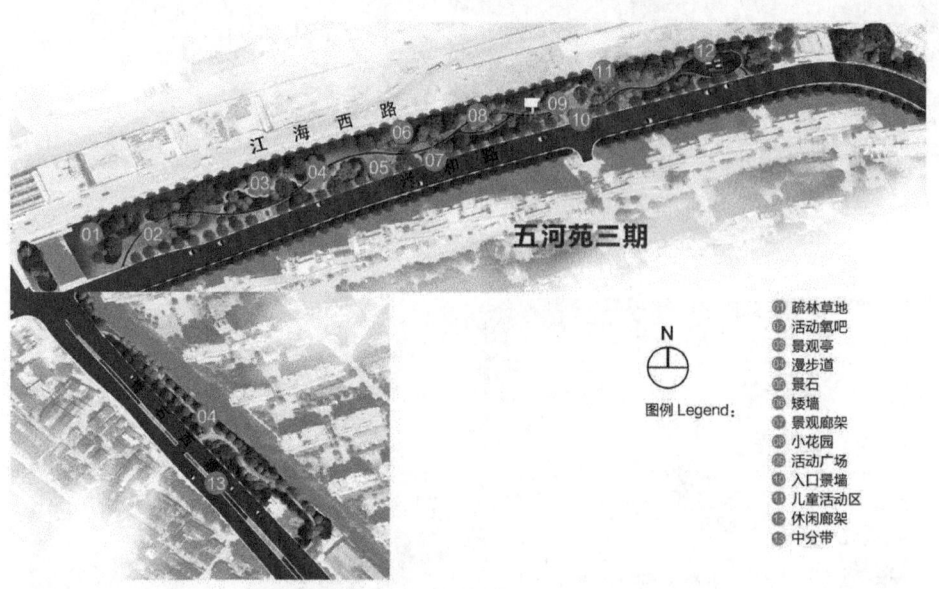

图7-21 五河游园总平图(江苏玺俊景观规划设计有限公司)

图7-22 五河游园效果图(江苏玺俊景观规划设计有限公司)

图 7-23　五河游园实景图(江苏玺俊景观规划设计有限公司)

7.4.2　盛成故居设计与改造工程

在江苏省扬州市仪征市真州镇,一座承载着深厚历史文化底蕴的故居——盛成故居,经过精心设计与改造,焕发出了新的生机与活力。该项目不仅成功地将历史与现代相融合,还因其卓越的设计理念和精湛的施工技艺荣获了常州市 2021 年度城乡建设系统优秀勘察设计二等奖。

仪征市真州镇,位于长江三角洲的顶端,地理位置优越,南濒黄金水道长江,与名城镇江隔江相望;西近六朝古都南京,历史文化底蕴深厚;北接丘陵山区,自然风光秀丽;东临里下河平原,物产丰富。这里素有"风物淮南第一州"的美誉,是仪征市的城关镇,也是经济、文化和交通的中心。盛成故居便坐落在这样一个充满历史气息与现代活力的交汇点上,位于仪征市工农南路 29 号,前进路与工农南路交叉口处,与著名的"天宁寺塔"遥相呼应。

盛成故居位于仪征老城区的生活核心区域,周边水网交错,路网密集,交通便捷,是城市文化与历史的重要载体。然而,随着时间的推移,故居的建筑和景观逐渐老化,无法满足现代人的审美和使用需求。因此,江苏玺俊景观规划设计有限公司承担了这一重要的改造任务,旨在通过科学、合理的规划和设计,将盛成故居打造成为一处集怀古、颂今、教育、休闲于一体的综合性文化空间。

在改造过程中,设计团队首先对已建的故居进行了详细的勘察测绘,确保改造工作能够精准、有序地进行。同时,他们依据盛成的图稿及《仪征市盛成故居保护规划方案》，对故居的前一进、书房前院、故居后院进行了复建工作。在保留故居原有风貌的基础上，设计团队巧妙地融入了现代元素，使故居在保持历史韵味的同时，也展现出了现代的气息。在故居与市政道路之间，设计团队保留了原有的法桐行道树，这些树木不仅为故居增添了一份绿意，还成了连接城市与故居的绿色纽带。为了将人行道与故居之间进行有效的过渡，设计团队用绿化空间进行了巧妙的分隔，既保证了游客的安全，又提升了故居的景观效果。

在故居的景观规划上，设计团队充分考虑了故居的使用功能，合理规划布置了前院、后院、中庭与巷道景观。他们采用了传统的木结构建筑技艺，使故居的建筑风格更加统一、和谐。同时，他们还选用了青灰清水墙面作为景墙材料，铺设了青石阶沿和内庭地面的芦席纹青砖侧铺，这些元素不仅与故居的历史风貌相得益彰，还提升了游客的游览体验。此外，设计团队还特别注重了故居的环保与节能设计。他们在水池中安装了净化水处理设施，确保了故居水体的清洁与卫生。同时，他们还布置了节能照明系统，既满足了游客的照明需求，又降低了能耗和运营成本。

经过改造后的盛成故居，不仅保留了其原有的历史韵味和文化底蕴，还焕发出了新的生机与活力。它不仅成为了一处重要的文化地标，还吸引了众多游客前来参观游览。这一项目的成功实施，不仅为仪征市的文化旅游业注入了新的活力，也为其他类似项目的改造提供了有益的借鉴和参考（图7-24～图7-31）。

图7-24　怀古颂今——盛成故居区位图（江苏玺俊景观规划设计有限公司）

7.4 相关环境景观设计案例展示 | 199

01 故居标识	07 残墙遗址	13 故居小巷	19 麻省塘
02 树阵广场	08 保留法桐	14 中庭空间	20 照壁
03 迎宾水景	09 保留古树	15 后院入口	21 停车区
04 月洞景墙	10 休闲林下空间	16 石桥
05 纪念长廊	11 书法入口	17 假山叠石
06 景观绿岛	12 入口休闲广场	18 观景亭

图 7-25 怀古颂今——盛成故居平面图(江苏玺俊景观规划设计有限公司)

图 7-26 怀古颂今——盛成故居节点—效果图(江苏玺俊景观规划设计有限公司)

盛成故居遗址位于道路的交叉口处,地势平坦,平时人流量较大。结合空间的开放性和私密性,广场设计不仅结合了交通节点的视觉看点,也遵循了人行行动轨迹。盛氏兄弟故居是遗址修复工程,设计者充分研究了盛氏兄弟的生平履历,设计中融入了纪念性的景观节点。景观是自然与文化系统的载体,文态建设和生态建设始终贯穿于景区规划建设的整个过程,任何一个细节,任何一个廊道、节点的嵌入都不能突兀。

图 7-27　怀古颂今——盛成故居节点一实景图(江苏玺俊景观规划设计有限公司)

图 7-28　怀古颂今——盛成故居节点二效果图(江苏玺俊景观规划设计有限公司)

如图 7-29 所示,残墙的位置与遗址的院墙位置相对应,体现了历史的痕迹,形成一个具有人文底蕴的开放式纪念公园,居住环境得到了改善,当地居民的精神文化生活

图 7-29 怀古颂今——盛成故居节点二实景图(江苏玺俊景观规划设计有限公司)

得到了提升。

假山、跌水、鱼池、花窗等元素构成一幅立体画卷,它们灵活,巧于变化,增加了园林的空间感和层次感,为兄弟故居保留了一份静谧与安逸。

图 7-30　怀古颂今——盛成故居节点三效果图(江苏玺俊景观规划设计有限公司)

图 7-31　怀古颂今——盛成故居节点三实景图(江苏玺俊景观规划设计有限公司)

7.4.3 康复花园场地景观环境规划与改造工程

康复花园——仪征市滨江新城整体城镇化一期(中医院东区分院)项目位于江苏省仪征市五一公园南侧,三江路以东、江城路以西,北侧为新沿山河路,交通便捷。基地周边多为居住用地,发展较成熟,该项目的建设能为居民带来较多便利。结合项目原有的地形地貌和建筑布局的特点,将整个院区划分为"一环五园"的基本格局。"一环"是总长542m 的康体漫步道,"五园"则分别是现代花园、精致花园、芳香花园、中式康养园和内庭花园(图 7-32~图 7-42)。

图 7-32 康复花园场地分析(江苏玺俊景观规划设计有限公司)

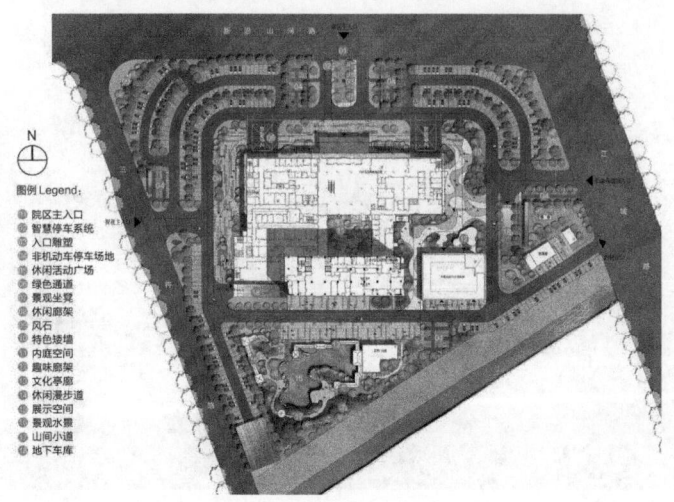

图 7-33 康复花园场地平面图(江苏玺俊景观规划设计有限公司)

"一环五园"的景观布局：通过一条康体漫步道环通整个院区，将现代花园、精致花园、芳香花园、中式康养园相互串联，提高了可达性，内庭花园则相对独立，保证了私密性。独具特色的景观风格：中式康养园融合"南秀北雄"的造园手法，将扬派园林独有的雄秀之美展现得淋漓尽致，园中山水，山有脉，水有源，水随山转，山因水活，脉源贯通，全园生动。

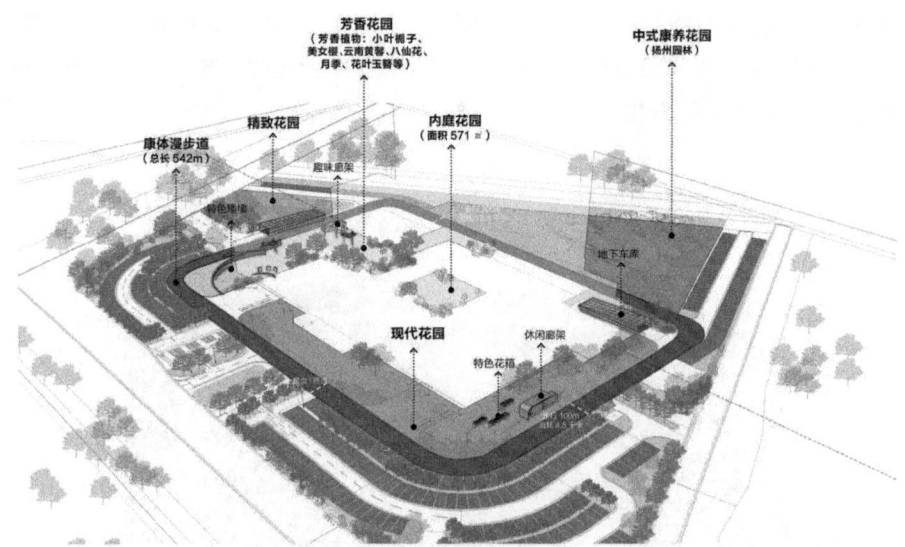

图 7-34　康复花园总体分析图(江苏玺俊景观规划设计有限公司)

图 7-35　康复花园场地改造一效果图(江苏玺俊景观规划设计有限公司)

假山跌水内部设有湿度感知装置，当空气湿度低时，跌水装置自动开启，迅速增加空气湿度，超声波加湿器采用每秒 200 万次的超声波高频振荡，将水雾化为 1~5 微米的超微粒子和负氧离子，通过风动装置，将水雾扩散到空气中，使空气湿润并伴生丰富的负氧离子，达到均匀加湿的目的，能清新空气、增进健康，使得室外相对湿度达到令人舒适的程度。

图 7-36 康复花园场地改造—实景图（江苏玺俊景观规划设计有限公司）

图 7-37 康复花园场地改造效果分析图一（江苏玺俊景观规划设计有限公司）

图7-38 康复花园场地改造效果分析图二(江苏玺俊景观规划设计有限公司)

图7-39 康复花园场地改造实景图(江苏玺俊景观规划设计有限公司)

灵芝作为中药材,具有治虚劳、心悸、失眠、头晕、神疲乏力、久咳气喘、冠心病、肿瘤的作用,将其造型具象化,以廊架的形式,为病患提供休息的场所,也便于人们更多了解中医知识。

图 7-40　康复花园场地改造二效果图(江苏玺俊景观规划设计有限公司)

借鉴扬州园林既有北方园林的巍峨壮丽，又有江南园林的精巧细致的景观文化，打造属于"康复花园"独有的江南园林风光。

图 7-41　康复花园场地改造三效果图(江苏玺俊景观规划设计有限公司)

图 7-42　康复花园场地改造四效果图(江苏玺俊景观规划设计有限公司)

7.4.4　常武路精品道路景观提升工程

常武路精品道路景观提升工程项目位于江苏省常州市武进国家高新技术产业开发区内,紧邻西太湖和常州科教城,常武路(鸣新路—武进大道)总长 4.6km,改造面积 131323m²。

项目以"可持续发展城市道路空间更新"为核心设计目标,根据改造程序优化现状绿化,增加具有高新区产业特色的景观元素来体现现代化气息,促使高新区迈向绿化生态之路。从"点亮、梳理、修复、提升"四个理念着手,对项目现有的资源条件以及行人的行为活动进行深入分析调研,通过节点塑造、绿道建设,体现人文与自然、局部与整体交相辉映,打造一个具有自身特质、参与性强的综合性带状绿地(图 7-43~图 7-52)。

图 7-43　常武路精品道路景观提升工程片段改造前效果(江苏玺俊景观规划设计有限公司)

7.4 相关环境景观设计案例展示 | 209

图 7-44 常武路精品道路景观提升工程片段实景效果
（江苏玺俊景观规划设计有限公司）

图 7-45 常武路精品道路景观提升工程节点效果
（江苏玺俊景观规划设计有限公司）

图 7-46　常武路精品道路景观提升工程实景效果
（江苏玺俊景观规划设计有限公司）

图 7-47　常武路精品道路景观提升工程片段改造前
（江苏玺俊景观规划设计有限公司）

7.4 相关环境景观设计案例展示 | 211

图 7-48 常武路精品道路景观提升工程片段改造实景效果一
（江苏玺俊景观规划设计有限公司）

图 7-49 常武路精品道路景观提升工程片段改造前后对比
（江苏玺俊景观规划设计有限公司）

图 7-50　常武路精品道路景观提升工程片段改造实景效果二
（江苏玺俊景观规划设计有限公司）

图 7-51　常武路精品道路景观提升工程片段改造后效果
（江苏玺俊景观规划设计有限公司）

图 7-52　常武路精品道路景观提升工程片段改造实景效果三
（江苏玺俊景观规划设计有限公司）

7.4.5　玄武湖无障碍花园设计与改造工程

玄武湖无障碍花园位于江苏省南京市玄武湖公园东岸的情侣园内。情侣园由中国著名的园林设计大师朱有玠先生规划设计，其东枕紫金山，西望玄武湖，山水之间、钟灵毓秀（图 7-53、图 7-54）。

玄武湖无障碍花园以"远山近水、鸟语花香"为主题，充分考虑残障人士、老年人等特殊人群游园需要，规范设置各种无障碍设施，方便特殊人群和普通人一样徜徉在紫金山-玄武湖山水之间，感受大自然的风貌。

该花园由外延区和核心区组成，总面积约 8000 平方米。

花园设计尝试将感官体验和社交活动进行功能复合，如游人停留和寻味花香结合，如廊下休憩和水鸟科普结合，如凭廊驻足和水环境科普结合，旨在关注特殊群体对公园的户外体验，为视障、残障群体提供安全、自如的户外休闲场所。

通过听、触、嗅等多维感受来体验可亲近的自然空间，创造平等、自由、健康的新型公共空间和交流平台，在植物听觉区保留了一片竹林、新增了芭蕉；在触觉方面主要依托结香、紫藤、紫薇等；在嗅觉上选择了丁香、迷迭香、薄荷等芳香植物。

利用各类设施保障视障人群的基本安全游览体验。依据无障碍设施使用的空间尺度调研数据，确定景观小品及设施的高度和间距等尺寸数据，更好地实现游览的便捷性。

214 | 第 7 章 环境景观设计的流程与方法

图 7-53 玄武湖无障碍花园改造前现场
(南京市园林规划设计院有限责任公司)

7.4 相关环境景观设计案例展示 | 215

图 7-54 玄武湖无障碍花园改造实景效果
（南京市园林规划设计院有限责任公司）

外延区面积约 3000 平方米，由情侣园水花园的一部分改造而成，沿路设置了寻味园、鸟类科普廊、水语台等景点将游线引导向核心区。核心区面积约 5000 平方米，东望紫金山，西邻玄武湖，由一处临水绿地改造而成，繁花盛开，生态优美。

1) 构建无障碍体系

花园外延区将核心区域无障碍步道体系延伸至景区主入口，无缝对接城市无障碍体系，核心区内设置了以 420 米的无障碍环形步道和扶手栏杆，配合盲文导览、智能语音介绍，基本实现了视障、残障人士的自主参观游览。花园以视障朋友为主要服务对象，也兼顾听障、残障及老年群体的游园需求，例如设置手语角、增加休息坐凳、轮椅停车位等细节，多维构建无障碍体系。

2) 芳香类植物为特色

花园内为打造鸟语花香的主题环境，共栽植了金银花、芳香万寿菊、香水薄荷、洋紫苏、郁香忍冬、香叶天竺葵、万字茉莉、桂花等 43 种各具特色的芳香植物。栽植形式上有片植，也有花境；有平面种植，也有廊架爬藤。不同季节次第开放的芳香植物，有浓香也有淡雅，辅以微风，给植物丛中、休闲座椅上的游客奉上一场嗅觉盛宴。

3) 丰富的游园活动体验

不仅打造一座植物认知花园，感知四季变化，并建造有丰富多样的活动、休憩空间。寻味园——芳香类植物认知；观鸟廊、水语台——聆听大自然的美好乐章；花影廊——彩花相迎；动之径——网绳步道体验；竹之径——竹语沙沙、鸟雀和鸣；棋艺廊——可对弈盲棋；爱心小筑——可借阅书籍，集科普宣传、志愿者服务、无障碍卫生间功能为一体；香之径——闻香知花；抚之径——触摸花草、植物科普。利用敲击乐器、树干编钟、风铃等装置丰富特殊人群的游园体验。

这是一处能够自由探知户外的花园，通过花园建设，促进健残融合，推动全龄友好，致力双向体验，共臻尊重理解，传播博爱精神。希望特殊人群在花园中可以体验到暖心的游览环境，每个人都能够在无障碍花园轻松开启一段轻松愉悦的自然之旅，一段与家人朋友共度的美好时光。

◎ 思考题

1.请结合环境景观设计小节的讲解，谈一谈你对于具体项目流程的理解与关注要点。

2.请结合相关项目案例的介绍，选择 1~2 个你较为感兴趣的项目进行设计主题、理念与方法的分析与分享。

主要参考文献

[1] 王晓俊. 风景园林设计[M]. 3版. 南京：江苏科学技术出版社，2009.
[2] 白杨. 环境景观设计：基本设计原理[M]. 北京：中国农业出版社，2017.
[3] 杨小军，宋拥军. 环境艺术设计原理[M]. 北京：机械工业出版社，2011.
[4] 范蓓. 环境艺术设计原理[M]. 武汉：华中科技大学出版社，2021.
[5] 刘佳，过伟敏. 空间设计基础[M]. 北京：中国轻工业出版社，2021.
[6] 詹和平. 空间[M]. 南京：东南大学出版社，2006.
[7] 李铮生. 城建·园林·环境：同济大学李铮生教授论文集[M]. 北京：中国建筑工业出版社，2010.
[8] 张剑，隋艳晖，谷海燕. 风景园林规划设计[M]. 南京：江苏凤凰科学技术出版社，2023.
[9] 刘娜. 传统园林对现代景观设计的影响[M]. 北京：北京理工大学出版社，2019.
[10] 王晓俊. 西方现代园林设计[M]. 南京：东南大学出版社，2000.
[11] 李玉平. 城市园林景观设计[M]. 北京：中国电力出版社，2017.
[12] 克莱尔·库珀·马库斯，卡罗琳·弗朗西斯. 人性场所：城市开放空间设计导则[M]. 俞孔坚，王志芳，孙鹏，等，译. 2版. 北京：北京科学技术出版社，2020.
[13] 许浩. 景观设计：从构思到过程[M]. 北京：中国电力出版社，2011.
[14] 张娜. 景观生态学[M]. 北京：科学出版社，2014.
[15] 傅伯杰，陈利顶，马克明，等. 景观生态学原理及应用[M]. 2版. 北京：科学出版社，2011.
[16] 王让会. 生态工程的生态效应研究[M]. 北京：科学出版社，2014.
[17] 王云才. 景观生态规划设计案例评析[M]. 上海：同济大学出版社，2013.
[18] 王让会. 环境信息科学：理论、方法与技术[M]. 北京：科学出版社，2019.
[19] 朱文霜. 生态与绿化·景观设计理论与方法研究[M]. 北京：中国纺织出版社，2017.
[20] 吕桂菊. 植物识别与设计[M]. 北京：中国建材工业出版社，2021.

[21] 汪洋. 植物景观设计[M]. 北京：兵器工业出版社，2020.

[22] 刘静霞. 现代环境景观设计初探[M]. 北京：中国水利水电出版社，2015.

[23] 郝鸥，陈伯超，谢占宇. 景观规划设计原理[M]. 武汉：华中科技大学出版社，2013.

[24] 陈高明，董雅. 环境设施设计[M]. 北京：化学工业出版社，2017.

[25] 单霁翔. 城市化发展与文化遗产保护[M]. 天津：天津大学出版社，2006.

[26] 阮仪三. 城市遗产保护论[M]. 上海：上海科学技术出版社，2005.

[27] 周岚. 历史文化名城的积极保护和整体创造[M]. 北京：科学出版社，2010.

[28] 周岚，童本勤，苏则民，等. 快速现代化进程中的南京老城保护与更新[M]. 南京：东南大学出版社，2004.

[29] 汤国安，杨昕. ArcGIS 地理信息系统空间分析实验教程[M]. 2 版. 北京：科学出版社，2012.

[30] 甘霖. 设计师的环境艺术设计色彩搭配手册[M]. 北京：清华大学出版社，2021.

[31] 汪辉，吕康芝. 居住区景观规划设计(修订版)[M]. 南京：江苏凤凰科学技术出版社，2022.

[32] 刘骏. 居住小区环境景观设计[M]. 2 版. 重庆：重庆大学出版社，2023.

[33] 王艳. 公共艺术[M]. 2 版. 武汉：武汉理工大学出版社，2020.

[34] 戴庆敏，吕耀平，江俊浩. 园林景观设计与环境心理学[M]. 杭州：浙江大学出版社，2024.

[35] 吕桂菊. 景观设计方法与实例[M]. 北京：中国建材工业出版社，2022.